中国三七大全

三七植物保护学

冯光泉 何月秋 刘迪秋 主编

科学出版社
北京

内 容 简 介

本书是科研、教学一线的人员依据长期调查研究所取得的科研成果编著而成。它介绍了农作物有害生物防治学的基础知识，三七上发生的主要病、虫、杂草种类、发生规律及防治技术和农药基本知识。

本书适于广大研究者、技术推广人员、三七种植者及相关人员阅读和参考，亦可作为中草药种植专业学生的专业课教材和生物医药类专业的选修教材之用。

图书在版编目（CIP）数据

三七植物保护学/冯光泉，何月秋，刘迪秋主编．—北京：科学出版社，2018.3

（中国三七大全）

ISBN 978-7-03-056984-4

Ⅰ.①三… Ⅱ.①冯… ②何… ③刘… Ⅲ.①三七－植物保护 Ⅳ.①S567.23

中国版本图书馆 CIP 数据核字（2018）第 051630 号

责任编辑：张 析 / 责任校对：彭珍珍
责任印制：肖 兴 / 封面设计：东方人华

科学出版社 出版
北京东黄城根北街 16 号
邮政编码：100717
http://www.sciencep.com

三河市荣展印务有限公司 印刷
科学出版社发行 各地新华书店经销

*

2018 年 3 月第 一 版　开本：720×1000　1/16
2018 年 3 月第一次印刷　印张：20　插页：12
字数：400 000

定价：138.00元

（如有印装质量问题，我社负责调换）

"中国三七大全"丛书编委会名单

主任委员　龙　江

副主任委员　蓝　峰　陈纪军　王峥涛　兰　磊　崔秀明

编　　　委　王承潇　冯光泉　何月秋　刘迪秋　曲　媛　陆　地
　　　　　　杨　野　杨晓艳　金　航　饶高雄　夏雪山　胡旭佳
　　　　　　张荣平　张金渝　徐天瑞　高明菊　董　丽　熊　吟

总　主　编　崔秀明　蓝　峰

各分册主编

《三七栽培学》主编　崔秀明　杨　野　董　丽

《三七植物保护学》主编　冯光泉　何月秋　刘迪秋

《三七资源与育种学》主编　金　航　张金渝

《三七植物化学》主编　陈纪军　曲　媛　杨晓艳

《三七药理学》主编　徐天瑞　夏雪山

《三七质量分析与控制》主编　胡旭佳　崔秀明　熊　吟

《三七临床研究》主编　张荣平　陆　地　陈纪军

《三七产品加工》主编　饶高雄　王承潇　高明菊

《三七植物保护学》编委会名单

主　编　冯光泉　何月秋　刘迪秋
副主编　陈国华　马　丽　郭凤根　崔秀明　杨绪旺
编　者　（按姓名汉语拼音字母顺序排序）

　　　　陈国华　云南农业大学
　　　　崔秀明　昆明理工大学
　　　　冯光泉　文山学院
　　　　郭凤根　云南农业大学
　　　　何鹏飞　云南农业大学
　　　　何月秋　云南农业大学
　　　　胡展育　文山学院
　　　　刘迪秋　昆明理工大学
　　　　马　丽　云南农业大学
　　　　汤东生　云南农业大学
　　　　王再强　云南农业大学
　　　　杨建忠　文山学院
　　　　杨　莉　文山学院
　　　　杨绪旺　文山学院

序言一

三七是我国近几年发展最快的中药大品种,无论是在栽培技术、质量控制,还是在产品开发、临床应用等方面均取得了长足进步。三七是我国第一批通过国家GAP基地认证的品种之一。三七是我国被美国药典、欧洲药典和英国药典收载的为数不多的中药材品种,由昆明理工大学、澳门科技大学、中国中医科学院中药资源中心联合提交的《三七种子种苗》《三七药材》两个国际标准获得ISO立项;以血塞通(血栓通)为代表的三七产品已经成为销售上百亿元的中成药大品种;三七的临床应用已由传统的治疗跌打损伤扩展到心脑血管领域。以三七为原料或配方的中成药产品超过300种,生产厂家更是多达1000余家。通过近百年的努力,国内外科学家从三七中分离鉴定了120种左右的单体皂苷成分;三七栽培基本告别了传统的种植模式,正在向规范化、规模化、标准化和机械化方向转变;三七产品的开发已向新食品原料、日用品、保健食品等领域拓展。三七已经成为我国中药宝库中疗效确切、成分清楚、质量可控,规模化种植的大品种。

在"十三五"开局之年,喜闻昆明理工大学崔秀明研究员、昆明圣火药业(集团)有限公司蓝峰总裁邀请一批专家学者,耗时3年多,将国内外近20年三七各个领域的研究成果,整理、编写出版"中国三七大全"系列专著,这是三七研究史上的一件大事,也是三七产业发展中的一件喜事。"中国三七大全"的出版,不仅仅是总结前人的研究成果,展现三七在基础研究、开发应用等方面的风貌,更是为三七的进一步研究开发、科技成果的转化、市场拓展等提供了大量宝贵的资料和素材。"中国三七大全"必将为三七更大范围的推广应用、三七产业的创新和产业升级发挥重要的引领作用。

预祝三七产业目标早日实现,愿三七为全人类健康做出更大贡献。

是为序!

黄璐琦

中国工程院院士

中国中医科学院常务副院长

2016年10月于北京

序言二

　　三七是五加科人参属植物,是我国名贵中药材,在我国中医药行业中有重要影响,是仅次于人参的中药材大品种,也是复方丹参滴丸、云南白药、血塞通、片仔癀等我国中成药大品种的主要原料。三七是我国第一批通过国家GAP认证的中药材品种之一。仅产于中国,其中云南、广西是三七主产地,云南占全国种植面积和产量的97%左右。三七及三七总皂苷广泛应用于预防和治疗心脑血管疾病。目前,我国使用三七作为产品原料的中药企业有1500余家,以三七为原料的中成药制剂有400多种,含有三七的中成药制剂批文3000多个,其中国家基本药物和中药保护品种目录中有10种,相关产品销售收入达500多亿元。

　　近10年来,国家和云南省持续对三七产业发展给予大力扶持,先后投入近亿元资金,支持三七科技创新和产业发展,制订了《地理标志产品　文山三七》国家标准,建立了云南省三七产业发展技术创新战略联盟和云南省三七标准化技术创新战略联盟;文山州在1997年就成立了三七管理局及三七研究院;建立了文山三七产业园区和三七国际交易市场;扶持发展了一批三七企业;中国科学院昆明植物研究所、云南农业大学、昆明理工大学、云南中医学院及国内外高校和科研单位从三七生产到不同环节对三七进行了研究,以科技创新带动了整个三七产业的快速发展。三七种植面积从 2010 年的不到 8.5 万亩发展到 2015 年的 79 万亩，产量从 450 万公斤增加到 4500 万公斤；三七主产地云南文山三七产值从 2010 年的 50 亿元增长到 2015 年的 149 亿元，成为我国发展最迅速的中药材品种。

云南省人民政府 2015 年提出通过 5～10 年的发展，要把三七产业打造成为 1000 亿产值的中药材大品种。正是在这样的背景下，昆明理工大学崔秀明研究员、昆明圣火药业（集团）有限公司蓝峰总裁邀请一批专家学者，将近 20 年三七各个领域的研究成果，整理、编写出版"中国三七大全"共 8 部专著，为三七产业的发展提供了依据。希望该系列专著的出版，能为实现三七产业发展目标，推动三七在更大范围的应用、促进三七产业升级发挥重要作用。

朱有勇
中国工程院院士
云南省科学技术协会主席
2016 年 3 月于昆明

总前言

三七是我国中药材大品种,也是云南优势特色品种,在云药产业中具有举足轻重的地位。最近几年,在各级政府有关部门的大力支持下,三七产业取得了快速发展,成为国内外相关领域学者关注的研究品种,每年发表的论文近500篇。越来越多的患者认识到了三七独特的功效,使用三七的人群也越来越多。三七的社会需求量从20世纪90年代的120万公斤增加到目前的1000万公斤左右;三七的种植面积也发展到几十万亩的规模;从三七中提取三七总皂苷产品血塞通(血栓通)销售已经超过百亿元大关。三七取得的成效得到了国家、云南省政府的高度重视,云南省政府提出了要把三七产业打造成为1000亿元产业的发展目标。

2015年,我国科学家、中国中医科学院屠呦呦研究员获得诺贝尔生理学或医学奖;国务院批准了《中医药法》草案征求意见稿;中医药发展战略上升为国家发展战略。这一系列里程碑式的事件给我国中医药产业带来了历史上发展的春天。三七作为我国驰名中外的中药材大品种,无疑同样面临历史发展良机。

在这样的历史背景下,昆明理工大学与昆明圣火药业(集团)有限公司合作,利用云南省三七标准化技术创新战略联盟的平台,邀请一批国内著名的专家学者,通过近3

年的努力，编写了"中国三七大全"系列专著，由科学出版社出版，目的是整理总结近20年来三七在各个领域的研究成果，为三七的进一步研究开发提供科学资料和依据。

本丛书的编写是各位主编、副主编及编写人员共同努力的结果。黄璐琦院士、朱有勇院士在百忙中为"中国三七大全"审稿，写序；科学出版社编辑对本丛书的出版付出了辛勤的劳动；昆明圣火药业（集团）有限公司提供了出版经费；云南省三七资源可持续利用重点实验室、国家中药材产业技术体系昆明综合试验站提供了支持；云南省科技厅龙江厅长担任丛书编委会主任。对于大家的支持和帮助，我们在此表示衷心感谢！

本丛书由于涉及领域多，知识面广，不好做统一要求，编写风格由各主编把控，所收集的资料时间、范围均由各主编自行决定。所以，本丛书在完整性、系统性方面存在一些缺失，不足之处在所难免，敬请各位专家、同行及读者批评指正。

崔秀明　蓝　峰

2016年2月

前　言

三七[*Panax notoginseng*(Burk.) F. H. Chen]是我国享誉海内外的传统名贵中药材，具有"散瘀止血、消肿定痛、益气活血"的功效，已有400多年的人工种植历史。现代药理药效研究进一步表明：三七对治疗心脑血管系统疾病具有独特疗效，并具有抗疲劳、耐缺氧、提高机体免疫力等功效，享有"参中之王""金不换""南国神草"等美誉，具有非常广阔的开发利用前景。

云南省是三七的原产地和主产区，种植面积占全国的95%以上。"十二五"期间，国家高度重视道地药材资源的保护和可持续利用，云南省将生物医药和大健康产业作为八大重点产业之一。其中最具特色的优势生物资源——三七产业取得了较快发展，三七种植现代化水平逐步提高，大品种培育取得明显成效，研发体系逐步完善，培育形成了一批龙头骨干企业，逐步建成了多层次市场流通渠道。加之群众对健康产品需求旺盛，三七饮片及其制剂在南亚、东南亚国家有较好声誉，三七产业迎来前所未有的发展机遇。仅2015年，全省三七产业销售收入就达223亿元。其中，三七种植销售收入达103亿元，占全省中药材种植销售收入总额的35%。以三七产品生产为主的企业达67家，实现三七产品销售收入120亿元。

自1998年国家开展《中药材生产质量管理规范

（GAP）》的研究与制定以来，三七行政、科研和企业就紧跟节奏全面开展三七规范化种植技术相关基础研究，三七GAP基地也成为全国首批通过国家中药材GAP认证的4个基地之一。此后，三七规范化种植逐渐成为三七种植生产环节的主流。然而，三七为典型的阴生C3植物，生长周期长，偏好较潮湿的特殊生长环境及有较长驯化栽培历史，三七栽培过程中病虫害问题十分突出。据相关报道，云南省三七生产常年因病虫害危害导致减产10%～20%，严重的损失可达70%以上，一些三七种植园甚至毁园绝收。由于三七种植农户对三七病虫害的防治缺乏预见性和科学性，往往凭经验而非科学合理地防治病虫害，导致生产上农药使用大多处于盲目混乱状态，多施、滥施现象普遍存在，既增加了成本，又对三七质量和生态环境造成极大影响，严重制约了三七产业的健康发展。

我国对三七病虫害的全面系统研究起步较晚，主要集中在近20余年。云南省内外一批科技工作者积极探索和艰苦努力，取得了一系列科研成果，制定了三七GAP规范化种植技术规程及使三七GAP基地通过了国家中药材GAP认证。然而，与其他农作物相比，三七的病虫害防治研究还十分薄弱，许多科学问题还需要进一步深入研究加以解决。为了将已有的三七病虫草等有害生物防治方面的科技成果进一步推广应用，将研究成果转化为现实生产力，提高三七的规范化、现代化种植水平，编者汇聚了我国近20年来的研究成果，以飨读者。

本书的编写工作得到了文山学院、云南农业大学、昆明理工大学、昆明圣火制药（集团）股份有限公司、云南省科技厅、云南省三七工程技术研究中心（筹）、国家中医药管理局三七可持续利用重点研究室（筹）等单位的大力支持和帮助，得到了黄璐琦院士、朱有勇院士的指导，在此一并表示感谢。

由于编者受专业知识及水平所限，本书不足之处在所难免，敬请各位专家、读者批评指正。

《三七植物保护学》编委会
2017年10月1日

目 录

序言一
序言二
总前言
前言

第1章 植物有害生物防治学基础   1

   1.1 植物病害   1
     1.1.1 病害类型概述   1
     1.1.2 病原物分类   2
     1.1.3 病害发生与发展   6
   1.2 植物害虫及其他有害动物   9
     1.2.1 害虫的形态特征和生物学特性   9
     1.2.2 螨类   61
     1.2.3 其他有害动物   63
   1.3 杂草   67
     1.3.1 杂草的概念及其生物学特性   68
     1.3.2 杂草的生态学   75
     1.3.3 杂草的分类   81
   1.4 有害生物防治对策   83
     1.4.1 有害生物综合治理的原理及演变   83
     1.4.2 防治的基本方法   84

   参考文献   97

第2章 三七常见侵染性病害   99

2.1 三七根部病害   99
- 2.1.1 三七根褐腐病   99
- 2.1.2 三七根锈腐病   104
- 2.1.3 三七疫霉根腐病   106
- 2.1.4 三七立枯病   108
- 2.1.5 三七猝倒病   110
- 2.1.6 三七细菌性根腐病   111
- 2.1.7 三七根结线虫病   112
- 2.1.8 根部病害防治   114

2.2 三七地上部病害   118
- 2.2.1 三七黑斑病   118
- 2.2.2 三七圆斑病   121
- 2.2.3 三七疫病   125
- 2.2.4 三七灰霉病   127
- 2.2.5 三七白粉病   129
- 2.2.6 三七炭疽病   130
- 2.2.7 三七麻点叶斑病   132
- 2.2.8 三七叶腐病   133
- 2.2.9 三七黏菌病   134
- 2.2.10 三七黄锈病   135
- 2.2.11 三七病毒病   137

参考文献   144

第3章 三七常见生理性病害   149

3.1 气候型生理性病害   150
3.2 营养型生理性病害   152
参考文献   155

第4章 三七常见虫害   156

4.1 地下害虫   156

4.2 地上部害虫 176
参考文献 187

第5章 三七其他常见有害动物 191

5.1 蛞蝓 191
5.2 非洲大蜗牛 194
5.3 同型巴蜗牛 195
5.4 灰巴蜗牛 197
5.5 鼠妇 198
5.6 短须螨 200
5.7 鼠类 202
参考文献 203

第6章 三七常见杂草 206

6.1 木贼科杂草 206
6.2 毛茛科杂草 207
6.3 十字花科杂草 208
6.4 石竹科杂草 211
6.5 蓼科杂草 212
6.6 藜科杂草 215
6.7 苋科杂草 217
6.8 牻牛儿苗科杂草 219
6.9 酢浆草科杂草 220
6.10 柳叶菜科杂草 221
6.11 锦葵科杂草 222
6.12 大戟科杂草 223
6.13 蔷薇科杂草 225
6.14 豆科杂草 225
6.15 伞形科杂草 226
6.16 菊科杂草 228
6.17 桔梗科杂草 237
6.18 紫草科杂草 238
6.19 茄科杂草 239

6.20 旋花科杂草 243
6.21 玄参科杂草 244
6.22 爵床科杂草 244
6.23 唇形科杂草 245
6.24 鸭跖草科杂草 246
6.25 莎草科杂草 247
6.26 禾本科杂草 248
参考文献 255

第7章 三七常用农药简介 257

7.1 农药的基本知识 257
  7.1.1 农药分类 257
  7.1.2 农药的主要剂型 260
  7.1.3 农药的使用方法 263
  7.1.4 农药的常用计算 265
  7.1.5 农药的合理使用 267
  7.1.6 农药的安全使用 270
7.2 常用杀菌剂 272
  7.2.1 保护性杀菌剂 272
  7.2.2 内吸治疗性杀菌剂 278
  7.2.3 复合杀菌剂 288
7.3 生物杀菌剂 294
  7.3.1 芽孢杆菌 294
  7.3.2 抗生素类杀菌剂 296
7.4 杀虫剂 297
7.5 杀螨、杀线虫、杀鼠剂 301
参考文献 303

附录 2016年最新国家禁用和限用农药名录 304
彩图

第1章 植物有害生物防治学基础

1.1 植物病害

1.1.1 病害类型概述

1. 侵染性病害

侵染性病害（infective disease）指由生物病原物侵染造成的病害，由于生物病原物能够在植株间传染，因而此类病害又称传染性病害。引起侵染性病害的生物因子主要是真菌（fungus）、细菌（bacterium）、植原体/螺原体（phytoplasma/spiroplasma）、线虫（nematode）及病毒（virus）。在田间的发病特点是有发病中心和侵染过程，表现出一定的传染性。

侵染性病害往往会在寄主植物上形成一定的症状（symptom），寄主植物本身不正常的表现称为病状，主要分为变色（discoloration）、坏死（necrosis）、腐烂（rot）、萎蔫（wilt）及畸形（malformation）；同时病原物也会在发病部位形成特征性的表现即病征（sign），如粉状物、霉状物、点状物、颗粒状物以及脓状物，多为其自身的繁殖体或度过不良环境的组织结构。

2. 非侵染性病害

非侵染性病害（non-infective disease）是指由非生物因素诸如水、土壤、药剂、营养、大气及温度等所引起的病害，这类病害在植株间并不会传染，因此又称非传染性病害或生理性病害。极端旱涝、土壤肥力贫瘠、缺素与氧化还原环境、有毒气体、粉尘颗粒物以及酸雨、高温灼伤与低温冰冻以及植株遗传缺陷等均可以导致非侵染性病害的发生。此类病害在田间的发病特点是病株无任何病征,组织内也分离不到病原物;无明显发病中心,也无传播蔓延的现象,一般成条成片地出现。

一般来说,病害突然大面积同时发生,多是由于大气污染、工业三废以及气候异常所致;病害所产生的明显枯斑、畸形及灼烧等症状,在同一组织部位聚集,又无病史,多为化学药剂及肥料使用不当所致;植株新叶或老叶颜色发生变化,可能是因营养元素缺乏,可通过化学测定及配方施肥进行诊断;病害仅局限于作物的某一品种,表现出生长不良或系统性症状,多为遗传缺陷;温差变化急剧的时节,多容易发生日灼及冻害。错过适宜的调查时间,非侵染性病害的发病部位会出现腐生性菌类,需要进行分离、纯化及接种试验予以排除。

3. 侵染性病害与非侵染性病害关系

侵染性病害与非侵染性病害并非相互孤立,而是彼此联系的。此两类病害在发病条件等环节存在一定的相似性,譬如水分过多可诱发植株根系有氧呼吸困难,导致酒精中毒;同时也利于某些低等病原物如疫霉(*Phytophthora*)、腐霉(*Pythium*)等的侵染。在某些情况下,非侵染性病害的发生会使植株对病原物的抗耐性下降,从而有助于生物病原物入侵植物,引发侵染性病害,恶化植株的健康状况;侵染性病害则会导致植株对逆境胁迫如旱涝、高低温、土壤盐碱及重金属污染等的耐受性减弱,条件适宜时,容易发生非侵染性病害。二者相互促进,往往导致病情进一步加剧。

1.1.2 病原物分类

1. 真菌

真菌(fungus)是指一类营养体,多数为丝状,无叶绿体,通过从外界环境吸收营养的异养方式生存,由产生的各种类型孢子进行繁殖,为具有细胞壁和细胞核的真核微生物。真菌细胞壁的主要成分为葡聚糖(glucan)、甘露聚糖(mannan)、糖蛋白(glycoprotein)以及几丁质(chitin)或纤维素(cellulose),其中除了卵菌细胞壁为纤维素外,大多数是由 N-乙酰葡糖胺通过 β-1,4-糖苷键相连而成的长链状同聚物即几丁质。除细胞核外，真菌细胞内还有内质网、核糖体、线粒体及液泡等细胞器。

1）真菌的营养体

绝大多数真菌的营养体是可分枝的丝状体。单根丝状体称为菌丝（hypha），有色或无色；高等真菌的菌丝含有隔膜，而低等真菌的菌丝一般无隔膜。在分类鉴定时，有无隔膜可作为判断真菌高等或低等的重要标准。菌丝一般由孢子萌发产生的芽管发展而成，菌丝的集合群体为菌丝体（mycelium）。每一小段断裂的菌丝在适宜的条件下可继续生长，形成完整的菌丝体。少数真菌的营养体是一团多核、无细胞壁且形状可变的原质团，如黏菌；或为具细胞壁、卵圆形的单细胞，如酵母菌。在某些情况下，菌丝体还会特化出各类组织或机构，如根霉的假根、白粉菌与霜霉菌等侵染寄主所形成的吸器、抵抗不良环境的子座、菌索及菌核。

2）真菌的繁殖体

真菌营养生长到一定阶段后，会进入繁殖阶段，形成各种繁殖体即子实体（fruit body）。真菌的繁殖方式有无性繁殖和有性生殖。无性繁殖是指真菌不经过性细胞或性器官的结合，通过芽殖、裂殖、断裂以及原生质割裂的方式产生后代新个体的繁殖方式。形成的孢子成为无性孢子。根据产孢真菌种类的不同，无性孢子有游动孢子、孢囊孢子、分生孢子及厚垣孢子。无性阶段往往在一个生长季节可循环多次，产生大量的无性孢子，在病害的再侵染、传播和流行过程中起着重要作用。

有性生殖是指真菌通过性细胞或性器官的结合，经过质配（plasmogamy）、核配（karyogamy）及减数分裂（meiosis）3个阶段，孕育出孢子的繁殖方式。有性生殖产生的孢子称为有性孢子。常见的有性孢子有休眠孢子囊、卵孢子、接合孢子、子囊孢子以及担孢子5种类型。真菌的有性生殖存在性分化现象，有些真菌单个菌株就能完成有性生殖，称为同宗配合（homothallism），多数真菌则需要两个性亲和菌株共同生长在一起才能完成有性生殖，称为异宗配合（heterothallism）。与同宗配合相比，异宗配合真菌的有性生殖需要不同菌株间的配对或杂交，所产生的后代表现出更大的变异性，有利于增强真菌对自然环境的适应性和生活力。

3）真菌的分类与命名

对真菌的分类，学术界历来观点不一。考虑到国际真菌分类系统的发展趋势，本书采用 Smith 提出的生物八界分类系统，按《菌物词典》(第九版) 的方法，将真菌划入原生动物界 (Protozoa)、藻物界或假菌界 (Chromista)，以及真菌界 (Fungi)，而原来的半知菌亚门则独立成半知菌类 (Imperfecti fungi)。与植物病害相关的根肿菌门和卵菌门则分别划进原生动物界和假菌界，真菌界只包括壶菌门 (Chytridiomycota)、接合菌门 (Zygomycota)、子囊菌门 (Ascomycota) 和担子菌门 (Basidiomycota)。

真菌的命名采用拉丁双命名法，前一个名称为属名，第一个字母要大写，后一个名称是种名，一律小写。学名之后加上定名人的姓氏或姓名缩写，如果原学名不正确而被更改，则需将原定名人放在学名后的括号内，在括号后面再注明更改人的姓名。值得一提的是，有些半知菌由于含有无性阶段和有性阶段，因此有两个学名，根据国际命名法规，有性阶段的学名为合法学名。但因为这些半知菌的无性阶段在侵染致病过程中的作用更为重要，同时有性阶段又在自然环境下很难出现，因此无性阶段的学名仍被广泛使用，而有性阶段的学名使用却较少，如禾谷镰刀菌（*Fusarium graminearum*）和玉蜀黍赤霉菌（*Gibberella zeae*）。

2. 细菌

细菌（bacterium）是一类由细胞壁和细胞膜包围细胞质的单细胞微生物，无明显细胞核结构，其遗传物质（DNA）只存在于一称为拟核的区域，细胞质内只含有核糖体，没有内质网、线粒体和叶绿体等细胞器。

细菌的形状有球形、杆状以及螺旋状，其中植物病原细菌大多为杆状，菌体大小为（0.5~0.8）μm×（1~3）μm。细菌的细胞壁主要由肽聚糖、脂类和蛋白质组成。不同细菌细胞壁中的肽聚糖含量并不相同。基于肽聚糖层厚薄和结构的革兰氏染色是鉴别细菌的重要依据，大多数植物病原细菌是革兰氏阴性菌，少数为阳性，如引起马铃薯环腐的密执安棒杆菌马铃薯环腐致病变种（*Clavibacter michiganense*）。细菌细胞壁外常有以多糖为主的黏质层（slime layer），黏质层较厚且固定的称为荚膜（capsule）。植物病原细菌细胞壁外有厚度不一的黏质层，但很少有荚膜。大多数植物病原细菌有运动器官——鞭毛，着生于菌体一端或两端的鞭毛称为极鞭，着生在菌体四周的鞭毛称为周鞭。细菌鞭毛的数目和着生位置在属的分类上有重要意义。

植物病原细菌主要集中于薄壁菌门的土壤杆菌属（*Agrobacterium*）、欧文氏菌属（*Erwinia*）、假单胞菌属（*Pseudomonas*）、黄单胞菌属（*Xanthomonas*）、劳尔氏菌属（*Ralstonia*）、伯克霍尔德氏菌属（*Burkholderia*）、木质部小菌属（*Xylella*）和韧皮部杆菌属（*Liberobacter*），以及厚壁菌门的链霉菌属（*Streptomyces*）、棒形杆菌属（*Clavibacter*）等。

3. 病毒

病毒（virus）是指包被于保护性的蛋白（或脂蛋白）的衣壳中，只能在适宜的寄主细胞内完成自身复制的一个或一套基因组核酸分子。病毒又称分子寄生物，具有如下特点：①个体微小，无细胞结构；②基因组内只含一种核酸分子，如 DNA 或 RNA；③缺乏完整的酶和能量系统，依赖于寄主提供原材料和场所进行核酸复制；④严格的细胞内专性寄生物。

1）植物病毒的形态

按寄主种类划分，病毒可分为动物病毒、植物病毒、真菌病毒及细菌病毒（噬菌体）等。形态完整（成熟）的侵染性病毒粒子称作病毒粒体。高等植物病毒粒体的形状主要为杆状、线状以及球状等。杆状粒体的大小为（130～1300）nm×（15～20）nm；线状粒体的大小为（480～1250）nm×（10～13）nm；球状粒体的直径约为 20～35nm。有一类病毒由大小相同的两个近球形粒体组成，称为双生病毒（或联体病毒）。有些植物病毒的基因组信息分布于两个或多个核酸链上，并组装于不同的病毒粒体内，称为多分体病毒。只有这些病毒粒体同时存在时，此病毒才具有侵染性。植物病毒的核酸大多数是 RNA，少数为 DNA，而且有单、双链之分。常见的植物病毒是正单链 RNA［(＋) ss RNA］病毒。

2）植物病毒常见的理化特性

（1）钝化温度：把病组织的榨出液在不同温度下处理 10 分钟，使病毒失去侵染活力的最低处理温度。

（2）稀释限点：把病组织的榨出液兑水稀释，当超过一定限度时，病毒便失去了侵染活力，这个最大的稀释限度就是该病毒的稀释限点。

（3）体外存活期：在室温（20～22℃）下，病组织的榨出液保持侵染活力的最长时间。大多数植物病毒的存活期为数天到数月。

4. 线虫

线虫（nematode）是一类低等的假体腔无脊椎动物。线虫分布广泛，生活在土壤中以真菌、细菌和藻类等生物为食的线虫称为自由生活线虫，为害植物的线虫称为植物寄生线虫或植物病原线虫。植物受害后，常表现出黄化、生长衰弱、萎蔫及畸形等症状，与一般病害症状相似，故称线虫病。植物线虫个体微小，体长为0.2～1mm，体宽为15～35μm，需要借助显微镜才能观察。个别种类的线虫体长会超过4mm，甚至可用肉眼观察，如长针线虫属（*Longidorus*）。线虫个体有雌雄之分，体型相同或不同，因类别而异。雌雄同型的线虫其成熟雄虫和雌虫均为细长状蠕虫形，除生殖器官有差别外，其他的形态都很相似。雌雄异型的线虫其成熟雄虫为蠕虫形，而雌虫表现为柠檬形、梨形或肾形。如胞囊线虫（*Heterodera*）和根结线虫（*Meloidogyne*）。植物病原线虫一般有4龄期，1龄幼虫在卵内发育完成并完成第一次蜕皮，2龄幼虫从卵内孵出，寄生为害植物，再经过2次蜕皮后发育成成虫。幼虫的形态与成虫大致相似，只是生殖系统尚未发育或发育不充分。比较重要的植物病原线虫主要分布在茎线虫属（*Ditylenchus*）、穿孔线虫属（*Radopholus*）、根结线虫属、胞囊线虫以及滑刃线虫属（*Aphelenchoides*）等种属。

1.1.3 病害发生与发展

1. 病程

病程（pathogenesis）又称侵染过程（infection process），指从病原物与寄主植物可侵染部位接触、侵入寄主后在植株体内繁殖和扩展，发生致病作用，使寄主显示病害症状的过程。病原物的侵染过程受病原物、寄主植物和环境因素的影响，病害是这三者综合作用的结果。为了便于研究和分析，人为地将病程划分成接触期（侵入前期）、侵入期、潜育期和发病期4个时期。需要指出的是，病原物的侵染过程是一个连续过程，各个时期并没有绝对的界限。

接触期（inoculation period）是指从病原物接种体在侵染寄主植物之前，与寄主植物的可侵染部位的初次直接接触，或达到能够受到寄主外渗物影响的根围或叶围，开始向侵入的部位生长或运动，并形成各种侵入结构的一段时间。接触期也是病原物和寄主植物相互识别的时期。接触期病原物受环境因素如温度、湿度、光照、酸碱度等影响，其中以温度和湿度的影响最大，温度主要影响病原物的孢子萌发和侵入速度，湿度则影响孢子的萌发率。

侵入期（penetration period）是指从病原物入侵寄主到侵入后与寄主建立寄生关系的一段时间。不同的病原物其侵入方式及途径也有所不同。真菌和线虫等可通过主动侵入的方式入侵寄主植物，而细菌和病毒则依赖于被动侵入。病原物的侵入途径有直接侵入如线虫和寄生性强的真菌，自然孔口（水孔、气孔和皮孔等）侵入如真菌和部分细菌等，以及伤口入侵如真菌、细菌、病毒和线虫。

潜育期（incubation period）是指病原物与寄主建立寄生关系到开始表现明显症状的这一过程，也是病原物在寄主体内繁殖并蔓延扩展的时期。植物病害潜育期的长短与病原物种类和生物学特性、寄主种类、品种抗感性及生理状态、环境因素等有密切关联。环境因子中以温度对病害潜育期长短的影响最大。

发病期（symptom appearance）是指从出现症状直到寄主生长期结束，甚至到植物死亡为止的一段时期。它包括初期显症、病部不断扩展、典型症状出现和产生繁殖体几个连续的过程，也是病原物大量增殖和扩大危害的时期。

2. 病害循环

病害循环（disease cycle）是指病害从前一生长季节开始发病，到下一个生长季节再度发病的过程。植物侵染性病害的循环包括病原物的越冬与越夏、初侵染和再侵染，以及病原物的传播3个环节，有些观点认为侵染过程也属于病害循环的范畴。

1）病原物的越冬与越夏

病原物的越冬与越夏是指在作物收获后，病原物在什么地方以何种形式度过寄主植物的休眠期，而在寄主的下一个生长季节再次为害。病原物的越冬与越夏场所也往往是下一个生长季节的初侵染来源地，及时清除越冬与越夏的病原物，降低病原物基数，对减轻下一个生长季节病情有着重要意义。病原物的越冬和越夏与病原物种类和生物学特性、某一特定地区内寄主的生长季节以及当地的气候条件密切相关。病原物的越冬与越夏主要场所有种子、苗木和无性繁殖材料、田间病残体、昆虫介体、土壤、粪肥及农具等；越冬与越夏的形式有休眠、腐生或寄生。

2）初侵染和再侵染

越冬或越夏的病原物，在植物一个生长季节中最初引起的侵染称作初侵染（primary infection）。初侵染成功后，在寄主植物发病部位产生大量的孢子或其他繁殖体，再次在同一植株或植株间传播引起的侵染为再侵染（secondary infection; reinfection）。某些病害在一个生长季节，只发生一次初侵染，无再侵染或再侵染作用不大的，病害称为单循环病害（monocyclic disease），多见于一些潜育期较长的系统侵染病害；有些既有初侵染又有多次再侵染的病害称为多循环病害（polycyclic disease），多见于一些潜育期短的叶部病害。对于只有初侵染的单循环病害，只要防止初次侵染，如采取集中清除越冬或越夏的病原物，减少初始菌量，就可较好地控制此类病害。对有多次再侵染的多循环病害，在防治上除了注意减少初侵染外，还要降低再侵染发生的频率，如在作物生长季节，及时采用化学药剂，清除田间病株等。

3）病原物的传播

病原物在完成越冬或越夏后，必须要传播到寄主植物上，与寄主植物的可发病部位接触，才可能发生初侵染。病原物在寄主植物个体之间的传播，则可进一步引起再侵染以致后续的病害流行。病原物的传播有依靠自身活动的主动传播和借助外力的被动传播，其中主动传播范围有限，被动传播通常在病害循环中占据主导地位。病原物的被动传播主要依靠自然因素和人为因素，其中自然因素有气流、雨水、昆虫等其他生物介体，人为因素则包括种子与种苗的调运、嫁接、施肥和除草等农事活动及农业机械等。

3. 病害流行

病害流行（epidemic）是对寄主植物群体性发病现象的描述。病害在较短时间内突然大面积严重发生并造成重大损失的过程称为病害流行。多数病害是局部地区流行，称为地方性流行病（endemic disease），一些土传病害如线虫病，病原物在田间传播的距离不远，地方性流行病特征明显。一些气传病害如锈病，其病原物可以借助气流实现远距离传播，在多个省份甚至国家流行，称为泛域流行病（pandemic disease）。

病害流行是病原物、寄主植物和环境因子综合作用的结果。以寄主植物来说，大面积单一种植感病品种是病害流行的前提。具有数量巨大、强致病力的病原物，则便于病害大流行。温度、湿度（降雨、雾、结露等）和光照等气象因子，施肥、除草和灌溉等农业栽培管理、土壤类型、肥力以及pH值等土壤条件也是决定病害流行的重要因素。

根据菌量累积所需时间的长短和度量病害流行时间尺度的不同，流行病害可划分为单年流行病害（monoetic disease）和积年流行病害（polyetic disease）。单年流行病害是指病原物在作物一个生长季节中连续繁殖多代，反复再侵染，病原物数量不断累积并导致流行成灾的病害，又称多循环病害。度量此类型病害流行进展的时间尺度，一般以"天"为单位。积年流行病害指在一个生长季节菌量增长幅度虽然不大，但逐渐积累，若干年后造成大流行的病害。此类病害只有初侵染，没有再侵染或再侵染作用较小，又称单循环病害。度量此类型病害流行时间的尺度一般以"年"为单位。

除需选用抗病品种外，消灭初始菌源，降低病原物基数的操作措施如搞好田园卫生、清除病残体、土壤消毒、种子消毒等对积年流行病害的防治有重要意义。对单年流行病害的防治，则除了种植抗病品种之外，还应采用以控制或降低当年病害流行速率为主的药剂防治和农业防治措施。

1.2 植物害虫及其他有害动物

1.2.1 害虫的形态特征和生物学特性

在三七生长期间，危害三七种子、根、苗、茎、叶、花、果实，致使三七不能发芽出苗、各部位缺损、皱缩或枯萎，严重影响生长发育，导致减产，甚至引起植株死亡的昆虫、螨通称为三七害虫。

研究三七害虫的形态学及生物学，对于识别害虫，掌握害虫的习性，了解其对生态环境的适应，以及选择害虫防治措施等，都具有极其重要的作用。

1. 昆虫的形态特征

1）体节和体段

昆虫的身体由一系列连续的环节组成，每一个环节称为一个体节，分别集合成头、胸、腹三个体段。组成头部的体节已经愈合，只在胚胎时期可见分节的痕迹。胸部由前胸、中胸和后胸3节组成，之间紧密相连但不愈合，不能自由活动；胸节各1对附肢，即胸足；大部分昆虫的中、后胸各有1对从背侧伸出的翅。腹部通常由11个体节组成，附肢大多已消失。

2）体向

为了描述昆虫各部分的相对位置，通常将昆虫一定的体躯部分作为定向的基础，按照体躯各部分的位置和方向，分为6个体向。

头向（cephalic）或前方（anterior）：与头部的方向一致，与体躯纵轴相平行。又称前方。

尾向（caudal）或后方（posterior）：与尾部的方向一致，也与体躯纵轴相平行，但与头向方向相反。又称后方。

中向（mesal）：向着虫体中轴的方向，与体躯纵轴相垂直。

侧向（lateral）：与中向相反，背离体躯中轴的方向。

背向（dorsal）：向着虫体背面的方向，背向朝上。

腹向（ventral）：向着虫体腹面的方向，腹向朝下。

基部（proximal；basal）与端部（distal；apical）：对胸部和腹部，基部指靠近体前方部分，端部指靠近体后方部分。对附肢和体突，基部指靠近着生处部分，端部指远离着生处部分。

3）昆虫的头部

头部是一个高度骨化的完整硬壳，位于体躯最前端，由数个体节愈合而成。头壳坚硬，以保护脑和适应取食时强大的肌肉牵引力。头壳上着生有触角、复眼、单眼等感觉器官和取食的口器，是昆虫感觉和取食的中心。

（1）头壳的构造

昆虫头部的外壁高度骨化，形成一个圆形或椭圆形的硬壳，称为颅壳或头壳。头壳上有沟和蜕裂线，把头壳划分成若干区域。蜕裂线位于头部背面，幼虫、若虫或稚虫蜕皮时沿此线裂开，故称蜕裂线。头壳上的沟主要有颅中沟、额唇基沟、额颊沟、颊下沟、后头沟、次后头沟、围眼沟。这些沟缝将头壳划分为若干区域，头部的背面、复眼上方的区域为头顶或颅顶；头部的正面，两条额颊沟之间，额唇基沟上方的区域为额区；额唇基沟和上唇之间的区域为唇基；复眼下方额颊沟之后的区域为颊区；颊下沟下方的区域为颊下区；后头沟和次后头沟之间的拱形区域称后头区；次后头沟之后的拱形区域称次后头区（图1-1）。

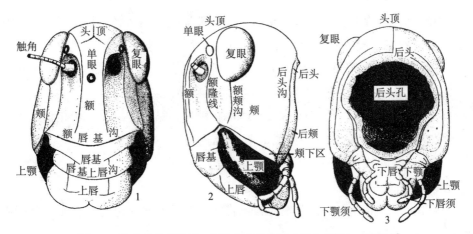

图 1-1　蝗虫的头部构造 ［引自《农业昆虫学》（袁锋，2011）］

1. 正面；2. 侧面；3. 后面

（2）触角（antenna）

昆虫头部的第一对附肢，一般着生于额区，其由基部向端部通常可分为柄节、梗节、鞭节 3 个部分（图 1-2）。触角的梗节和鞭节表面具有很多不同类型的感觉器，主要功能是感觉，在寻找食物和配偶上起嗅觉、触觉与听觉的作用，作用于种间和种内化学、声音及触觉通讯。如雄性昆虫的触角常能准确地接收雌性昆虫在较远处释放的性信息素。此外，昆虫的触角还有一些其他功能，如雄性芫菁在交配时用来抱握雌虫，虎蚊幼虫用以捕获猎物，仰泳蝽在游泳时触角能平衡身体，水龟虫潜水时用触角帮助呼吸。

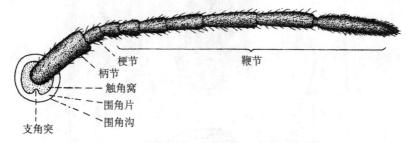

图 1-2　昆虫触角的基本构造（仿彩万志等）

触角的形状多种多样，大致可分为以下几种（图 1-3）：

刚毛状（图 1-3A）：触角短，柄节与梗节较粗大，其余各节细似刚毛，如蜻蜓、蝉、叶蝉等的触角。

线状（图 1-3B）：线状触角又叫丝状触角，细长，呈圆筒形，除柄节、梗节较粗外，其余各节大小、形状相似，向端部渐细。线状触角是昆虫触角最常见的类型。螽斯类、天牛类的触角属典型的线状，有时触角可长达身体的数倍。

念珠状（图1-3C）：柄节较长，梗节小，鞭节由多个近似圆球形、大小相近的小节组成，形似一串念珠。如白蚁、褐蛉等的触角。

棒状（图1-3D）：棒状触角又叫球杆状触角，结构与线状触角相似，但近端部数节膨大如棒。蝶类和蚁蛉类的触角属于此类。

锤状（图1-3E）：似棒状，但触角较短，鞭节端部突然膨大，形似锤状。如郭公虫等一些甲虫的触角。

锯齿状（图1-3F）：鞭节各亚节的端部呈锯齿状向一边突出。如部分叩甲雄虫、芫菁等的触角。

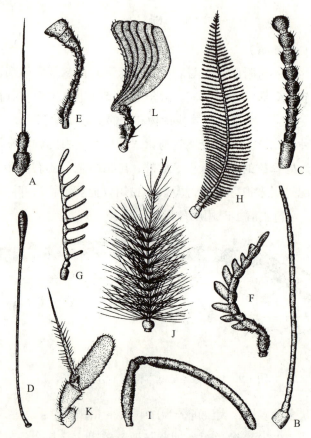

图1-3 昆虫触角的基本类型（仿周尧，管致和等）

A.刚毛状；B.线状；C.念珠状；D.棒状；E.锤状；F.锯齿状；G.栉齿状；
H.羽状；I.肘状；J.环毛状；K.具芒状；L.鳃叶状

栉齿状（图 1-3G）：鞭节各亚节向一侧显著突出，状如梳齿。如部分叩甲及豆象雄虫的触角。

羽状（图 1-3H）：又叫双栉齿状，鞭节各节向两侧突出呈细枝状，枝上还可能有细毛，触角状如鸟类的羽毛或形似箆子。如很多蛾类雄虫的触角。

肘状（图 1-3I）：又叫膝状或曲肱状，其柄节较长，梗节小，鞭节各亚节形状及大小近似，在梗节处呈肘状弯曲。如蚁类、蜜蜂类、象甲类昆虫的触角。

环毛状（图 1-3J）：除柄节与梗节外，鞭节部分亚节具一圈细毛，如雄性蚊类与摇蚊的触角。

具芒状（图 1-3K）：鞭节不分亚节，较柄节和梗节粗大，其上有一刚毛状或芒状触角芒。为蝇类所特有。

鳃叶状（图 1-3L）：鞭节端部几节扩展成片，形似鱼鳃。如金龟甲的触角。

触角的形状、分节数目、着生位置以及触角上的感觉孔的数目和位置等，随昆虫种类不同而有差异，因此触角常作为昆虫分类的重要特征。许多昆虫种类雌雄性别的差异，常常表现在触角的形状上。此外，利用昆虫触角对某些化学物质有敏感的嗅觉功能，可进行诱集和驱避。

（3）复眼（compound eye）和单眼（ocellus）

复眼和单眼为昆虫的主要视觉器官。

①复眼：复眼多位于头部侧上方，常为圆形或卵圆形，一般由多个小眼组成，是昆虫最重要的一类视觉器官，能辨别出近距离的物体以及运动着的物体。成虫和不全变态类的若虫或稚虫的复眼往往发达，低等昆虫、穴居及寄生性昆虫的复眼常退化或消失。

复眼的小眼形状、大小及数目在各类昆虫中差异甚大，往往小眼数目越多，复眼造像越清晰。昆虫一个复眼的小眼数大体在 300～5000 个之间，鳞翅目昆虫复眼常由 12 000～17 000 个小眼组成，蜻蜓目昆虫一个复眼的小眼数为 10 000～28 000 个或更多，最少的一种蚂蚁的工蚁复眼只有一个小眼组成。复眼的大小与种类及性别有很大关系，如头蝇科昆虫复眼几乎占据头的全部，而缨翅目昆虫中复眼较小。在双翅目昆虫中，雄虫复眼较大，两复眼在背面相接，称为接眼；雌虫复眼较小且相离，称为离眼。复眼对光的反应比较敏感，对光的强度、波长和颜色等有较强的分辨力，许多害虫有趋光性、趋绿性和趋黄性。

②单眼：昆虫的单眼包括背单眼和侧单眼两类，只能感受光线的强弱与方向而无成像功能。背单眼为成虫和不全变态类的若虫或稚虫所具有，着生于

额上部，常为 2～3 个。侧单眼仅为全变态类幼虫所具有，位于头部两侧，常 1～7 对。单眼的有无、数目与排列方式及位置等是昆虫分类的重要依据。

（4）昆虫的口器（mouthparts）

昆虫的摄食器官，位于头部的下方或前端。因食性和取食方式的分化，形成了不同类型的口器。比较形态学研究表明，咀嚼式口器最为原始，是最基本的构造类型，其他类型的口器均由咀嚼式口器演变而成。

①咀嚼式口器（chewing mouthparts）（图 1-4）。由上唇、上颚、下颚、下唇与舌 5 部分组成。主要特点是具有发达而坚硬的上颚以咀嚼固体食物，以直翅目的口器最为典型。咀嚼式口器的昆虫其口器各部分构造随虫态、食性、习性等略有变化，如鳞翅目幼虫、膜翅目叶蜂类幼虫的口器，属于变异咀嚼式口器，下颚、下唇、舌构成复合体；捕食性昆虫如广翅目成虫则具有发达的上颚。

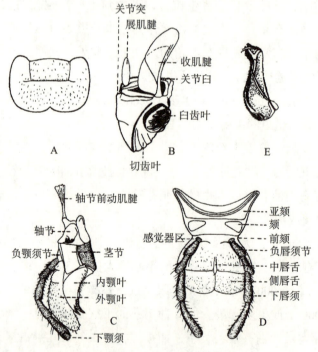

图 1-4 咀嚼式口器（仿陆近仁，虞佩玉）

A. 上唇；B. 上颚；C. 下颚；D. 下唇；E. 舌

②刺吸式口器（piercing-sucking mouthparts）（图 1-5）。为取食植物汁液或动物血液的昆虫所具有，能刺入寄主体内吸食寄主体液，为半翅目、虱目、蚤目及部分双翅目昆虫所具有。上颚、下颚延长成口针，下唇特化为喙，食窦和

前肠的咽喉部分特化成强有力的抽吸机构,称为咽喉唧筒。如蝉的口器,上唇为一个三角形的骨片,上颚与下颚的内颚叶特化为口针;上颚口针刺入寄主组织,下颚口针用以吸入植物汁液和输送唾液。不同种类昆虫的刺吸式口器构造有一定差异。如蚊类的口器有6个口针,半翅目雌性介壳虫离开母体后,大部分时间固定在寄主植物上,逐渐形成了很长的口针,平时缩在口针囊里,吸食时将口针伸出。

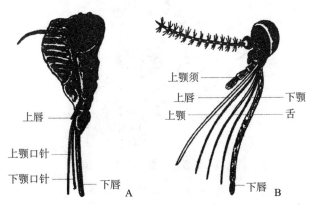

图1-5　刺吸式口器(仿Elzinga)

A.蝉的头部侧面观；B.蚊子的头部侧面观

③锉吸式口器(rasping-sucking mouthparts)(图1-6)。为缨翅目昆虫蓟马所特有。上颚不对称,右上颚退化或消失,左上颚发达,与一对下颚的内颚叶形成3根口针,是刺锉寄主组织的主要器官;两下颚口针组成食物道,舌与下唇间组成唾道。取食时,喙贴于寄主体表,用口针将寄主组织刮破,然后吸取寄主流出的汁液。

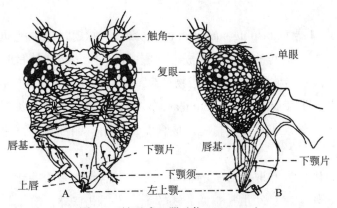

图1-6　锉吸式口器(仿Matheson)

A,B.蓟马口器,前面观和侧面观

④虹吸式口器（siphoning mouthparts）（图 1-7）。鳞翅目成虫所特有。上唇为一条狭横片，上颚多退化，下颚须不发达，下颚的外颚叶延长成一条能卷曲和伸展的喙，适于吸食花管底部的花蜜，不取食时喙像发条一样盘卷；有些吸果蛾类的喙端尖锐，能刺破果实的表皮。

图 1-7　虹吸式口器（仿 Matheson）

鳞翅目成虫头部模式图，侧面观

⑤舐吸式口器（sponging mouthparts）（图 1-8）。双翅目蝇类特有，适于取食发酵的粪便及腐烂物上的渗出物，如家蝇。口器粗短，由基喙、中喙及端喙 3 部分组成。取食时唇瓣展开平贴在食物上，在唧筒的作用下，液体食物经环沟和纵沟流入前口。

⑥嚼吸式口器（chewing-lapping mouthparts）。部分高等膜翅目成虫所特有，兼有咀嚼与吸收功能。上颚发达，咀嚼固体食物，下颚和下唇特化为吸食液体食物的喙。

⑦捕吸式口器（grasping-sucking mouthparts）。脉翅目昆虫的幼虫独具，又称双刺吸式口器。成对的上、下颚嵌合形成一对刺吸构造。捕食时刺入猎物体内，注入消化液，经体外消化后将猎物举起，使消化的食物流入口腔。

⑧刮吸式口器（scratching mouthparts）。双翅目蝇类幼虫。头部退化缩入前胸，口器退化，外观仅见 1 对口钩。取食时，先用口钩刮食物，然后吸收汁液和固体碎屑。

三七害虫因食性和取食方式的不同，部分口器结构发生特化，形成了不同的口器类型。如鳞翅目幼虫、蝼蛄、蟋蟀等为咀嚼式口器，蚜虫和介壳虫为刺吸式口器，种蝇幼虫为刮吸式口器。三七害虫的口器类型不同，危害方式也不同，对其采取防治的方法也就不同。咀嚼式口器害虫咬食植物各部分器官，造成植株机械损伤,一般采用胃毒剂或触杀剂进行防治。刺吸式口器害虫危害的植物,常出现各种斑点或引起变色、皱缩或卷曲,还传播植物病毒病,一般使用内吸杀虫剂和触杀剂进行防治,效果良好。虹吸式口器害虫吸食植物体表的液体,可将胃毒剂制成液体毒饵,使其吸食后中毒,如糖酒醋液诱杀多种蛾类成虫等。

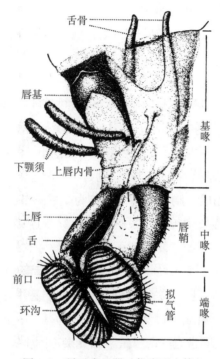

图 1-8 舐吸式口器(仿彩万志等)

家蝇口器侧面观

（5）头部的形式

由于昆虫的取食方式不同,其口器在头部的着生位置和方向也不同,据此将昆虫头部的形式(即头式)分为3种类型。这是昆虫对环境的适应。

①下口式:口器向下,头的纵轴与虫体纵轴大致垂直,称为下口式。大多数取食植物茎、叶的昆虫如蝗虫、蟋蟀和鳞翅目的大多数幼虫属此类型。该类型昆虫的取食方式比较原始。

②前口式:口器向前,头的纵轴与虫体纵轴成一钝角或近于平行,称前口式。很多捕食性及钻蛀性昆虫属此类型。如步甲、潜叶蛾幼虫等。

③后口式:口器向后,头的纵轴与虫体纵轴成一锐角,称为后口式。常见

于刺吸式口器昆虫,如蝉、蝽、蚜虫等。

不同的头式反映了昆虫的取食方式不同,这是昆虫长期适应环境的结果,利用头式可以区分昆虫的类别,故在分类上常用。

4)昆虫的胸部(thorax)

胸部是体躯的第二段,位于头部之后,由前胸、中胸及后胸3个体节组成。每一胸节各具一对胸足,分别称为前足、中足和后足。大多数昆虫的中、后胸上各有1对翅,分别称为前翅和后翅。足和翅都是运动器官,故胸部是昆虫的运动中心。

(1)胸部的基本构造

前胸:大多数昆虫的前胸结构比较简单,如蜻蜓目、鳞翅目、双翅目、膜翅目昆虫的前胸常比中、后胸小得多。前胸变异较大,常与前足功能、性别和拟态等相适应。如螳螂用前足捕捉猎物,蝼蛄以前足挖土,其前胸背板都很发达,细长或粗壮;雄性犀金龟前胸背板上常有一到数个大突起,其功能与求偶有关等。

中胸和后胸:具翅的中胸和后胸,统称为具翅胸节,为了适应飞行的需要,具翅胸节的背板、侧板及腹板都很发达,彼此紧密连接,形成一个坚强的飞行支持构造。

(2)胸足的构造与类型

①胸足的基本构造:胸足是胸部行动的附肢,着生在各胸节侧腹面的基节窝里。成虫的足由6节组成,自基部到端部分为基节、转节、腿节、胫节、跗节和前跗节,节与节之间常有一两个关节相支接(图1-9)。

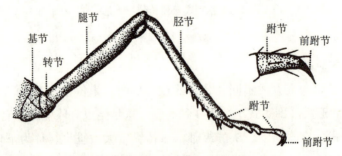

图1-9 胸足的基本构造(仿管致和等)

②胸足的类型:昆虫的足一般用于行走,由于生活环境的不同,足的功能与形态出现了一些变化,其类型常被作为分类的重要特征,常见的类型有8种(图1-10)。

步行足（图1-10 A）：为昆虫中最常见的一类足，如虎甲、步甲、蜻象等昆虫的足适于行走。

跳跃足（图1-10 B）：蝗虫、跳甲、跳蚤的后足，腿节特别发达，胫节细长，适于跳跃。

捕捉足（图1-10 C）：螳螂、猎蝽等昆虫的前足，基节多延长，腿节发达，腿节与胫节上多有捕捉机构。

开掘足（图1-10 D）：蝼蛄、金龟甲等土栖昆虫的前足，较宽扁，腿节或胫节上具齿，适于挖土及掘断植物根部。

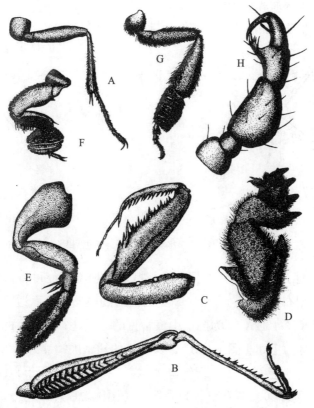

图1-10　胸足的基本类型（A，C—G.仿周尧；B.仿彩万志等）

A.步行足；B.跳跃足；C.捕捉足；D.开掘足；E.游泳足；F.抱握足；G.携粉足；H.攀握足

游泳足（图1-10 E）：水生昆虫如龙虱后足，扁平，形若桨，适于划水。

抱握足（图1-10 F）：龙虱雄虫的前足，在交配时用来抱握雌虫。

携粉足（图1-10 G）：蜜蜂总科昆虫的后足，胫节较宽扁，两边生有长毛，能携带花粉。

攀握足（图 1-10 H）：虱类的足，用于攀握毛发。

（3）翅

昆虫是动物界中最早获得飞行能力的动物，翅的发生有利于昆虫的觅食、求偶、扩大分布、避敌等，在各类昆虫中，翅有多种多样的变异，故翅的特征成了昆虫分类和研究演化的重要依据。

①翅的构造（图 1-11）：昆虫的翅是着生于中后胸的背板与侧板间的成对膜质结构。一般近三角形，有 3 边 3 角。将其平展时，靠近头部的一边称前缘，靠近尾部的一边称后缘或内缘，在前缘与后缘之间的边称外缘。翅基部的角叫肩角，前缘与外缘的夹角叫顶角，外缘与内缘的夹角叫臀角。

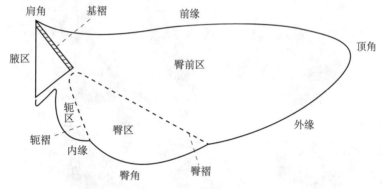

图 1-11　昆虫翅的基本结构（仿 Snodgrass）

②翅的类型（图 1-12）：根据翅的形状、质地与功能可将翅分为不同的类型，常见的类型有：蜻蜓、草蛉、蜂类的前后翅膜质，薄而透明，翅脉明显可见，称为膜翅（图 1-12A），为昆虫中最常见的一类翅；毛翅目的翅膜质，翅面与翅脉被毛，称为毛翅（图 1-12B）；蝶、蛾的翅密被鳞片为鳞翅（图 1-12C）；蓟马的翅膜质透明，脉退化，翅缘具缨状长毛为缨翅（图 1-12D）；竹节虫等前翅臀前区革质，其余部分膜质为半覆翅（图 1-12E）；蝗虫、叶蝉的前翅革质，多不透明或半透明为覆翅（图 1-12F）；大多数蝽类的前翅基部革质，端部膜质为半鞘翅（图 1-12G）；鞘翅目昆虫的前翅全部骨化，坚硬，为鞘翅（图 1-12H）；双翅目昆虫后翅称平衡棒或棒翅（图 1-12I），呈棍棒状，能起感觉与平衡体躯的作用。

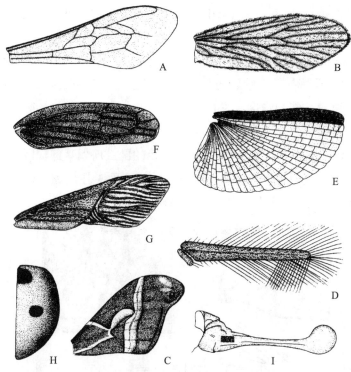

图 1-12　昆虫翅的基本类型（仿彩万志等）

A.膜翅；B.毛翅；C.鳞翅；D.缨翅；E.半覆翅；F.覆翅；G.半鞘翅；H.鞘翅；I.平衡棒

③翅脉及脉序：翅脉由气管部位加厚而成，对翅表起着支架的作用。脉序是研究昆虫系统发育的重要特征之一，昆虫学家曾用多种办法加以描述，提出了一些翅脉命名的方法，现普遍接受 Comstock & Needham（1898）的假想原始脉序，其翅脉命名系统称为康－尼系统（图 1-13）。

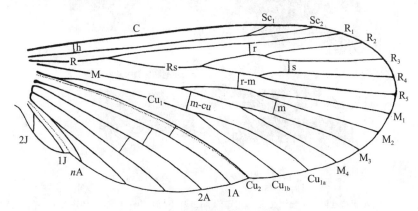

图 1-13　假想模式脉序图（仿 Ross）

④翅的连锁。在飞行的昆虫中，前、后翅间常由一些连锁器官连接起来，使前、后翅能相互配合，动作协调。昆虫的连翅器大体可分 5 类（图 1-14）：

贴接连锁（图 1-14A）：又叫翅肩型、膨肩型、翅抱型等。蝶类与部分蛾类（如枯叶蛾科、蚕蛾科等）的后翅前缘基部加宽，并多在亚前缘脉上连有一至数条肩横脉加强翅基部的强度，飞行时靠空气压力等连在一起。这类连翅器是最原始的类型之一。

翅轭连锁（图 1-14B）：鳞翅目轭翅亚目的昆虫前翅基部轭区向后伸出呈指状突起，即轭叶或翅轭，飞行时伸到后翅前缘下面夹住后翅，较原始的毛翅目昆虫前翅基部也有类似的构造用于连接后翅。

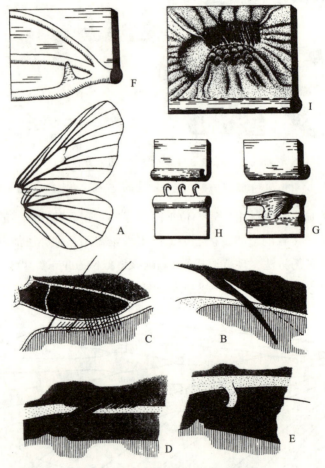

图 1-14　昆虫翅的连锁（仿彩万志等）

A.贴接连锁；B.翅轭连锁；C—E.翅缰连锁；F—H.翅褶连锁；I.翅钩连锁

翅缰连锁（图 1-14C—E）：飞行时前、后翅间以翅缰或翅缰钩连接起来；后翅前缘基部有一到数根强大的刚毛即翅缰，前翅腹面肘脉上具一簇毛或鳞片即翅缰钩，飞翔时以翅缰插入翅缰钩内以连接前后翅。为大多数蛾类所具有。

翅褶连锁（图 1-14F—H）：翅褶型连翅器是通过前翅或后翅或两者同时具有的褶及相应构造把前、后翅连锁起来的，使前、后翅动作一致。如半翅目昆虫属此类型。

翅钩连锁（图 1-14I）：前翅后缘中后部向腹面卷折，后翅前缘相应部分具一列刺钩叫翅钩列，飞行时翅钩挂在卷折上，以协调前、后翅的统一动作，为一些膜翅目昆虫及蚜虫所具有。

5）昆虫的腹部

昆虫体躯的第 3 个体段，内有主要的内脏器官及生殖器官，是昆虫代谢和生殖的中心。多数有翅昆虫胸部与腹部紧密相连，膜翅目细腰亚目昆虫的腹部第 1 节与后胸合并成胸部的一部分，称为并胸腹节。

（1）腹部的基本结构

昆虫的腹部多近纺锤形或圆筒形，常比胸部略细，以近基部或中部最宽。一般昆虫腹部的腹节为 9 或 10 节，一些半变态类昆虫的胚胎中可见 12 节，膜翅目的青蜂科、部分双翅目昆虫的可见腹节仅为 3～5 节。多数成虫腹部的附肢大部分都已退化，但雌成虫的第 8、第 9 两节和雄成虫的第 9 节常保留有特化为外生殖器的附肢，称为生殖节；生殖节以前的腹节，称为生殖前节或脏节；生殖节以后的腹节有不同程度的退化或合并，称为生殖后节。

（2）昆虫的外生殖器

雌性外生殖器称产卵器，雄性外生殖器称交配器，用以交配与产卵的器官。

①产卵器：产卵器常为管状构造，由 3 对产卵瓣组成。第 1 产卵瓣着生在第 8 腹节上，第 2 产卵瓣着生在第 9 腹节上，第 3 产卵瓣为第 2 载瓣上向后伸出的瓣状外长物（图 1-15）。

不同类群的昆虫具有不同形状的产卵器，蜉蝣目产卵器的类型原始，无特化的产卵器，仅有 1 对生殖孔；高等昆虫具 1 个产卵孔，产卵器发达，其形态与产卵方式、习性相适应。如直翅目蝗虫多在土中产卵，其产卵器常呈凿状；螽斯在植物组织中产卵，产卵期呈刀剑状；寄生性的昆虫如膜翅目寄生蜂类常具有细长的产卵器，具有产卵和刺蜇的功能；有些昆虫的产卵器特化，而使功能变化，如蜜蜂、胡蜂等的产卵器成了攻击和防卫的器官。昆虫产卵器的形状和构造不仅能作为重要目、科的分类依据，还能依据害虫的产卵方式和习性，采取不同的防治策略。

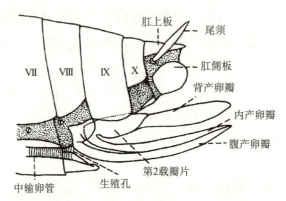

图1-15　有翅昆虫产卵器的模式构造（仿Snodgrass）

②交配器：交配器是昆虫的雄性外生殖器，主要由阳茎和抱握器两部分组成。阳茎位于生殖腔内，一般为管状或锥状的构造，包括阳茎基和阳茎体两部分；抱握器着生在第9腹节上，为棒状、叶状或其他形状的突出物（图1-16）。交配器的结构复杂，形态多样，是重要的分类特征。

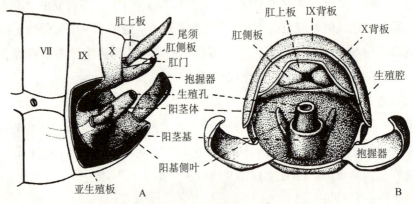

图1-16　昆虫交配器的模式构造（仿Snodgrass）

A，B. 腹部末端侧面观和后面观

腹部的其他附属器官。昆虫的腹部除生殖性附肢外，在有些昆虫上还保留其他附属器官，由附肢演变而来，主要有3类：低等昆虫生殖后节上的尾须、无翅亚纲昆虫脏节上的附肢及一些幼虫的腹足。

2. 昆虫的分类

昆虫分类学（Insect Taxonomy）是研究昆虫种的鉴定（identification）、分类（classification）和系统发育（phylogeny）的科学。昆虫分类是认识昆虫的一种基本方法。

1）昆虫纲的分目

昆虫是动物界（Kingdom Animal）、节肢动物门（Phylum Arthropoda）中的一个纲——昆虫纲（Class Insecta），纲之下又分目（Order）、科（Family）、属（Genus）和种（Species）。昆虫纲根据多数学者的意见，分为石蛃目、衣鱼目等无翅类，蜉蝣目、蜻蜓目等有翅类，共 30 目。

无翅类（Apterygota）：

（1）石蛃目（Archeognatha）

俗称石蛃，小至中型。体被鳞片，口器咀嚼式，复眼大，触角长丝状。腹部 2～9 节上有刺突，尾须长而分节。如浙江跳蛃（*Pedetontus zhejiangensis* Xue et Yin）。

（2）衣鱼目（Zygentoma）

又称缨尾目（Thysanura），俗称衣鱼。中小型，体被鳞片，口器咀嚼式，复眼分离，触角长丝状。腹部 11 节，尾须 1 对，尾须间有中尾丝。如衣鱼（silverfishes）。

有翅类（Pterygota）：

（3）蜉蝣目（Ephemeroptera）

体中型，细长，脆弱，口器咀嚼式，触角刚毛状；前翅发达，后翅小，翅脉多，除纵脉外，还有很多插脉和横脉，休息时翅竖立在背上，尾须 1 对，长，有的还有中尾丝，原变态，有亚成虫期，幼期水生，多足型，腹部有附肢变成的鳃；如蜉蝣（mayflies）。

（4）蜻蜓目（Odonata）

体中到大型，头活动，口器咀嚼式，触角刚毛状，中后胸倾斜，腹细长如杆，翅长，膜质，透明，脉纹网状，有翅痣（stigma）和翅切（node），休息时翅平伸于身体两侧，或竖立于背上，半变态，稚虫水生，下唇特化成面罩，以致成虫和幼期口器截然不同，故有异口类（Heterognatha）之称；幼期以直肠鳃或尾鳃呼吸，属寡足型幼虫。如蜻蜓（dragonflies）、豆娘（damselflies）。

（5）襀翅目（Plecoptera）

小到中型，体扁长而柔软，口器咀嚼式，上颚有的退化，触角丝状多节，翅 2 对，膜质，前翅中脉和肘脉间有横列脉，后翅臀区大，休息时平放于腹背上，足跗节 3 节，尾 1 对，丝状，多节或 1 节，半变态，幼期水生，有时有气管鳃。如襀翅虫（襀）（stoneflies）。

（6）纺足目（Embioptera）

小到中型，体扁长而柔软，口器咀嚼式；触角丝状或念珠状，胸部长，几与腹部等长，雌无翅，雄有翅 2 对，翅长，翅脉简单，前后翅形状和翅脉相似，休息时平放于腹背，跗节 3 节，前足第 1 跗节特别膨大，能分泌丝质而结网，渐变态，成幼期栖境相同。如足丝蚁（webspinners）。

（7）螳螂目（Mantodea）

中到大型，头活动，三角形，口器咀嚼式，前胸长；前足捕捉式，中后足步行式，前翅为覆翅，后翅膜质，臀区大，休息时平放于腹背上，尾须 1 对，雄虫第 9 节腹板上有一对刺突，渐变态，若虫和成虫均捕食性，卵粒为卵鞘所包。如螳螂（mantids）。

（8）蜚蠊目（Blattaria）

中到大型，头宽扁，口器咀嚼式，前胸大，盖住头部，有翅或无翅，有翅的前翅为覆翅，后翅膜质，臀区大，休息时翅平置于体背，尾须 1 对，雄虫第 9 节腹板上有一对刺突，渐变态，成虫和幼期生活于阴暗处，卵粒为卵鞘所包。如蜚蠊（cockroaches）。

（9）等翅目（Isoptera）

小到大型，多型性社会昆虫，口器咀嚼式；触角念珠状，有翅型有翅 2 对，前后翅大小、形状相似，翅狭长，可沿基缝脱落，纵脉多，缺横脉，渐变态，少数种类雌虫也分泌卵鞘。如白蚁（termites；white ants）。

（10）直翅目（Orthoptera）

中到大型，口器标准咀嚼式，前胸背板发达，一般有翅 2 对，前翅为覆翅，后翅膜质，臀区大，也有无翅或短翅的，后足多为跳跃足，有的前足为开掘式，雌虫产卵器通常发达，呈刀状、剑状或锥状，渐变态。如蝗虫（locusts grasshoppers）、螽斯（longhorned grasshoppers）、蟋蟀（crickets）、蝼蛄（mole crickets）。

（11）竹节虫目（Phasmatodea）

中到大型，细长如竹枝，或扁平似树叶，口器咀嚼式，前胸短，中胸长，后胸与腹部第一节愈合，腹部长，有翅或无翅，有的前翅短，呈鳞片状，渐变态。如竹节虫（walkingsticks）。

（12）革翅目（Dermaptera）

中型，体长而坚硬，头前口式，口器咀嚼式，触角丝状，前胸大而略呈方形，有翅或无翅，有翅的前翅短小，革质，后翅大，膜质，休息时褶藏于前翅下，仅露少部分，尾须1对，或特化成坚硬的钳状，渐变态。如蠼螋（earwigs）。

（13）蛩蠊目（Grylloblattodea）

中型，扁而细长，头前口式，口器咀嚼式，触角细长，无翅，3对足步行式，跗节5节，有长而分节的尾须1对，产卵器发达，雄虫第9腹节有刺突。变态不明显。综合了直翅群中不少目的一些特征。如蛩蠊（grylloblattids）。

（14）缺翅目（Zoraptera）

体小柔软，口器咀嚼式，触角9节，连珠状，有无翅型和有翅型，无翅型无单眼、复眼，有翅型有复眼和单眼，翅2对，膜质，翅脉简单，纵脉1到2条，足跗节2节；尾须1节；渐变态。如缺翅虫（zorapterans）。

（15）啮虫目（Psocoptera）

体小柔软，口器咀嚼式，触角丝状，前胸细小如颈，有无翅的、短翅的和有翅的。有翅的翅2对，膜质，前翅大，有翅痣，横脉少，后翅小，无尾须，渐变态。如啮虫（psocids）。

（16）食毛目（Mallophaga）

体微小到小型，体长圆而扁，口器咀嚼式，触角短，3～5节，中后胸愈合，无翅，足攀登式，跗节1或2节，爪1或2个；气门生于腹面，无尾须，无产卵器，渐变态，寄生于鸟兽毛上。如羽虱（chewing lice）。

（17）虱目（Anoplura）

微小到小型，体椭圆形而扁，头小，向前突伸，口器刺吸式，触角3～5节，胸部3节愈合，无翅，足攀登式，跗节1节，爪1个，气门背生，无尾须，渐变态。寄生于哺乳动物体外，吸血。如虱（sucking lice）。

（18）缨翅目（Thysanoptera）

微小到小型，体细长而扁平，口器锉吸式，左右不对称，翅2对，狭长，纵脉1～2条，边缘有长缨毛，也有无翅和1对翅的，跗节1～2节，端部有泡，过渐变态。如蓟马（thrips）。

（19）半翅目（Hemiptera）

小到大型，头后口式，口器刺吸式，翅2对，前翅为半鞘翅、覆翅或膜质，后翅膜质，渐变态或过渐变态。如椿象（蝽）（bugs）、蝉（cicadas）、木虱（psyllids）、粉虱（whiteflies）、蚜虫（aphids）、介壳虫（scale insects）。

（20）鞘翅目（Coleoptera）

小到大型，体坚硬，头前口式或下口式，口器咀嚼式，前翅为鞘翅，后翅膜质，足的跗节多为5节，完全变态或复变态。统称甲虫（beetles；weevils）。

（21）捻翅目（Strepsiptera）

小型，雌雄异型，雄虫有翅有足，自由活动，触角4～7节，至少第3节有一旁枝，向侧面伸出，有的第4～6节也有旁枝，使触角呈栉状，前翅小，呈平衡棒，后翅大，膜质，脉纹3～8条，放射状。雌虫终生寄生，头胸部愈合，坚硬，露出寄主体外，腹部膜质呈袋状，翅、足、触角、复眼、单眼均缺如，复变态。统称捻翅虫（strepsipterans；twisted-winged insects）。

（22）广翅目（Megaloptera）

中到大型，头前口式，口器咀嚼式，有的雄虫上颚特别发达，翅2对，膜质，翅脉网状，纵脉在翅的边缘不分叉，无尾须，全变态，幼虫水生。如鱼蛉（fishflies）、泥蛉（alderflies）。

（23）蛇蛉目（Raphidioptera）

小到中型，头部延长，后部缩小如颈，前口式，口器咀嚼式，前胸细长，翅2对，膜质，前后翅形状相似，翅脉网状，有翅痣，雌产卵器细长如针。全变态，幼期和成虫均捕食性。统称蛇蛉（snakeflies）。

（24）脉翅目（Neuroptera）

小到大型，头下口式，咀嚼式口器，翅2对，膜质，前后翅形状相似，脉纹网状，纵脉在翅的边缘分叉，全变态或复变态，成、幼虫捕食性。如草蛉（lacewings）、蚁蛉（antlionflies）。

（25）长翅目（Mecoptera）

小到中型，头向下延伸呈喙状，口器咀嚼式，翅2对，狭长，有翅痣，前后翅形状相似，翅脉接近标准脉序，雄虫腹末向上弯曲，末端膨大呈球状，全变态，成、幼虫捕食性。如蝎蛉（scorpionflies）。

（26）蚤目（Siphonaptera）

体微小到小型，侧扁而坚韧，无翅，头小，与胸部密接，无单眼，复眼小或无，口器刺吸式，足基节粗大，腿节发达，适于跳跃，跗节5节，全变态，寄生于哺乳动物或鸟类身上。统称蚤（fleas）。

（27）双翅目（Diptera）

小到大型，口器刺吸式或舐吸式，翅 1 对，前翅膜质，后翅变成平衡棒（halteres），全变态或复变态。如蚊（mosquitoes）、蝇（flies）。

（28）毛翅目（Trichoptera）

小到中型，外形像蛾，口器咀嚼式，但无咀嚼能力，翅 2 对，膜质，被毛，翅脉接近标准脉序，全变态，幼虫水生。如石蛾（caddisflies）。

（29）鳞翅目（Lepidoptera）

小到大型，口器虹吸式，翅 2 对，膜质，被鳞片和毛，全变态，成、幼虫陆生，少数幼虫营半水生生活。如蝴蝶（butterflies）和蛾（moths）。

（30）膜翅目（Hymenoptera）

微小到大型，口器咀嚼式或嚼吸式，翅 2 对，膜质，前翅大，后翅小，以翅钩列连接，翅脉很特化，有的产卵器特化成螯刺，全变态或复变态。如蚂蚁（ants）、蜜蜂（bees）、锯蜂（sawflies）、胡蜂（wasps）等。

2）药用植物昆虫主要目、科简介

药用植物害虫及其天敌涉及的昆虫主要有直翅目、半翅目、缨翅目、鞘翅目、鳞翅目、双翅目和膜翅目。下面作有关分类介绍。

（1）直翅目（Orthoptera）

直翅目包括蝗虫、螽斯、蝼蛄和蟋蟀等常见昆虫。体中到大型，头下口式，触角丝状，口器咀嚼式。前胸大而明显，中后胸愈合。前翅覆翅，后翅膜质，后足跳跃足或前足开掘足。产卵期发达，呈剑状、刀状或凿状，蝼蛄产卵期不发达。常具听器和发音器。

食性多为植食性，多为农业上的重要害虫。多数种类在白天活动，如蝗虫；蟋蟀和蝼蛄常夜间活动。

直翅目昆虫中为害三七的主要有蝼蛄和蟋蟀。蟋蟀以成、若虫为害三七的幼苗，在地下咬食种子和根部，在地上切断嫩茎，咬食叶片、花和果实。蝼蛄食性杂，成、若虫均为害，咬食三七的种子和幼苗，并能在土壤表层为害，造成严重缺苗断垄。

主要科的特征：

蝗科（Acrididae）（图 1-17A）体大型，触角丝状、棒状或剑状；前胸背板发达，马鞍形，盖住前胸和中胸背板；跗节式 3-3-3，腹部第 1 节背板两侧有 1 对鼓膜听器。常见种类有东亚飞蝗［*Locusta migratoria manilensis*（Meyen）］。

螽斯科（Tettigoniidae）（图 1-17B） 触角比体长，丝状，30 节以上；发音器常位于前翅基部，听器位于前足胫节基部；跗节式 4-4-4，雌性产卵器刀状；尾须短。常见种类有中华露螽（*Phaneroptera sinensis* Uvarov）、日本露螽（*Holochlora japonica* Bruner）。

蟋蟀科（Gryllidae）（图 1-17C） 触角丝状，长于身体；听器在前足胫节上；跗节式 3-3-3；产卵器针状或矛状；尾须长。常见种类有斗蟋（*Velarifictorus micado* Saussure）、南方油葫芦（*Gryllus testaceus* Walker）。

蝼蛄科（Gryllotalpidae）（图 1-17D） 触角比体短；前足开掘足，后足腿节不发达，非跳跃足；前翅短后翅长；产卵器退化；跗节式 3-3-3；尾须长。为害三七的常见种类有东方蝼蛄（*Gryllotalpa orientalis* Burmesiter）和华北蝼蛄（*Gryllotalpa unispina* Saussure）。

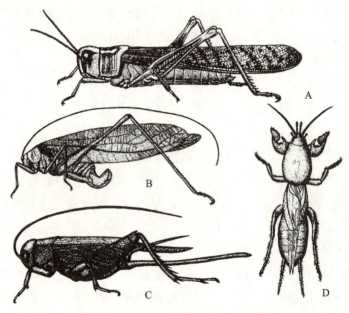

图 1-17 常见直翅目昆虫代表（仿周尧）

A. 蝗科：东亚飞蝗 *Locusta migratoria manilensis*（Meyen）；B. 螽斯科：日本露螽 *Holochlora japonica* Bruner；C. 蟋蟀科：南方油葫芦 *Gryllus testaceus* Walker；D. 蝼蛄科：华北蝼蛄 *Gryllotalpa unispina* Saussure

（2）半翅目（Hemiptera）

半翅目包含传统的半翅目和同翅目（Homoptera）。包括蝽、蝉、蚜、蚧等，是不全变态类昆虫中种类数量最多的目。

体微型至巨型，体长 1～110 mm。口器刺吸式，后口式；触角丝状或刚毛状，复眼发达或退化；单眼无或2～3个。有翅两对，前翅半鞘翅、覆翅或膜翅；部分种类仅有1对前翅或无翅；胸足发达，雌性介壳虫因固定生活而胸足退化。腹部10节，雌性介壳虫腹节常不同程度愈合；雌虫产卵期一般发达，但介壳虫和蚜虫等无瓣状产卵期；无尾须。

食性多为植食性，以口器刺入植物组织内吸食汁液，使受害部位营养不良、褪色、变黄、器官萎蔫或畸形，落花落果，甚至整株枯萎或死亡。除直接为害外，还传播植物病毒病，传播病害造成的损失比直接为害造成的损失更大。

半翅目昆虫中危害三七的主要有蚜虫和介壳虫。三七被蚜虫危害后，被害叶片形成皱缩，植株矮小，严重影响生长发育，开花后，除危害叶片外，还危害花序及花梗，受害轻者减少结果和籽实不饱满，重者变黄枯萎，不能结籽。

危害三七的介壳虫有两种，即蜡蚧和粉蚧。蜡蚧危害三七地上各部，严重时整个植株布满虫体，形如蜡棍。初发时幼虫寄生在三七茎杆近地面处，吸取汁液危害，使苗株生长不良；以后沿着茎杆向上蔓延，侵害花梗、花序，影响开花结果，严重时造成"干花"使得植株提早落棵。粉蚧以危害三七叶片为主，主要在叶片背面的叶脉两侧，吸食汁液。被害叶片卷皱，虫体寄生处显现黄色斑块，严重时植株提早落叶。后期危害花梗及小花；受害严重的花序淡褐色，不再结实生长。

主要科的特征：

田鳖科（Belostomatidae）（图1-18 A） 又称负子蝽科。体型大，扁阔，无单眼，触角短4节，不外露，喙短而强，5节，略弯曲，前翅膜片上翅脉显著，网状，跗节2节，腹末有短而扁的呼吸管，捕食性，对鱼苗危害大，许多种类雌虫产卵于雄虫背上，负至孵化，故名负子蝽。我国北方常见大田负蝽 [*Kirkaldyia deyrollei*(Vuillefroy)]，南方常见印度田鳖 [*Lethocerus indicus*(Lep.& Serv.)] 等。

花蝽科（Anthocoridae）（图1-18B） 体型小或微小，头较尖，体较宽，触角4节，喙3～4节，通常有单眼，前翅有楔片和缘片，膜片上有不明显的纵脉1～3根或无翅脉，跗节2或3节。栖息于地面、花、叶、树皮下等，捕食蚜虫、介壳虫、粉虱、蓟马、螨类等，为捕食性天敌。常见的种类如：微小花蝽 [*Orius minutus*(L.)]，南方小花蝽（*O. similis* Zheng）等。

盲蝽科（Miridae）（图1-18 C） 体多小型，体纤弱，稍扁平，无单眼，触角4节，喙4节，前翅有楔片和缘片，膜片上有2基室或小翅室，无其他翅脉，在同种内有大翅、短翅及无翅的类型，跗节3节，偶有2节，雌虫产卵器镰刀状，产卵于植物组织中。本科昆虫有植食性的，如烟盲蝽（*Gallobelicus crassicornis* Distant）等，也有捕食性的，如黑肩绿盲蝽（*Cyrtorrhinus lividipennis* Reuter）等。

长蝽科（Lygaeidae）（图1-18D） 体小至中型，多为黑、褐或红色，触角4节，喙4节，有单眼，前翅无缘片和楔片，膜片具4~5条纵脉，跗节3节，雄虫第7腹节膨大。多为植食性，如危害高粱的高粱长蝽（*Dimorphopterus japonicus* Hidaka）等，部分种类捕食性，如大眼长蝽［*Geocoris pasllidipennis*（Costa）］等，栖息于植物上或土表的覆盖层下。

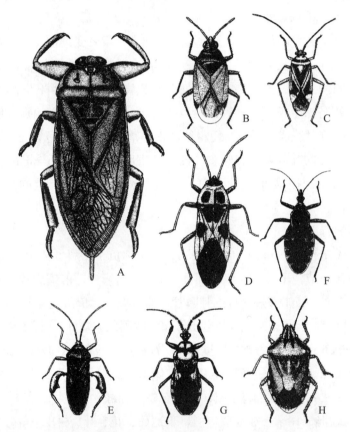

图1-18 常见半翅目昆虫代表（一）（仿彩万志等）

A.田鳖科（负子蝽科）：大田负蝽 *Kirkaldyia deyrollei*（Vuillefroy）；B.花蝽科：微小花蝽 *Orius minutus*（L.）；C.盲蝽科：三点盲蝽 *Adelphocoris fasciaticollis* Reuter；D.长蝽科：红脊长蝽 *Tropidothorax elegans*（Distant）；E.缘蝽科：红背安缘蝽 *Anoplocnemis phasiana*（Fabr.）；F,G.猎蝽科：广锥猎蝽 *Triatoma rubrofasciata*（De Geer）（D）和黑红赤猎蝽 *Haematoloecha nigrorufa*（Stal）（E）；H.蝽科：斑须蝽 *Dolycoris baccarum*（L.）

缘蝽科（Coreidae）（图1-18E） 体中至大型，大多为长形，多为褐色或绿色，触角4节，喙4节，有单眼，前胸背板长有叶状突起或尖角，小盾片小，不超过爪片的长度，前翅无缘片和楔片，膜片上有多条分叉的纵脉，均出自基部一横脉，通常无翅室。跗节3节，有时后足腿节粗大。本科均为植食性，吸食植物幼嫩部分，引起植物萎蔫或死亡。常见害虫有危害水稻的稻棘缘蝽（*Cletus punctiger* Dallas）和稻蛛缘蝽（*Leptocorisa varicornis* Fabr.）等。

猎蝽科（Reduviidae）（图1-18F，G） 体中至大型，头狭，有颈部，头部能自由活动，有单眼，触角4节，丝状，喙短，3节，基部弯曲，不平贴于身体的腹面，端部尖锐，前翅无缘片和楔片，膜片常有2个大翅室，翅室端部伸出一长脉。绝大多数为肉食性种类，能捕食害虫，是农林害虫的天敌，也称食虫蝽，如黄足猎蝽（*Sirthenea flavipes* Stal）、黑红赤猎蝽［*Haematoloecha nigrorufa*（Stal）］等。

蝽科（Pentatomidae）（图1-18H） 体小至大型，体色多样，头小，三角形，有突出的中叶与发达的侧叶，触角5节，少数种类4节，喙4节，有单眼，小盾片发达，三角形或舌状，至少超过前翅爪片的长度，前翅无缘片和楔片，膜片有多数纵脉，多从一基横脉上分出。跗节3节。臭腺发达。该科多为植食性，也有捕食性的，有许多重要的农业害虫。常见种类如稻绿蝽［*Nezara viridula*（L.）］、斑须蝽［*Dolycoris baccarum*（L.）］等。

蝉科（Cicadidae）（图1-19 A） 体中到大型；复眼大，单眼3个，呈倒三角形排列；触角着生于复眼之间前方，刚毛状；前足腿节膨大，下缘具有齿或刺，跗节3节；雄虫腹部第一节腹面有发音器；雌虫产卵器发达，产卵于植物嫩枝内，常导致枝条枯死。如蚱蝉（*Cryptotympana atrata* Fabricius）、蟪蛄（*Oncotympana maculaticollis* Motschulsky）等，危害多种果树枝条。

叶蝉科（Cicadellidae）（图1-19B） 体小型，狭长，具有跳跃能力；单眼2个，位于头顶前缘与颜面交界线上；触角位于两复眼间；前翅革质，后翅膜质；后足胫节有1～2列短刺。该科主要取食植物叶片汁液，有些种类还传播植物病毒病，是农业上的重要害虫，如黑尾叶蝉［*Nephotettix cincticeps*（Uhler）］等，传播水稻矮缩病等。

飞虱科（Delphacidae）（图1-19 C） 体小型，善跳跃；后足胫节末端有1个能活动的大距。有些种类有长距离迁飞的习性，多数种类有多型现象，有长翅型和短翅型的个体。主要危害禾本科植物，有些种类传播植物病毒病，是重要的农业害虫。如褐飞虱（*Nilaparvata lugens* Stal）、白背飞虱（*Sogatella furcifera*

Horvath）和灰飞虱［*Laodelphax striatella*（Fallen）］等。

木虱科（Chermidae）（图 1-19D） 体小型，似小蝉，善跳，多为绿色或黑褐色；触角 9～10 节，丝状，着生于复眼前方，基部 2 节膨大，末节具有 2 根不等长的刚毛；单眼 3 个，喙 3 节；翅 2 对，透明，前翅革质，翅脉简单。有些种类严重危害果树、桑树和园林植物，农业上重要的种类有梨木虱（*Psylla pyrisuga* Foerster）、柑橘木虱（*Diaphorina citri* Kuwana）、桑木虱（*Anomoneura mori* Schwarz）等。

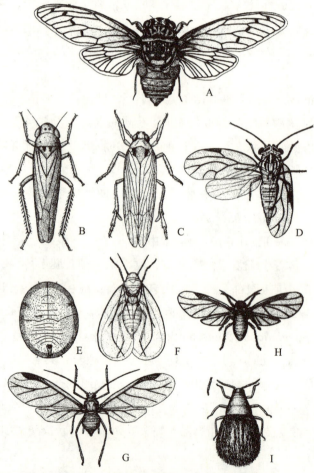

图 1-19 常见半翅目昆虫代表（二）（仿周尧）

A. 蝉科：鸣鸣蝉 *Oncotympana maculicollis*（Motsulsky）；B. 叶蝉科：二星叶蝉 *Erythroneura apicalis*（Nawa）；
C. 飞虱科：灰飞虱 *Laodelphax striatella*（Fallen）；D. 木虱科：梨木虱 *Psylla pyrisuga* Foerster；
E, F. 粉虱科：橘绿粉虱 *Dialeurodes citri*（Ashmead），E. 蛹壳，F. 成虫；G. 蚜科：桃蚜 *Myzus persicae*（Sulzer）；
H, I. 绵蚜科：苹果绵蚜 *Eriosoma lanigerum*（Hausmann），H. 有翅胎生雌蚜，I. 无翅雌蚜

粉虱科（Aleyrodidae）（图 1-19E，F） 体小型；复眼肾形或每一复眼分隔成两部分；单眼 2 个，触角 7 节；翅两对，翅面及体表被白色蜡粉，翅脉少，休息时平叠体背；跗节 2 节，具 2 爪及 1 中垫；腹部第九节背面凹入，形成皿状孔。如温室白粉虱 [*Trialeurodes vaporariorum*（Westwood）] 和橘绿粉虱 [*Dialeurodes citri*（Ashmead）]。

蚜科（Aphididae）（图 1-19 G） 又叫蚜虫或腻虫。体小型，柔软，有时披有白色蜡质分泌物；触角 6 节，末节中部起突然变细，明显分为基部和鞭部二部分，在末节基部的顶端和末前节的顶端各有一圆形的原生感觉孔；有具翅的和无翅的个体，前翅大后翅小，膜质；足细长，跗节 2 节，爪 2 个；腹部第 6 腹节上有一对圆柱形的管状突起，称为"腹管"，腹部末端的突起称为"尾片"。很多种类是重要的农业害虫，如桃蚜 [*Myzus persicae*（Sulzer）] 等。

绵蚜科（Eriosomatidae）（图 1-19H，I） 体小型，蚜状；腹管退化成盘状或缺；翅脉简单；触角的次生感觉孔呈横带状或不规则的圆环形；有性蚜个体小，形状特异，无翅、无口器、不取食；本科昆虫通常有发达的蜡腺，分泌白色棉絮状的蜡质。如苹果绵蚜 [*Eriosoma lanigerum*（Hausmann）]、角倍蚜 [*Schlectendalia chinensis*（Bell）] 等。

绵蚧科（Margarodidae）（图 1-20A，B） 雌虫体大，肥胖，体节明显，自由活动，到产卵前才固定下来，并分泌蜡质卵囊；触角通常 6～11 节；复眼退化，单眼 2 个；足发达；腹部气门 2～8 对，肛门没有明显的肛环及无肛环刺毛；雄虫较大，体红翅黑，有复眼及单眼，触角羽状，平衡棒有弯曲的端刚毛 4～6 根，腹末有成对的突起。本科有危害最大、分布最广的世界性害虫，如吹绵蚧（*Icerya purcharsi* Maskell）危害柑橘、草履蚧 [*Drosicha corpulenta*（Kuwana）] 危害苹果等果树。

粉蚧科（Pseudococcidae）（图 1-20C） 一般为长卵形，体节明显，体上被有蜡粉，有时身体侧面的蜡粉突出成线状；腹部末节有 2 瓣状突起，称臀瓣，其上各生一根刺毛，称臀瓣刺毛，肛门周围有骨化的环，上生刺毛（6～8 根），叫肛环和肛环刺毛；无腹部气门，产卵时有卵囊；多数种类为果树和园林植物的重要害虫，如柑橘粉蚧（*Pseudococcus citri* Risso）、康氏粉蚧（*P. comstocki* Kuwana）、橘臀纹粉蚧 [*Planococcus citri*（Risso）] 等。

蚧科（Coccidae）（图 1-20D） 体小型，雌虫体圆形或长卵形，扁平或隆起成半球形或圆球形，体壁坚硬或富弹性，裸露或被有蜡质；体躯分节不明显；有足和触角，但均短小或退化；没有腹部气门，腹部末端有深的裂缝，叫臀裂（肛裂），肛门有肛环及肛环刺毛，肛门上盖有 2 块三角形的骨片，叫肛板；雄虫有翅或无翅，口针短而钝，腹部末端有2长蜡丝，交配器短。农林上常见的种类如朝鲜球坚蚧（*Didesmococcus koreanus* Borchsenius）、红蜡蚧［*Ceroplastes rubers*（Maskell）］、日本龟蜡蚧（*Ceroplastes japonicas* Guaind）等，危害多种果树和园林植物，还有白蜡虫所分泌的白蜡是医药和工业的重要原料。

盾蚧科（Diaspi didae）（图1-20E，F） 若虫和雌成虫都被有蜕皮和分泌物形成的盾状蚧壳；体微小或小型，雌虫常为圆形或长形，体躯分节不明显，腹末数节（5～8节）常愈合成一块骨板，称臀板；复眼退化，触角退化，喙短，构造简单，足消失或退化；雄成虫触角丝状，有单眼，大多有翅，腹末无蜡丝，交配器狭长。分布广、寄主范围广，是果树、林木、观赏植物上的常见种类，如失尖蚧［*Unaspis yanonensis*（Kuwana）］、梨圆蚧（*Comstockaspis perniciosus* Comstock）等。

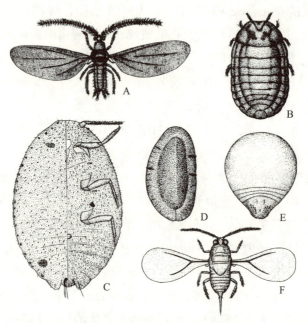

图1-20 常见半翅目昆虫代表（三）（仿周尧）

A，B.绵蚧科：草履蚧 *Drosicha corpulenta*（Kuwana），A. 雄成虫，B. 雌成虫；C. 粉蚧科：橘臀纹粉蚧雌成虫 *Planococcus citri*（Risso）；D. 蚧科：褐蚧 *Coccus hesperidum* L.；E，F. 盾蚧科——椰圆盾蚧 *Aspidiotus destructor* Signoret，E. 雌成虫，F. 雄成虫

（3）缨翅目（Thysanoptera）

微小到小型，体细长而扁平，口器锉吸式，左右不对称，翅2对，狭长，纵脉1～2条，边缘有长缨毛，也有无翅和1对翅的，跗节1～2节，端部有泡，过渐变态。如蓟马（thrips）。

植食性蓟马多产卵于植物组织内、叶片表面或植物缝隙内，一生经历卵、幼虫、蛹和成虫4个阶段，部分类群在幼虫和蛹期之间还经历前蛹阶段。

该目昆虫体小善跳，成虫、幼虫常见于菊科植物的花上，取食花粉粒和果实。许多种类仅生活于叶片上，致使发育中的叶片扭曲变形，形成虫瘿。一部分种类取食植物汁液，少数种类生活在枯枝落叶中，取食真菌孢子，个别捕食其他蓟马和螨类。蓟马不仅通过直接取食危害植物，也能传播病毒，引起植株枯萎。

主要科的特征：

管蓟马科（Phloeothripidae）（图1-21A，D） 体多为暗褐色或黑色；触角4～8节，具锥状感觉器；有翅或无翅，翅面光滑无毛；腹部末端管状，雌性无外露的产卵器。多数种类取食真菌孢子，有些种类捕食性，少数取食植物。如麦简管蓟马［*Haplothrips tritici*（Kurdjumov）］。

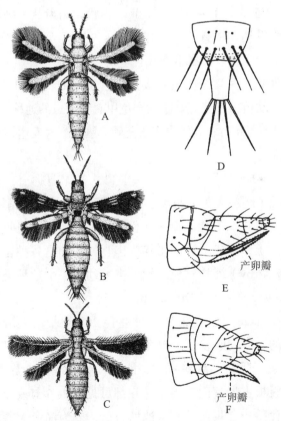

图1-21 缨翅目昆虫代表（仿周尧）

A, D. 管蓟马科：麦简管蓟马 *Haplothrips tritici*（Kurdjumov）；B, E. 纹蓟马科：横纹蓟马 *Aeolothrips fasiatus*（L.）；
C, F. 蓟马科：烟蓟马 *Thrips tabaci* Lindeman；A-C. 成虫，D-F. 腹部末端

纹蓟马科（Aeolothripidae）（图 1-21B，E） 体粗壮；触角9节，第3～4节有线形感觉器；翅宽阔，末端钝圆，翅面具微毛，前翅有2条纵脉，具横脉，前翅面常有暗灰色斑纹；雌性产卵器锯状，背向弯曲。大多数为捕食性，捕食蓟马等小型昆虫及螨类。如横纹蓟马［*Aeolothrips fasiatus*（L.）］。

蓟马科（Thripidae）（图 1-21 C，F） 体较扁平；触角6～8节，第3～4节有锥状感觉器；有翅或无翅，有翅则翅狭长，末端尖，翅面有微毛，前翅常具2条纵脉，无横脉。雌性末端锥状，产卵器腹向弯曲。大多数为植食性，一些种类是农林植物的重要害虫。如棕榈蓟马（*Thrips palmi* Karny）和烟蓟马（*Thrips tabaci* Lindeman）。

（4）鞘翅目（Coleoptera）

鞘翅目是昆虫中最大的一个目，通称为甲虫。成虫体壁坚硬，前翅鞘翅，后翅膜翅；口器咀嚼式，触角10～11节，线状、锯齿状、锤状、膝状或鳃叶状；无单眼；前胸发达；中胸小盾片有或无；可见腹节常10节以上。幼虫一般狭长，头部发达，较坚硬，口器咀嚼式。

许多种类的幼虫是为害三七的重要地下害虫，如蛴螬和金针虫，以幼虫在土壤中咬食种子、幼苗根和茎。蛴螬为金龟甲总科幼虫的通称，表皮肤柔软，身体肥大弯曲，胸足不善爬行；金针虫表皮坚硬，胸足不太发达，行动不太活泼。

主要科的特征：

步甲科（Carabidae）（图 1-22A） 头前口式，比前胸窄；触角位于上颚基部与复眼之间，触角间距大于上唇宽度；下颚无能动的钩；鞘翅表面具有纵沟，或刻点行；后翅常退化，不能飞行，而仅能在地面行走；可见腹板6节。常栖息于砖石、落叶、土中，成虫和幼虫均为肉食性，捕食各种昆虫，如金星步甲（*Calosoma chinen* Kirby）捕食黏虫、地老虎等幼虫，少数种类危害农作物，如谷婪步甲［*Harpalus cacleatus*（Duftschmid）］等。

龙虱科（Dytiscidae）（图 1-22B） 水生昆虫，扁平而光滑；头短阔，陷于前胸背，直达眼的后方；眼发达，触角丝状，着生于复眼边缘近上颚处；上颚镰刀状有孔道，适于吸血；后翅发达，能飞；后足特化成游泳足，跗节5节，后足基节与后胸腹板占据腹面之大半，腹部可见腹板6节或8节。成虫和幼虫均为水生，均捕食性，有些种类捕食池塘鱼苗，成为渔业大害虫，龙虱可作为食品和药材。常见种类有黄缘龙虱（*Cybister japonicus* Sharm），味鲜美，可食用和药用。

鳃金龟科（Melolonthidae）（图1-22C） 体中至大型，常呈椭圆形或略呈圆筒形，有黑、褐、棕等体色；触角鳃叶状，通常10节，末端3～7节向一侧扩张成瓣状，它能合起来成锤状；上唇与上颚为唇基所盖住，从背面看不见；前足开掘式，跗节5节，爪有齿，大小相等；腹部有一对气门露在鞘翅外，可见腹板5节。成虫常夜间活动，危害作物、果树、林木的叶、花或果实。幼虫均称为蛴螬，身体柔软，体壁皱，多细毛；腹部末节圆形，向腹面弯曲；生活在土壤中。植食性，常将植物幼苗的根茎咬断，使植株枯死；一般水浇地、低湿地发生较多。重要的有害种类有四川大黑鳃金龟（*Holotrichia szechuanensis* Chang）、华北大黑鳃金龟［*Holotrichia oblita*（Faldermann）］等。

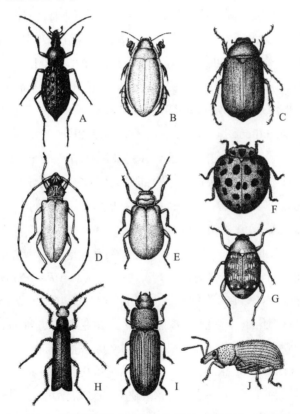

图1-22 常见鞘翅目昆虫代表（仿周尧，杨星科，彩万志等）

A. 步甲科：疱鞘步甲 *Carabus*（*Coptolabrus*）*pustulifer* Lucas；B. 龙虱科：黄边厚龙虱 *Cybister limbatus* Fabr.；C. 鳃金龟科：棕色鳃金龟 *Holotrichia titanus* Reitter；D. 天牛科：橘褐天牛 *Nadezhdiella cantori*（Hope）；E. 叶甲科：黄守瓜 *Aulacophora femoralis*（Motsch.）；F. 瓢甲科：马铃薯瓢虫 *Henosepilachna vigintiomaculata*（Motsch.）；G. 豆象科：豌豆象 *Bruchus pissorum*（L.）；H. 芫菁科：毛角豆芫菁 *Epicauta hirticornis* Haag-Rutenberg；I. 拟步甲科：杂拟谷盗 *Tribolium confusum* Jacquelin du Val；J. 象甲科：棉尖象甲 *Phytoscaphus gossypii* Chao

天牛科（Cerambycidea）（图 1-22D） 体中型到大型，呈长圆筒形；触角特别长，常超过体长，至少超过体长的一半，着生于额的突起上；复眼肾形，环绕触角基部；跗节隐 5 节；腹部可见 5 节或 6 节。幼虫体长，圆柱形而扁；头部和前胸背板较骨化、颜色较深，无腹足，胸足退化，还留遗迹。成虫多白天活动，有访花习性。产卵在树缝，或以其强大的上颚咬破植物表皮，产卵在组织内。幼虫多数钻蛀树木的茎或根，深入到木质部，作不规则的隧道，严重影响树势，也常造成植株的死亡。一些种类为果树和林木的重要害虫，如桑天牛 [*Apriona germari*（Hope）]、橘褐天牛 [*Nadezhdiella cantori*（Hope）] 等。

叶甲科（Chrysomelidae）（图 1-22E） 成虫常具金属光泽，又叫"金花虫"；身体的外形或长或圆，或大或小，因种类而不同；复眼圆形，不环绕触角，触角不太长，线状，不着生于额的突起上；跗节隐 5 节，腹部可见 5 节。幼虫多为伪蠋式。成虫和幼虫均为植食性，为害方式主要是食叶，也有一些蛀茎和咬根的种类，包括很多农业上重要种类，如黄守瓜 [*Aulacophora femoralis*（Motsch.）]、黄曲条跳甲 [*Phyllotreta vittata*（Fabr.）] 等。

瓢甲科（Coccinellidae）（图 1-22F） 称"花大姐""麦大夫""看麦娘"等；身体半球形或卵圆形。常具鲜艳的色斑；跗节隐 4 节；头小，一部分装在前胸内；触角棒状，11 节；下颚须斧状；腹部可见腹板 5 节或 6 节。幼虫直长，有深或鲜明的颜色，行动活泼，身体上有很多刺毛的突起或分枝的毛状棘。瓢虫绝大多数是有益的，成虫和幼虫都捕食蚜虫、介壳虫、粉虱等害虫；一些种类取食病菌孢子，对农业也有一定好处；有的种类有效地应用于害虫生物防治，如澳洲瓢虫 [*Rodolia cardinalis*（Mulsant）]、大红瓢虫（*Rodolia rufopilosa* Muls.）应用于防治柑橘及木麻黄的吹绵蚧，孟氏隐唇瓢虫（*Cryptolaemus montrouzieri* Muls.）防治粉蚧；还有一些取食植物，属于农业害虫，如茄二十八星瓢虫 [*Henosepilachna vigintioctomaculata*（Motschulsky）]，危害茄类、瓜类等。

豆象科（Bruchidae）（图 1-22G） 体小，坚硬，卵圆形，被有鳞片；额延伸成短喙状；复眼圆形，有一"V"字形缺刻；触角锯齿状、梳状或棒状，着生于复眼前方；鞘翅平，末端截形，露出腹部末端；跗节隐 5 节；可见腹节 6 节。老熟幼虫白色或黄色，柔软肥胖，向腹面弯曲；足退化，呈疣状突起。豆象主要为害豆科植物种子，常见的种类如绿豆象 [*Callosobruchus chinensis*（Linn.）]、豌豆象 [*Bruchus pissorum*（L.）] 等。

芫菁科（Meloidae）（图 1-22H） 体长形，体壁柔软；头大，后端急束如颈，下口式；触角11节，丝状或念珠状或锯齿状；前胸狭，窄于鞘翅，鞘翅末端分歧，不能完全切合；前足基节窝开式，跗节5-5-4式；爪梳状；腹部可见腹板6节。成虫取食豆科植物，幼虫期对人类有益，在蝗区把它们作为蝗虫的天敌；芫菁血液中含有"斑蝥素"等有毒物质，中西医均作药用。常见种类有白条豆芫菁（*Epicauta gorhami* Marseul）、虎斑芫菁（斑蝥）（*Myabris phalerata* Pallas）、毛角豆芫菁（*Epicauta hirticornis* Haag-Rutenberg）等。

拟步甲科（Tenebrionidae）（图1-22I） 体型不一，小至大型，多为扁平、坚硬、暗色的种类；头狭，紧嵌在前胸上；前胸背板大，比鞘翅狭或一样阔，鞘翅盖住整个腹部；后翅多退化，不能飞翔；足跗节式5-5-4；前足基节圆球形，基节窝闭式；腹部可见腹板5节。幼虫常称为"伪金针虫"。多数种类植食性，危害储粮、面粉、农作物。重要的种类有网目拟步甲（*Opatrum subaratum* Fald.）、赤拟谷盗［*Tribolium castaneum*（Linn.）］、黄粉甲［*Tenebrio molitor*（Linn.）］等。

象甲科（Curculionidae）（图1-22J） 通称"象鼻虫"。成虫的头部分延伸成象鼻状或鸟喙状，咀嚼式口器生在延伸部分的端部；触角在多数种类弯曲成膝状，10～12节，末端3节成锤状；身体坚硬，跗节隐5节；腹部可见腹板5节。幼虫身体柔软，肥胖而弯曲，光滑或有皱纹；头发达；无足。成虫和幼虫都取食植物，食叶、钻茎、钻根、蛀果实或种子或卷叶为害。如米象［*Sitophilus oryzae*（Linn.）］、棉尖象甲（*Phytoscaphus gossypii* Chao）等。

（5）鳞翅目（Lepidoptera）

鳞翅目包括所有的蝶类和蛾类，是农业害虫中最大的一个类群，其中很多种类是粮、棉、油、麻、烟、茶、菜、糖、果、药、杂等农作物的害虫。

成虫头部长有长而卷曲的喙管，由极度延长的下颚外颚叶形成；大的下唇须通常存在；复眼大，单眼通常存在。触角多节，蛾子通常为栉状，蝴蝶为棒状。翅面完全被双层的鳞片所覆盖，后翅和前翅靠翅缰、翅轭或简单的重叠来连锁。鳞翅目幼虫有骨化的头壳，口器咀嚼式，通常有6个侧单眼，触角短3节。胸足5节，具单爪，腹部有10节，腹足2～5对，有趾钩。丝腺分泌物从下唇前颏末端中央的吐丝器排出。蛹通常包在丝质茧内。

鳞翅目在幼虫时期为害，成虫期一般不为害。幼虫绝大多数种类为植食性，只少数种类为捕食性或寄生性。植食性的种类，其为害方式不同，有食叶、卷叶、潜叶、蛀茎、蛀根、蛀果实及蛀种子等等。

如为害三七的地下害虫小地老虎，咬断植株根部，对幼苗危害很大，轻则造成缺苗断垄,重则毁种重播。卷叶虫一般在三七开花期间,进入花序吐丝啜合潜藏危害,有时一个花序有虫3~4头。三七结果期和红籽期,咬食果皮,蛀食种子,影响果实的成熟和收成。尺蠖以食害三七叶片为主,同时也危害叶柄、茎杆、花梗、花序及食害果实。一般3~4月即有幼虫出现。危害幼苗叶片及叶柄;6~7月除侵害叶部外,还危害茎杆及花梗;8~9月以危害花序为主,对红籽产量影响较大。

主要科的特征:

蝙蝠蛾科(Hepialidae)(图1-23A) 体中到大型,粗壮,无单眼;触角短,雄蛾羽状,雌蛾念珠状。口器退化;翅轭细长,指状,中室内M主干2分叉,将中室分为3室;无胫距。幼虫粗壮,有皱纹,白色、黄色或暗色,毛生在毛疣上,单眼每侧6个,排成2列,腹足5对,趾钩环式,钻茎蛀木。卵圆球形,成虫常在傍晚近地面飞行,颇似蝙蝠。在飞行时产卵,卵散落在地面。如冬虫夏草蛾的幼虫被冬虫夏草菌所寄生,成为名贵药材"冬虫夏草",如点蝠蛾(*Phassus sinifer sinensis* Walker)。

木蠹蛾科(Cossidae)(图1-23B) 体中型,触角羽状;无喙管及下颚须,下唇短小;前后翅中室有M脉基部,将中室分为三室,前翅径脉围成一小翅室;后翅Rs与M接近,或在中室顶角外侧出自同一主干。幼虫通常白色、黄色或红色,体略扁,头小,额区大,头及前胸盾硬化,上颚强大,趾钩2~3序,环式。蛀食草木或木本植物的茎、根和枝条,常造成枝条枯死,茎杆折断。主要种类如芳香木蠹蛾(*Cossus cossus* L.)等,危害果树和行道树。

麦蛾科(Gelechiidae)(图1-23C) 体小型,色暗淡,头部的鳞毛平贴;触角第一节上有刺毛排成梳状;下唇须向上弯曲,伸过头顶,末节尖细,下颚须退化或缺;前翅披针形,端部尖锐,A脉1支,基部分叉;后翅顶角尖突,外缘常向内凹入,形如菜刀,Rs与M_1共柄或基部接近,后缘具有长毛。幼虫淡白或带红色,腹足有时退化,趾钩环式或二横带式,2序,臀足趾钩集成2团,幼虫卷叶、潜叶或钻蛀为害,常见甘薯麦蛾(*Brachmia macroscopa* Meyrick),严重危害甘薯叶片、马铃薯块茎蛾(*Phthorimaea operculella* Zeller)危害烟草和马铃薯等。

菜蛾科(Plutellidae)(图1-23D) 成虫休息时触角伸向前方;体细而狭,色暗;前翅披针形,后翅菜刀形;后翅M_1与M_2基部合并(共柄),成叉状,而Rs与M_1远离。幼虫细长,通常绿色,腹足细长,趾钩单序或2序,环式,行动敏捷，常取食植物叶肉，造成网状环纹的被害状。蛹有透明网状薄茧，体细长，触角刚到翅段端，翅略过第四腹节。重要的种类如危害十字花科蔬菜的小菜蛾［*Pultella xylostella*（L.）］。

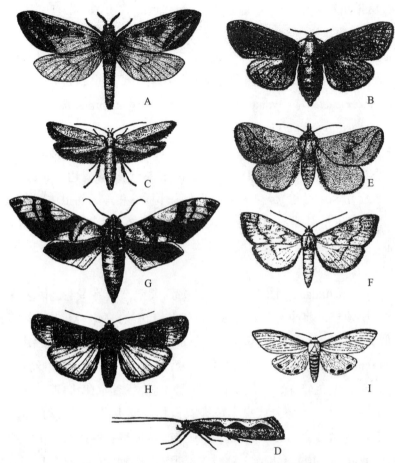

图1-23　常见鳞翅目昆虫代表（一）（仿周尧）

A. 蝙蝠蛾科：点蝠蛾 *Phassus sinifer sinensis* Walker；B. 木蠹蛾科：芳香木蠹蛾 *Cossus cossus* L.；C. 麦蛾科：麦蛾 *Sitotroga cerealella*（Oliver）；D. 菜蛾科：小菜蛾 *Pultella xylostella*（L.）；E. 刺蛾科：黄刺蛾 *Cnidocampa flavescens*（Walker）；F. 螟蛾科：亚洲玉米螟 *Ostrinia furnacalis* Guenee；G. 天蛾科：豆天蛾 *Clanis bilineata tsingtauica* Mell.；H. 夜蛾科：小地老虎 *Agrotis ypsilon*（Rottemberg）；I. 灯蛾科：红缘灯蛾 *Amsacta lactinea*（Cramer）

刺蛾科（Eucleidae）（图1-23E）　体中型，粗壮多毛，黄色、褐色或绿色；喙及下颚须退化消失，下唇短；前后翅中室常保存有M的主干；前翅R_3、R_4、R_5共柄或在中室外愈合；后翅Sc+Rs在基部愈合，Sc+Rs从中室中部分出。幼虫蛞蝓型，短而肥，具枝刺，头小能缩入前胸内，胸足小或退化，俗称"洋辣子"，幼虫化蛹时作坚硬的茧，形如雀卵，幼虫食叶，危害多种果树和林木，如黄刺蛾 [*Cnidocampa flavescens*（Walker）] 等。

螟蛾科（Pyralididae）（图 1-23F） 体小至中型，瘦长，具有不鲜明的黄褐色；前翅三角形，R_3、R_4 有时 R_5 在基部共柄；后翅 $Sc+R_1$ 有一段在中室外与 Rs 愈合或接近，M_1、M_2 基部远离，各自伸出中室年两角。幼虫体细长，光滑，毛稀少，着生在骨片上或下形的突起上。趾钩单序或三序，缺环，少数水栖幼虫，趾钩是单序环式。许多种类是农作物的重要害虫，如危害水稻的三化螟 [*Tryporyza incertulas*（Walker）]、二化螟 [*Chilo suppressalis*（Walker）]、亚洲玉米螟（*Ostrinia furnacalis* Guenee）等。

天蛾科（Sphingidae）（图 1-23G） 体中到大型，纺锤形，强壮而活泼，飞翔力强，昼夜均有活动；头大眼突出，触角末端有钩，喙发达；前翅大而狭长，外缘倾斜，后翅 $Sc+R_1$ 与 Rs 在中室中部有一小横脉相连。幼虫体圆柱形，肥大而光滑，多为绿色，体常有斜纹或眼状斑，身体每节分为 6~8 个小环，第 8 腹节背中部有一尾状突起，称为角突，趾钩二序中带。重要害虫有豆天蛾（*Clanis bilineata tsingtauica* Mell.）等。

夜蛾科（Noctuidae）（图 1-23H） 体中到大型，粗壮多毛，体色深暗；具有单眼，下唇须长，前伸或向上弯曲；前翅具有斑纹，M_2、M_3 基部接近，而远离 M_1，似肘脉 Cu 分 4 支，中室的上外角常有 R 脉形成的副室；后翅 $Sc+R_1$ 与 Rs 在基部分离，有一点接触，然后再分，后翅多为白色或灰色。幼虫体粗壮，多数光滑少毛，颜色较深，臀足发达，腹足 4 对，趾钩单序中带。除少数种类的成虫吸食果汁外，大部分成虫不危害农作物。成虫多夜间活动，趋光性强，对糖、蜜、酒、醋有特别的嗜好。许多种类的幼虫是农作物的害虫，如小地老虎 [*Agrotis ypsilon*（Rottemberg）]、斜纹夜蛾 [*Prodenia litura*（Fabricius）] 等。

灯蛾科（Arctiidae）（图 1-23I） 体小到中型，少数大型，体色鲜艳，通常为红色或黄色，多具条纹或斑点；单眼有或无；前翅 M_2、M_3 与 Cu 接近，形成似 Cu 分 4 支；后翅 $Sc+R_1$ 与 Rs 愈合至中室中部或以外有一长段并接。成虫多在夜间活动，具有趋光性。幼虫体多毛，常具长而深色的毛簇，中胸气门在气门水平之上，具有 2~3 个毛瘤，趾钩为 2 序缺环式。幼虫多为害棉花、蔬菜、果树等，如黄腹灯蛾（*Spilosoma lubricipeda* L.）、红缘灯蛾 [*Amsacta lactinea*（Cramer）] 等。

凤蝶科（Papilionidae）（图 1-24A）多为大型而颜色鲜艳的蝶类，身体色彩常因季节或性别而变异；后翅外缘呈波状或有一尾状突，后翅 A 脉 1 条；前翅 R 脉分 5 支，在中室下与 A 脉基部间有一小横脉相连，前翅 A 脉 2 条。幼虫体色深暗，光滑无毛，后胸隆起最高，前胸背部中央有一可翻缩的 Y 腺，受惊时翻出体外，红色或黄色，散发臭气，叫臭角，趾钩中带，2～3 序，主要危害芸香科、樟科、伞形花科植物，如玉带凤蝶（*Papilio polytes* L.）等危害柑橘叶片。

粉蝶科（Pieridae）（图 1-24B） 体中型白色或黄色的蝶类，前足正常，爪有齿或分为 2 叶；前翅 A 脉 1 支，R 脉分 3 或 4 支，M_1 有一段与 R 脉愈合，愈合现象显著；后翅 A 脉 2 支，内缘凸出，栖息时包裹腹部。幼虫圆柱形，绿色过黄色，体表有多数小突起及次生刚毛，每体节分为 4～6 个小环，趾钩中带 2 序或 3 序，主要危害十字花科蔬菜和豆科、蔷薇科等植物，如菜粉蝶［*Pieris rapae*（L.）］。

蛱蝶科（Nymphalidae）（图 1-24C） 中型至大型的蝶类，触角锤状部特别膨大，前足退化，短小常缩起，雄蝶跗节 1 节，雌蝶跗节 4～5 节；翅色鲜明，前翅 R 脉分 5 支，A 脉 1 支，基部无分叉；后翅 A 脉 2 支，飞行迅速而活泼，站立时四翅不停地扇动。幼虫颜色深，头小，头部常有突起或棘刺，体上有枝刺，趾钩 3 序中带，少数 2 序。蛹由臀棘倒悬。幼虫取食野生或栽培植物的叶片。常见的如大红蛱蝶［*Vanessa indica*（Herbst）］等。

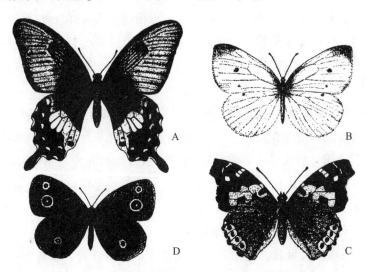

图 1-24 常见鳞翅目昆虫代表（二）（仿周尧）

A. 凤蝶科：玉带凤蝶 *Papilio polytes* L.；B. 粉蝶科：菜粉蝶 *Pieris rapae*（L.）；C. 蛱蝶科：大红蛱蝶 *Vanessa indica*（Herbst）；D. 眼蝶科：稻黄褐眼蝶 *Mycalesis gotome* Moore

眼蝶科（Satyridae）（图 1-24D） 体小到中型，颜色暗而不鲜，翅面多具眼状斑纹；前翅基部有 1~3 条脉（Sc、Cu、2A）特别膨大；前足退化。幼虫纺锤形，体节分环，头比前胸大，分两瓣或角状突起，第三单眼特别大，臀板呈叉状，趾钩中带，单序、2 序或 3 序。蛹多为悬蛹，少数种类在土中化蛹。常见的有危害水稻的稻黄褐眼蝶（*Mycalesis gotome* Moore）等。

（6）双翅目（Diptera）

双翅目包括各种蝇、虻、蚊等种类，成虫前翅膜翅，后翅特化为平衡棒；复眼大，单眼 3 个；触角线状、羽状、环毛状或具芒状；口器刺吸式、舐吸式或切吸式。前胸和后胸小，中胸发达；腹部可见 4~5 节，雌虫腹部末端数节能伸缩，形成伪产卵器。

双翅目昆虫中为害三七的主要为种蝇，隶属花蝇科。幼虫头完全退化，缩在前胸内，留下一对骨化的口钩，通称为地蛆或根蛆。为害时以幼虫在三七播种或移栽后钻蛀种子或已萌动的芽子进行危害，致使三七不能发芽出苗，严重时，成塘成片的造成缺苗。

主要科的特征：

大蚊科（Tipulidae）（图 1-25A） 体小至大型，身体和足细长，脆弱，无单眼；中胸背板有一"V"形横沟；翅狭长，Sc 近端部弯曲，与 R_1 连接 Rs 分 3 支，A 脉 2 支。幼虫体肉质，圆柱形，略扁，表皮粗糙，头大部分骨化，部分或全部缩入前胸内，腹末常有 6 个肉质突起，陆生、水生或半水生，可生活在植物根或腐败植物上，或潜叶危害栽培植物，如危害水稻的稻大蚊（*Tipula aino* Alex.）。

蚊科（Culicidae）（图 1-25B） 体较小，触角细长，复眼大，无单眼；喙细长，向前伸，翅窄长，顶角圆，腹部细长；翅缘和翅脉上具有鳞片；足细长，爪简单，有齿。幼虫统称"孑孓"，和蛹生活在水中，幼虫头大，多毛丛，取食水藻、微生物等；成虫在黄昏和夜间活动，雄蚊取食花蜜或植物汁液，雌蚊吸食动物血液，可传播疟疾、流行性脑炎和黄热病等，是重要的卫生害虫。

瘿蚊科（Cecidomyiidae）（图 1-25C） 体小，瘦弱，触角念珠状，3~36 节，每节上环生反射状细毛，复眼发达，左右相遇；翅较宽，有毛或鳞片，翅脉极少，仅 3~5 根纵脉，无横脉；足细长，爪简单且有齿，具有中垫和爪垫；腹端伪产卵器极长或短形。幼虫体纺锤形，白、黄、橘红色，头部退化，胸部腹面有一突出的剑骨片，为弹跳器官。成虫早晚活动，产卵于未开花的颖壳内或花蕾及叶片上，幼虫有捕食性、腐食性和植食性，捕食性的幼虫可捕食蚜虫、介壳虫和螨类等小型昆虫，腐食性幼虫生活在树皮下、腐败植物及真菌中，植食性幼虫形成虫瘿，吸食浆液而影响植物生长。农业上常见的有麦红吸浆虫[*Sitodiplosis mosellana*（Gehin）]。

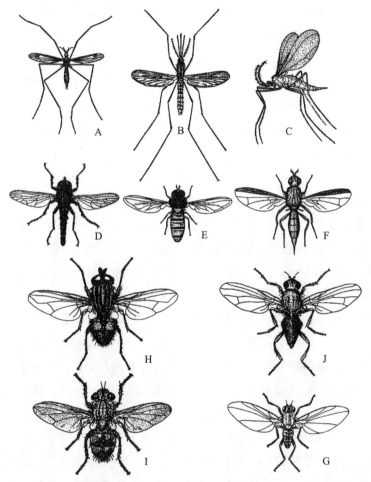

图 1-25　常见双翅目昆虫代表（仿高桥，李凤荪，周尧，赵建铭，范滋德等）

A. 大蚊科：稻根蛆 *Tipula praepotens* Wiedemann；B. 蚊科：中华按蚊 *Anopheles sinensis* Wiedemann；C. 瘿蚊科：麦红吸浆虫 *Sitodiplosis mosellana*（Gehin）；D. 食虫虻科：盗虻 *Antipalus* sp.；E. 食蚜蝇科：黑带食蚜蝇 *Episyrphus balteata*（De Geer）；F. 实蝇科：柑橘大实蝇 *Tetradacus citri*（Chen）；G. 潜蝇科：豌豆潜叶蝇 *Phytomyza atricornis* Meigen；H. 蝇科：家蝇 *Musca domestica* L.；I. 寄蝇科：黏虫缺须寄蝇 *Cuphocera varia* Fabr.；J. 花蝇科：灰地种蝇 *Delia platura*（Meigen）

食虫虻科（Asilidae）（图 1-25D）　又称盗虻科，体小至大型，多细毛或刺毛，头部宽并有细颈，能活动，头顶在复眼之间向下凹陷；复眼发达突出，左右不接触，单眼 3 个，触角 3 节，末端具一端刺；口器细长而坚硬，适于刺吸；胸部隆起生有刺毛，翅狭长；足细长有力多刺，爪间突刚毛状。成虫、幼虫均为捕食性，成虫的飞行力强，能在飞行中捕食。幼虫长圆筒形，活泼，生活在土壤、垃圾或腐树中，食软体动物、蛴螬等，常见的如中华盗虻（*Cophinopoda chinensis* Fabr.）等。

食蚜蝇科（Syrphidae）（图 1-25E） 体中到大型，色彩鲜艳，外形似蜜蜂，复眼发达，有单眼；在 R 脉与 M 脉之间常有一条两端游离的伪脉，外缘有和翅边缘平行的横脉，使 R 脉和 M 脉的缘室成为闭室。幼虫分 3 种类型：蛆型，多生活在叶片上，取食蚜虫、介壳虫等；长尾蛆型，多生活于污水中，尾端有一极长的呼吸管；短尾型，多生活于树洞、腐殖质或污水中，少数危害洋葱等植物，多数种类的成虫以花粉、花蜜等为食物。常见的如黑带食蚜蝇［*Episyrphus balteata*（De Geer）］等。

实蝇科（Trypetidae）（图 1-25F） 体小到中型，常有黄、橙、黑等色，头圆球形而有细颈；触角芒光裸，翅有云雾状的褐色斑纹；Sc 脉呈直角弯向前缘，臀室末端成一锐角；中足胫节端有距，腹部背面可见 4～5 节；雌虫腹末形成伪产卵器。成虫具有趋光型。幼虫蛆型，植食性，生活于叶、茎、果实等。如柑橘大实蝇［*Tetradacus citri*（Chen）］等，为检疫对象。

潜蝇科（Agromyzidae）（图 1-25G） 体微小至小型；后顶鬃分歧，触角芒裸或具有刚毛，着生于第 3 节背面基部；翅宽，C 脉有一折断处，Sc 脉退化或与 R 脉合并，有一较小的臀室；腹部扁平，雌虫第 7 节长而骨化，不能伸缩。幼虫蛆型。植食性，幼虫潜叶危害，残留上、下表皮，造成各种形状的隧道，有不少危害农作物的种类，如斑潜蝇属的美洲斑潜蝇（*Liriomyza sativae* Blanchard）和豌豆潜叶蝇（*Phytomyza atricornis* Meigen）。

蝇科（Muscidae）（图 1-25H） 体粗壮，鬃毛少，多黑灰色或具有黑色纵条纹；触角芒羽状；中胸下侧片及翅侧片的鬃不成行排列，翅 M_{1+2} 脉末端向上弯，靠近 R_{4+5}。幼虫生活于动物粪便及腐烂有机物中。许多是重要的卫生害虫。如家蝇，能传播霍乱、伤寒、痢疾等 50 余种疾病。

寄蝇科（Tachinidae）（图 1-25I） 体小至中型，多毛，暗灰色，带褐色斑纹，头大，能活动，触角芒光裸；中胸后盾片显著，下侧片及翅侧片各有一列长鬃；翅 M_{1+2} 脉急剧向前弯曲；腹部除细毛外，具有许多粗大的鬃。成虫多在白天活动，将卵产于寄主体内、体上或生活场所，幼虫蛆形，多寄生于鳞翅目幼虫、鞘翅目幼虫和成虫、叶蜂、实蜂等体内。有益的类群，常见如寄生于松毛虫的日本追寄蝇（*Exorita japonica* Townsend）等。

花蝇科（Anthomyiidae）（图1-25J） 体小型至中型，常为灰黑色；触角芒光裸或有羽毛；翅侧片及下侧片无鬃；前翅M_{1+2}端部不向前弯曲，与R_{4+5}端部平行或远离；中胸背板被盾间沟分为前后2块。幼虫称为根蛆，食腐败动植物和粪便，一些种类危害发芽的种子，食根、茎、叶，造成烂苗、死苗。为害三七的常见种类有灰地种蝇[*Delia platura*（Meigen）]等。

（7）膜翅目（Hymenoptera）

膜翅目昆虫包括蜂和蚂蚁等，世界上约有10万种，多为捕食性或寄生性。膜翅目昆虫的分类研究，不仅对经济植物害虫的研究和防治有重要意义，而且对天敌昆虫和传粉昆虫的研究和开发利用也有特别重要的意义。

微小到大型，头部发达，能自由活动，复眼大，单眼3个，触角发达，通常雄性12节，雌性13节，也有更多或更少的，触角变化较大，有丝状、棒状、膝状等，口器多为咀嚼式，蜜蜂总科口器为嚼吸式。胸部发达，翅膜质，前翅大而后翅小，前后翅以翅钩连锁。跗节5节。部分类群腹部第一腹节并入胸部，成为胸部的一部分，称为并胸腹节；第二节常收缩成"腰"，称为"腹柄"。产卵器极度特化，适于钻孔、穿刺，有的还特化为螯刺。全变态或复变态。如蚂蚁（ants）、蜜蜂（bees）、锯蜂（sawflies）、胡蜂（wasps）等。

成虫多取食花蜜、花粉或露水，部分种类还取食昆虫分泌的蜜露、寄主伤口液体、植物种子或真菌等，如蜜蜂，是重要的授粉昆虫。幼虫多为肉食性，捕食或寄生其他昆虫或蜘蛛，如蚂蚁、胡蜂、螺蠃等捕食性种类，可捕食菜青虫等害虫；小蜂、茧蜂等寄生性种类，寄生于其他昆虫或节肢动物体内或体外，是重要的捕猎或寄生性天敌昆虫。少数幼虫为植食性，取食植物的叶、茎，或取食花粉，如叶蜂，是重要的经济植物害虫。

主要科的特征：

叶蜂科（Tenthredinidae）（图1-26A） 成虫身体较粗短，触角线状，前胸背板后缘深深凹入；前翅有粗短的翅痣，翅室多；产卵器扁，锯状。幼虫伪蠋型，取食叶片，老熟幼虫在土里结薄茧化蛹，通常产卵在植物的嫩梢或叶上。农业上常见的如小麦叶蜂（*Dolerus tritici* Chu）等。

姬蜂科（Ichneumonidae）（图1-26B） 成虫体小至大型，细长；触角丝状，多节，前胸背板两侧向后延伸达肩板；前翅有明显的翅痣；翅端部具四边形或五边形的小翅室，其下连有一条横脉叫第二回脉。卵多产于寄主体内，寄主是鳞翅目、鞘翅目的幼虫和蛹，幼虫为内寄生昆虫。如横带驼姬蜂（*Goryphus basilaris*

Holmgren）等。

赤眼蜂科（Trichogrammatidae）（图 1-26C） 体微小，黑褐色、淡褐色或黄色；触角短，膝状，鞭节不超过 7 节，常有 1~2 个环节和 1~2 个索节；跗节 3 节，前翅宽，翅面上的微毛长，呈放射状排列，后翅狭，刀状。寄生于各目的昆虫卵内，为卵寄生蜂，国内人工饲养、释放、利用较广的有松毛虫赤眼蜂（*Trichogramma dendrolimi* Matsumura）、玉米螟赤眼蜂（*T. ostriniae* Pang et Chen）、稻螟赤眼蜂（*T. japonicum* Ashmead）等。

胡蜂科（Vespidae）（图 1-26D） 中型至大型，有黑色或褐色的斑或带；触角细长，略呈膝状弯曲；前胸背板两侧角向后延伸达肩板，中足胫节有 2 距；翅狭长，休息时纵褶，前翅有 3 个亚缘室，第一盘室狭长，长于亚中室。群居性种类，有简单的社会组织，常见的有普通长足胡蜂（*Polistes olivaceus* De Geer）等。

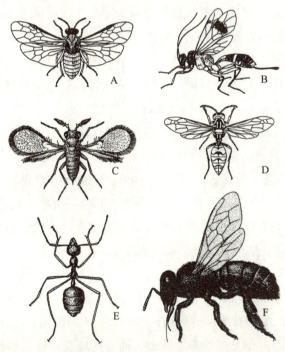

图 1-26　常见膜翅目昆虫代表（仿庞雄飞，周尧等）

A. 叶蜂科：小麦叶蜂 *Dolerus tritici* Chu；B. 姬蜂科：横带驼姬蜂 *Goryphus basilaris* Holmgren；C. 赤眼蜂科：稻螟赤眼蜂 *Trichogramma japonicum* Ashmead；D. 胡蜂科：普通长足胡蜂 *Polistes olivaceus* De Geer；E. 蚁科：黄猄蚁 *Oecophylla smaragdina* Fabr.；F. 蜜蜂科：中华蜜蜂 *Apis cerana* Fabr.

蚁科（Formicidae）（图 1-26E） 体小型至中型，体躯平滑，大多为暗色，黑及黄红混合色，头常阔大，能自由活动；腹部第一节或第一、二节成为小型的结；触角膝状；翅脉简单，只有1～2肘室及盘室，胫节有发达的距。社会性昆虫，有肉食性、多食性、植食性，个体数量极大，常见如黄猄蚁（*Oecophylla smaragdina* Fabr.）等。

蜜蜂科（Apidae）（图1-26F） 体中型，多为黑或褐色，头和胸等宽，体生密毛，且分枝；口器嚼吸式，后足携粉足；前胸背板两侧不伸达肩板，前翅有3个亚缘室，前缘室长为宽的4倍。蜜蜂有社会性，成虫植食性，建巢并采集花粉、花蜜，是著名的传粉昆虫，是很重要的资源昆虫，如中华蜜蜂（*Apis cerana* Fabr.）等。

3. 昆虫的生物学特性

昆虫生物学是研究昆虫个体发育中生命活动的科学。主要包括昆虫的生殖、生长发育、生命周期、各发育阶段的习性及行为、某一段时间内的发生特点等方面。不同种类的昆虫在生物学特性上不同。在漫长的进化历史中，种类繁多的昆虫形成了各自的生存对策，如拟态、变色、休眠、滞育、孤雌生殖、多胚生殖等；还有一些昆虫具有严密的社会生活。

1）昆虫的生殖方式

昆虫的生殖方式多样，根据受精机制，分为两性生殖和孤雌生殖；按产出子代的虫态，分为卵生和胎生；按每粒卵产生的子代个体数，分为单胚生殖和多胚生殖。

（1）两性生殖（sexual reproduction）

绝大多数昆虫进行两性生殖和卵生。其特点是：必须经过雌雄交配，雄性个体产生的精子与雌性个体产生的卵子结合（即受精）之后，才能正常发育成新个体。

（2）孤雌生殖（parthenogenesis）

孤雌生殖也称为单性生殖。其特点是卵不经过受精也能发育成正常的新个体。目前已知除蜻蜓目和半翅目外几乎所有的目都有孤雌生殖的类群。一般孤雌生殖又可以分为偶发性孤雌生殖（sporadic parthenogenesis）、经常性孤雌生殖（constant parthenogenesis）和周期性孤雌生殖（cyclical parthenogenesis）等3种类型。孤雌生殖对昆虫的广泛分布和维持种族起着重要的作用，是某些昆虫对恶劣环境和扩大分布的一种有利适应。在遇到不适宜的环境条件而造成大量死亡时，行孤雌生殖的昆虫也更容易保留其种群。

(3) 卵生（oviparity）

指母体产出体外的子代虫态是受精卵，受精卵需经过一定时间才能发育成新个体。多数昆虫为卵生。

(4) 胎生（viviparity）

有一些昆虫的胚胎发育是在母体内完成的，产下幼虫或若虫，这种生殖方式称为胎生。根据幼虫离开母体前的营养方式，胎生又分为卵胎生、腺养胎生、血腔胎生和伪胎盘胎生4种。

(5) 单胚生殖（monoembryony）

一粒卵产生一个体，是绝大多数昆虫的生殖方式。

(6) 多胚生殖（polyembryony）

一粒卵产生2个或更多个胚胎，并能发育成正常的新个体的生殖方式，这种生殖方式常见于膜翅目昆虫的一些寄生蜂如小蜂科、细蜂科、茧蜂科、姬蜂科等类群以及捻翅目的部分种类。一个卵形成胚胎的数目变化很大，如一种寄生黑赤瘿蚊的细蜂一个卵只形成2个胚胎，而寄生于鳞翅目幼虫的金小蜂一个卵产生数百个甚至2000个左右的胚胎。

2) 昆虫的变态及其类型

昆虫的个体发育过程中，特别是胚后发育阶段要经过一系列的形态变化，这些变化不仅是体积上的变化，而且在外部形态和内部组织器官等方面也发生着周期性的质的改变。昆虫的这种由幼虫期状态转变为成虫期状态的现象，称为变态。

昆虫经过长期的演化，随着成虫、幼虫体态的分化，翅的获得，以及幼虫期对生活环境的特殊适应，形成了各种不同的变态类型，一般分为5大类。

(1) 增节变态

是昆虫纲中最原始的一类变态。幼虫期和成虫期之间除了个体大小和性器官发育程度的差别外，在外表上极为相似，但腹部的体节数随蜕皮而逐渐增加。初孵化时腹部只有9节，以后逐渐增加至12节为止。第12节是尾节，所增加的3节均为第8节增生而来。仅见于原尾纲。

(2) 表变态

一类比较原始的变态类型。幼虫从卵里孵化出来后已基本具备成虫的特征；在胚后发育过程中仅是个体的增大、性器官逐渐发育成熟等，在外形上无显著差别，腹部的节数也相同，但成虫期仍继续蜕皮。见于弹尾纲、双尾纲及昆虫纲石蛃目和衣鱼目昆虫。

（3）原变态

是有翅亚纲昆虫中最原始的变态类型，为蜉蝣目昆虫所独有。从幼虫期转变为成虫期要经过一个亚成虫期，亚成虫期很短，外形与成虫相似，初具飞翔能力，并且已达性成熟，只是体色较浅，足短，呈静止状态。亚成虫期的存在可看成是成虫期的继续蜕皮。同时，蜉蝣目昆虫的幼虫生活在水里，腹部具有由附肢演化而成的气管鳃，属多足型，在整个幼虫期发育中是没有寡足阶段的，颇似无翅亚纲昆虫，而与所有其他有翅亚纲昆虫是明显不同的。

（4）不全变态

有翅亚纲外生翅类的各目昆虫具有的变态类型。个体发育只经过卵期、幼虫期、成虫期3个阶段（胚后发育经过幼体和成虫2个虫态），成虫期的特征随着幼虫期的生长发育而逐渐显现，翅在幼虫期的体外发育（图1-27A）。

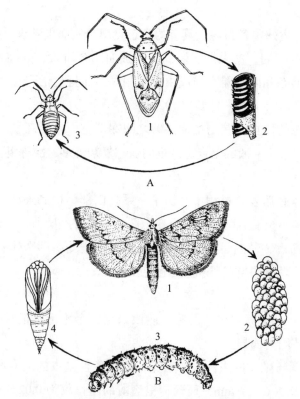

图 1-27　昆虫的变态 [引自《农业昆虫学》（袁锋，2011）]

A. 不完全变态（苜蓿盲蝽）：1. 成虫；2. 卵；3. 若虫；B. 完全变态（玉米螟）：1. 成虫；2. 卵；3. 幼虫；4. 蛹

不全变态和原变态的主要不同点是：成虫期不再蜕皮；幼虫期属于寡足型。

这类昆虫从卵里孵化出来后，幼虫形态特征和生活习性与成虫有所不同，根据不同的程度分为3个类型。

①渐变态：幼虫和成虫的形态和生活习性都差不多，只是幼虫的翅发育不完全，生殖器官尚未成熟，其翅和生殖器官随蜕皮而逐渐发育生长，该类幼虫称若虫。如直翅目、半翅目等昆虫。

②半变态：某些昆虫的幼虫和成虫的形态和生活习性皆不同，幼虫水生，成虫陆生，此类幼虫称为稚虫。如蜻蜓目昆虫。

③过渐变态：幼虫与成虫均陆生，形态相似，但从幼虫期到成虫期要经过一个不食不动的类似蛹的虫龄。比一般的渐变态显得复杂，所以被称为过渐变态。有人认为这类变态是不全变态向全变态过渡的中间类型，因而又有过渡变态之称。如缨翅目、同翅目粉虱科和雄介壳虫属于此类变态。

(5) 全变态

有翅亚纲内生翅类各目昆虫具有的变态类型。从幼虫到成虫中间经历蛹期，即个体发育经过卵期、幼虫期、蛹期、成虫期四个阶段，翅在幼虫体内发育，幼虫不仅外部形态和内部器官与成虫很不相同，而且生活习性也常常不同。如鳞翅目、鞘翅目等的昆虫（图1-27B）。

有些全变态的昆虫，其幼虫期各龄之间在形态、生活环境、生活方式和习性等上有所不同，比一般的全变态昆虫的变态复杂得多，故称复变态。如芫菁。

3）个体发育

昆虫在个体胚后发育过程中经历了一系列内部结构和外部形态的变化，主要有完全变态和不全变态两类：完全变态即个体发育经历卵、幼体、蛹和成虫4个阶段，如鳞翅目、鞘翅目、双翅目等昆虫；不全变态即个体发育经历卵、幼体和成虫3个阶段，如半翅目和直翅目昆虫。

(1) 卵期

卵是昆虫个体发育过程中的第一阶段，是一个不活动的虫态。卵的大小、形状、产卵方式因种而异。

卵的大小既与昆虫的虫体大小有关，也与各种昆虫的潜在产卵量有关。如一种蝗虫的卵长达6~7 mm，而葡萄根瘤蚜的卵长仅为0.02~0.03 mm；但大多数昆虫卵的长在1.5~2.5 mm之间。

卵的形状也呈现出高度的多样性（图1-28），一般为卵圆形或肾形，也有呈桶形、瓶形、纺锤形、半球形、球形等。

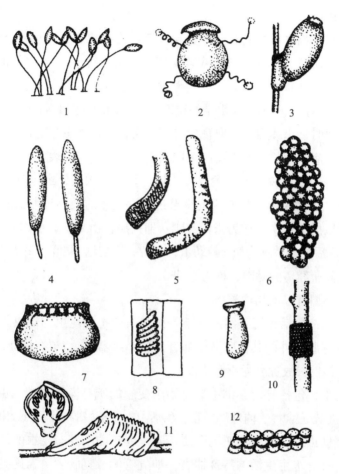

图 1-28 卵的类型 [引自《园艺植物保护学》(黄云、徐志宏, 2015)]

1. 草蛉；2. 蜉蝣；3. 头虱；4 高粱瘿蚊；5. 东亚飞蝗 6. 玉米螟；7. 美洲蜚蠊；8. 灰飞虱；9. 米象；
10. 天幕毛虫；11. 中华草蛉；12. 菜蝽

卵的颜色一般为乳白色，此外还有淡黄色、黄色、淡红色、褐色等。一般初产的卵色淡，以后颜色逐渐加深，故可根据卵的色泽推断昆虫卵的发育进度。

昆虫的产卵方式也随种类而异，有的单个地分散产，有的许多聚集在一起成为卵块，有的产在暴露的地方，有的则产在隐蔽的场所，有的甚至产于寄主体内或组织内。产卵的方式同减少卵的受害有关，昆虫之所以能够找到适合的寄主去产卵，大多决定于一定的化学信息物质，如水稻中的稻酮是吸引二化螟、三化螟去产卵的化学信息物质。

掌握害虫的产卵习性，不但有利于害虫调查，而且对害虫防治也有重要意义。

（2）幼虫期

从卵孵化到出现成虫特征（不完全变态类变成成虫，完全变态类化蛹）之前的整个发育阶段，称为幼虫期或若虫期。昆虫的幼虫或若虫破卵壳而出的现象，称为孵化。幼虫大量取食，获得营养，进行生长发育，以惊人的速度增大体积。很多农林害虫的为害期都是幼虫期，是防治的重点时期。

幼虫孵化时，虫体很小，取食后虫体不断长大，当虫体生长到一定程度时，旧表皮将会限制其生长，就需要脱去旧表皮，重新形成新表皮，才能继续生长，这个过程称为蜕皮。脱下的旧表皮称为蜕。每脱一次皮，虫体就明显长大。在正常情况下昆虫幼虫的生长与蜕皮交替进行，虫体的大小与生长的进程可用虫龄表示，可以用蜕皮次数作为指标，刚从卵内孵化出来的幼虫称为第1龄幼虫，经第1次蜕皮后的幼虫称为第2龄幼虫，每蜕一次皮增加1龄，以后，以此类推。相邻两龄之间所经历的时间，称为龄期。

幼虫的类型有以下几种类型。

原型幼虫：包括无翅亚纲的增节变态与表变态的昆虫的幼虫，称若虫。腹部保留除生殖肢以外的其他附肢（如针突、弹跳器等），与有翅亚纲截然不同，为显示其原始性，故称之为原型幼虫。

同型幼虫：包括有翅亚纲中属于不全变态的所有渐变态类昆虫的幼虫，幼虫和成虫在形态、食性、内外部器官、生活习性、栖境等方面大致相同。称若虫。

亚同型幼虫：包括有翅亚纲中属于不全变态的半变态昆虫的幼虫，幼虫营水生生活，具有水生生活的特殊器官，如气管鳃、直肠鳃等，这类昆虫的幼虫期与同型幼虫有很多相似之处，故称亚同型幼虫，通称为稚虫。

过渡型幼虫：包括有翅亚纲中属于原变态的蜉蝣目昆虫的幼虫，幼虫水生，一般称为稚虫。其幼虫腹部具有由附肢演变而来的气管鳃，与半变态的气管鳃不同源，其变态性质还保留着无翅亚纲的特征，故称为过渡型幼虫。

异型幼虫：包括有翅亚纲中属于全变态类的所有昆虫的幼虫，其幼虫的体形、内外部器官构造、习性、栖境等都与成虫有较大的差别。翅在幼虫体内发育，幼虫的器官构造需要全部改造，故必须要经过蛹期才能变成成虫。故统称为异型幼虫。其幼虫特点：没有复眼、无外生翅。完全变态的昆虫种类繁多，幼虫形态差异显著，根据胚胎发育的程度以及胚后发育过程的适应与变化，又可将异型幼虫分为4类（图1-29），即：原足型幼虫、多足型幼虫、寡足型幼虫和无足型幼虫。原足型幼虫腹部尚未完成分节，器官发育不全，只能营寄生生活，如膜翅目的许多寄生蜂类的低龄幼虫。多足型幼虫除具有胸足外，还有腹足或其他腹部附肢，如鳞翅目幼虫。寡足型幼虫具有发达的胸足，腹部附肢已消失，如一般鞘翅目幼虫。无足型幼虫胸部和腹部均无足，如双翅目幼虫。

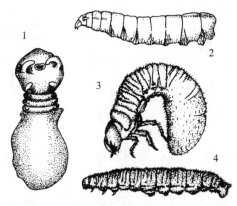

图 1-29　异型幼虫的类型［引自《园艺植物保护学》（黄云、徐志宏，2015）］
1. 原足型幼虫；2. 无足型幼虫；3. 寡足型幼虫；4. 多足型幼虫

（3）蛹期

蛹是完全变态类昆虫由幼虫转变成成虫过程中经过的一个静止虫态，蛹体内部仍进行着将幼虫器官改造为成虫器官的剧烈变化。完全变态的末龄幼虫在蜕皮化蛹前，先要停止取食，寻找适宜的化蛹场所，很多昆虫在这时吐丝作茧或建造土室等，幼虫就不再活动，身体显著缩短，颜色变淡或消失，此时称为前蛹。前蛹期是末龄幼虫在化蛹前的静止时期，在前蛹期内，幼虫的表皮已部分脱离，成虫的翅和附肢等已翻出体外，体型也已经改变，但仍被末龄幼虫的表皮所掩盖，待前蛹蜕去末龄幼虫的表皮后，翅和附肢即显露于体外，这一过程即称为化蛹。自末龄幼虫蜕去表皮起至变为成虫时止所经历的时间，称为蛹期。

根据蛹的翅和附肢是否紧贴于蛹体上，以及这些附属器官能否活动和其他外形特征，将蛹分为三类（图 1-30）。

离蛹：翅和附肢不紧贴于蛹体上，可以活动，腹部也能自由扭动，如膜翅目、鞘翅目等昆虫的蛹。

被蛹：翅和附肢都紧贴于蛹体上，不能活动，大多数腹节或全部腹节不能扭动，如鳞翅目等昆虫的蛹。

围蛹：实为离蛹，但在蛹体外被有由末后 2 龄幼虫蜕下的皮硬化成为的蛹壳。如双翅目昆虫的蛹。

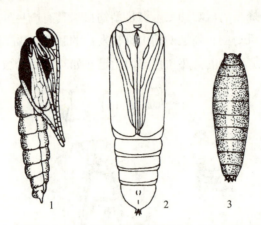

图1-30 蛹的类型[引自《园艺植物保护学》(黄云、徐志宏，2015)]
1.离蛹；2.被蛹；3.围蛹

（4）成虫期

成虫是昆虫个体发育的最后一个虫态和最后一个阶段，成虫的感觉器官达到最高的发展，是完成生殖使种群得以繁衍的阶段，具有判别系统发生和分类地位的固定特征。昆虫发育到成虫期，雌雄性别已明显分化，性腺逐渐成熟，并具有生殖能力，成虫的一切生命活动都是围绕着生殖而展开的。

①羽化：成虫从它的前一虫态蜕皮而出的现象，统称为羽化。不全变态的昆虫在羽化前，通常要寻找适当的场所，用胸足攀附在物体上，停止取食和行动，不久就开始脱皮。全变态的昆虫在羽化前，蛹体颜色变深，成虫在蛹内不断扭动，致使蛹壳破裂。初羽化的成虫，翅和部分附肢均未伸展，此时，昆虫以吞吸空气或水，肌肉收缩等作用，迅速增加并维持体内压力，以帮助翅和附肢的伸展。

②雌雄二型：昆虫的雌雄个体之间除了内外生殖器官（第一性征）不同外，其个体大小、体型、体色、构造（第二性征）等也常有差异，这种现象称为雌雄二型。例如介壳虫等。

③多型现象：同种昆虫在同一性别的个体中出现不同类型的分化现象，称为多型现象。这种现象主要出现在成虫期，但有时也可以出现在幼虫期。如：蚜虫（有翅和无翅）、飞虱（长翅型和短翅型）、蜜蜂（雌性中有负责生殖的蜂后、蜂王和失去生殖能力而担负采蜜、筑巢等职责的工蜂）、蚂蚁（类型更多，有的种类中分化出20多种类型，其中常见的主要有有翅和无翅的蚁后，有翅和

无翅的雄蚁，还有工蚁、兵蚁等）、白蚁（长翅型、辅助生殖的短翅型和无翅型；专门负责交配的雄蚁；两种无生殖能力的类型：工蚁和兵蚁）。

④性成熟：指成虫体内的性细胞（精子和卵）发育成熟。初羽化的成虫，性细胞不是完全成熟，但种类不同会有差异。性成熟的早晚，在很大程度上取决于幼虫期的营养。如蜉蝣、若干蛾类（家蚕等）等的成虫的性细胞在羽化时已成熟，所以羽化后一般不需要取食马上就可以交配产卵，其寿命短，在完成产卵使命后很快就死去。成虫期往往只有数天，甚至数小时。大多数昆虫，成虫羽化后性尚未成熟，需要继续取食，获得营养，称为补充营养。有些昆虫性成熟还需要特殊的刺激，才能完成，如黏虫、东亚飞蝗必须经过长距离的迁飞刺激。昆虫性成熟后便可交配，其交配次数因昆虫种类不同而不同，有的一生只一次，有的多次。

⑤生殖力：昆虫的生殖力，种间差异很大，但总的来说，是很高的，生殖力的大小决定于种的遗传性和生活条件两个因素。防治成虫应掌握在产卵前期内进行，成虫产完卵后，多数种类很快死亡，雌虫的寿命一般较雄虫为长。"社会性"昆虫的成虫有照顾子代的习惯，它们的寿命较一般昆虫长得多。

（5）昆虫的世代、年生活史、习性

①世代：昆虫的卵或若虫从离开母体发育到性成熟的成虫并产生后代为止的个体发育史，称为一个世代，简称一代或一化。

昆虫一年发生的代数是种的遗传性，一年发生一代，称一化性，如大地老虎；一年发生多代的，称多化性，如三化螟等。多化性的昆虫一年发生代数的多少，与环境因素有关，例如三化螟随地区不同，一年可发生 2～6 代不等。

②世代重叠：多化性昆虫由于成虫发生期和产卵期长，或越冬虫态出蛰期不集中，造成前一世代与后一世代的同一虫态同时出现的现象，称为世代重叠。

世代的划分：多化性的昆虫越冬的一代，称越冬代，例某种昆虫以老熟幼虫越冬，则此虫为越冬代幼虫，其蛹和成虫分别称越冬代蛹和越冬代成虫，越冬代成虫产的卵称为第一代卵，以后依次类推。

③年生活史：昆虫从越冬虫态开始活动起，到翌年越冬结束止的发育过程称为年生活史。也就是一年中昆虫个体发育的全过程。一年发生一代的昆虫年生活史与世代的含义相同，一年发生多代的昆虫，其年生活史就包括几个世代。

④昆虫的休眠与滞育：昆虫在不良环境下（如高温、低温、一定的日照等）暂时停止活动，呈静止或昏迷状态，以安全度过不良环境，这是种得以保存的

一种重要适应，即通常所谓的越冬或越夏，我们把这种现象依其性质不同可分为滞育和休眠两种状态。

休眠：通常是不良环境条件直接引起的，当不良环境消除后，昆虫马上就可恢复生长发育。有些昆虫需要在一定的虫态或虫龄休眠，如东亚飞蝗在卵期、甜菜夜蛾以幼虫休眠；有些昆虫在任何虫态或虫龄都可以休眠，如小地老虎在我国江淮流域以南以成虫、幼虫或蛹均可休眠越冬。由于不同虫态的生理特点不同，在休眠期内的死亡率也就不同。一般休眠性越冬的昆虫的耐寒性较差。

滞育：是由环境条件引起的，但通常不是由环境条件直接引起的，当不良环境条件消除后也不能马上恢复生长发育。在自然情况下，当不良环境还远未到来以前，就进入滞育，而且一旦进入滞育即使给以最适宜的条件，也不能马上恢复生长发育，必须经过一定的物理或化学的刺激。滞育具有一定的遗传稳定性，凡是有滞育特性的昆虫，都有固定的滞育虫态。滞育虫态因种而异，可以是卵、各龄幼虫、蛹、成虫。滞育有专性滞育和兼性滞育之分。

引起昆虫滞育的重要因素有光周期、温度、食物等。

（6）昆虫的习性和行为

昆虫的种类繁多，习性和行为非常复杂。不同种昆虫和同一种的不同虫态其习性都有所不同，了解昆虫的习性，找出害虫生活的薄弱环节，能进行有效的防治。昆虫习性对制定控制害虫的策略十分重要。

昆虫的活动在长期的进化过程中形成了与自然中昼夜变化规律相吻合的节律即生物钟。绝大多数昆虫的活动，如飞翔、取食、交配、产卵等均有固定的昼夜节律。

食性是昆虫取食的习性。昆虫多样性的产生与其食性的分化是分不开的。通常按昆虫食物的性质可分为：植食性、肉食性、腐食性、杂食性等四类。三七害虫均为植食性，取食一般要经过兴奋、试探与选择、进食、清洁等过程。

趋性是指昆虫对某种外界刺激进行定向活动的现象。昆虫的趋性主要有趋光性、趋化性、趋湿性、趋温性等。了解昆虫的趋性可以帮助我们管理昆虫，如利用昆虫的趋性可以采集昆虫标本，检查检疫性害虫，进行害虫和天敌的预测预报，诱杀害虫等。

群集性指同种昆虫的大量个体高密度的聚集在一起的习性。许多昆虫都具有群集习性，但群集的方式并不完全相同。可分临时性群集和永久性群集两类。

假死性是指昆虫受到某种突然的刺激或震动时，身体蜷缩，静止不动或从原停留处跌落下来，呈"死亡"状态，稍停留片刻又恢复正常活动的现象。假死性是昆虫逃避敌害的一种有效方式。鞘翅目的许多昆虫都具有假死性，如金龟子、象甲。根据昆虫的假死性，可以利用触动或震落法采集昆虫标本或进行害虫的预测预报与防治等。

扩散与迁飞是昆虫在多变的环境里对空间在行为上、生理上的一种反应，具有很大生物学意义。扩散是昆虫个体在一定时间内发生空间变化的现象。迁飞是指一种昆虫成群而有规律地从一个发生地长距离地转移到另一个发生地的现象。部分三七害虫具有迁飞习性，如小地老虎和蚜虫。蚜虫在生境恶化时，常出现大量有翅蚜，以便迁飞或扩散到新的生境繁育后代。

1.2.2 螨 类

螨类（mites）属节肢动物门（Arthropoda）蛛形纲（Arachnida）蜱螨亚纲（Acari）蜱螨目（Acarina）。螨类在自然界分布广，主要为害农作物，引起叶子变色至脱落，如红蜘蛛。有的为害植物的幼嫩组织，形成疣状突起。在仓库内为害粮食，引起粮食色味变劣，人畜误食或被感染引起肠胃炎及皮疹。

1. 螨的形态特征

螨类小型至微小型，体通常圆形或卵圆形，体分节不明显，无头、胸、腹之分，一般由颚体段、前肢体段、后肢体段及末体段构成；无翅，无眼或只有1或2对单眼；有4对足，少数2对足。变态经过卵、幼虫、若虫和成虫4个阶段。

2. 螨的分类

目前，全世界已描述记载的蜱螨有40 000余种。蜱螨目通常分为蜱亚目、螨亚目和皮螨亚目等3个亚目。为害三七的螨类主要为短须螨，属于蜱螨目，螨亚目，叶螨科。

主要科的特征：

叶螨科（Tetranychidae）（图1-31A）体长1mm以下，圆形或长圆形，雄虫腹部尖。多半为红色、暗红色，少数暗绿等其他颜色。口器刺吸式。气门为颈气管。背毛为刚毛状、棒状或扁状。成虫第一对足跗节具2对双毛，第二对足跗节有1对双毛。跗节端部具1对垫状爪，其上着生一对黏毛。植食性。通常生活在植物的叶片上，刺吸植物的汁液。卵生，孤雌生殖或两性生殖。有的能吐丝结网。

真足螨科（Eupodidae）（图1-31B）　即走螨科，体长0.1～1mm；圆形，绿色、黄色、红色或黑色；皮肤柔软，有细线或细毛；口器刺吸式，肛门开口于体背面，如麦圆红蜘蛛。

瘿螨科（Eriophyidae）（图1-31C）　体微小，长约0.1mm，狭长的蠕虫形或纺锤形，具环纹；足2对，前肢体段背板大，呈盾状；后肢体段和末体段延长。口针5支，短型；无单眼和气管。植食性，危害果树和农作物的叶片或果实，刺激受害部变色或变形或形成虫瘿。如柑橘瘿螨、梨瘿螨、小麦瘿壁虱等。

植绥螨科（Phytoseiidae）（图1-31D）　体小，椭圆形，白色或淡黄色；足须跗节上具2叉刚毛，雌虫螯肢为简单的剪刀状，雄虫螯肢活动趾上有1导精管；背板完整；捕食性。如智利小植绥螨，在果园试用防治叶螨。

粉螨科（Acaridae = Tyroglyphidae）（图1-31E）　体白色或灰白色，体软，椭圆形；口器咀嚼式，前肢体段与后肢体段间有1缢缝；前足体背有背板；足基节与身体腹面愈合为5节。植食性、菌食性或腐食性，通常以植物或动物的有机残屑为食，为仓库中最常见的一类害虫，如粉螨和卡式长螨等。

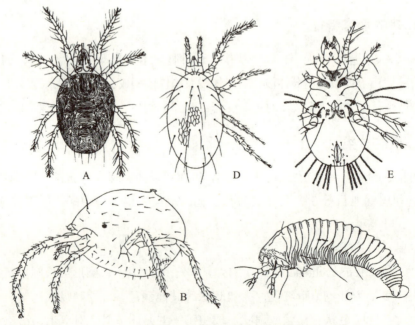

图1-31　蜱螨目重要科代表（仿周尧等）

A.叶螨科；B.真足螨科；C.瘿螨科；D.植绥螨科；E.粉螨科（腹面观）

3. 螨的生物学特性

螨类多两性生殖，即经雌雄交配产下受精卵，卵发育成具有雌雄 2 种性别的新个体。发育阶段雌雄有别：雌螨经过卵、幼螨、第一若螨、第二若螨及成螨；雄螨则没有第二若螨期。幼螨有 3 对足，若螨期以后有 4 对足。

有些螨类也可孤雌生殖。螨类产卵有单粒散产或数粒成小堆、成块。一般将卵产在取食的寄主植物上，如叶螨产卵在叶脉附近，而越冬卵则产在枝条上或树干的裂缝中。有些螨类不产卵，直接产下幼螨、若螨、休眠体或成螨，称为卵胎生。

螨类繁殖速度很快，一年最少 2～3 代，最多 20～30 代。

螨类的食性极为复杂。一般可分为植食性、捕食性、寄生性、腐食性和菌食性 5 类。在田间为害农作物及果树的螨类为植食性，都以刺吸式口器吸收植物汁液。在仓库产生危害的种类，一类为咀嚼式口器，吞食面粉、奶粉或其他粮食；一类为刺吸式口器，为寄生性或肉食性种类。

1.2.3 其他有害动物

为害三七的其他有害生物包括软体动物和鼠类。

软体动物身体柔软，不分节，具有三胚层和真体腔，分为头、足、内脏团 3 部分，体外被套膜，常分泌有贝壳。头位于身体前端，运动敏捷的种类如田螺、蜗牛等，头部分化明显，其上生有眼、触角等感觉器官；行动迟缓或穴居的种类，头部不发达或消失。足位于身体腹侧，为运动器官。有些种类足部发达呈叶状、斧状或柱状，有些种类足部退化或消失。内脏团为内脏器官所在部分，常位于足的背侧，多数种类的内脏团为左右对称，有些种类扭曲成螺旋状，如螺类。外套膜为身体背侧体壁延伸形成的膜状结构，常包裹整个内脏团。如蛞蝓、非洲大蜗牛、同型灰蜗牛及旱地螺蛳等，为害三七的芽、嫩茎、叶、花及果，造成孔洞和缺刻，严重时吃光叶片，截断嫩茎，对苗期造成严重危害。

鼠类通常指哺乳纲、啮齿目、鼠科啮齿类动物。其主要特点是上、下颌各长有一对强大的门齿，形似锄状，终生不断生长。三七的生长期和储存期均会受到害鼠的为害。

1. 形态特征和生物学特性

1）蜗牛（图 1-32A，B）

形态特征：属软体动物门（Mollusca）、腹足纲（Gastropoda）、肺螺亚纲（Pulmonata）、柄眼目（Stylommatophore）。蜗牛形态变异大，整个躯体包括贝壳、头、颈、外壳膜、足、内脏、囊等部分，身背螺旋形的贝壳，贝壳一般呈圆锥形或球形，左旋或右旋。体螺层大，膨胀。壳面光滑，常有深褐色带。头部有2对触角，眼位于后1对触角顶端。雌雄同体。干燥或寒冷时分泌白色的黏液膜封闭壳口。

蜗牛几乎分布在全世界各地，不同种类的蜗牛体型大小各异，非洲大蜗牛可长达30厘米，在北方野生的种类一般只有不到1厘米。常见的种类有灰巴蜗牛，生活于潮湿、阴暗处，卵产于草根和农作物根部土内或石块下，食棉、麻、豆类、蔬菜和果木等，为危害农作物的主要类群之一。

生物学特性：每年繁殖1～2代，冬季以成贝和幼贝在潮湿阴暗的草堆石块下或土缝里越冬。春季气温回升后开始取食，随后成贝开始交配产卵。一般成贝存活2年以上，可多次产卵，卵多产于潮湿疏松的土里或枯叶下，卵多为圆球形，初产乳白色，有光泽。蜗牛足下分泌黏液，降低摩擦力以帮助行走，黏液能防止蚂蚁等一般昆虫的侵害。

在寒冷地区生活的蜗牛会冬眠，在热带生活的种类旱季也会休眠，休眠时分泌出的黏液形成一层干膜封闭壳口，全身藏在壳中，当气温和湿度合适时就会出来活动。喜阴湿环境，雨天昼夜活动，晴天昼伏夜出，连续干旱便隐藏起来，并分泌黏液封住出口，进入休眠状态。

食性杂，可为害豆科、十字花科和茄科类蔬菜，棉、麻等农作物，月季、蜡梅、杜鹃等花卉，还为害草坪。有些种类可入药，有去除水肿、清热解毒的功能。蜗牛天敌众多，萤火虫主要以蜗牛为食，此外，鸡、鸭、鸟、蟾蜍、龟、蛇、刺猬等均以蜗牛作为食物。

2）蛞蝓（图 1-32C）

形态特征：属软体动物门（Mollusca）、腹足纲（Gastropoda）、肺螺亚纲（Pulmonata）、柄眼目（Stylommatophore）、蛞蝓科（Limacidae），俗称鼻涕虫，是一种软体动物，雌雄同体，异体交配受精。体长圆形；背面淡褐色或黑色，腹面白色。头端腹侧有口，前端触角2对，后方一对较长，端部具眼。触角能自由伸缩,如遇刺激立即缩入。口腔内有角质齿舌。体背前端具外套膜,边缘卷起,其内有退化的贝壳,上有明显的同心圆生长线。呼吸孔在体右侧前方。卵椭圆形,韧而富有弹性。白色透明可见卵核,近孵化时色变深。初孵幼虫淡褐色,体型同成体。

生物学特性:以成虫体或幼虫体在作物根部湿土下越冬。蛞蝓雌雄同体,异体受精,亦可同体受精繁殖。卵产于湿度大又隐蔽的土缝中。蛞蝓怕光,强光照射 1～3 个小时可造成成虫死亡,因此均夜间活动,从傍晚开始出动,晚上 22:00～23:00 时达高峰,清晨之前又陆续潜入土中或隐蔽处。耐饥力强,在食物缺乏或不良条件下能不吃不动。阴暗潮湿的环境易于大发生。

蛞蝓食性杂,潮湿地面上生长的阔叶植物都可以危害。蛞蝓危害的大棚蔬菜有白菜、菠菜、瓜类、椒类以及草莓等。蛞蝓主要危害三七地上各部,三七未出苗前危害休眠芽,致使三七不能出苗;出苗后危害幼茎及叶片,重则幼苗被咬断吃光,造成缺株断垄,轻则茎杆被食害成疤痕,叶子成孔洞或残缺不全;抽薹开花期,从茎杆爬到植株上部危害花薹、花梗、小花,造成种子减产或无收;结籽期又直接危害种子,既影响种子产量和质量,又易感染病害。

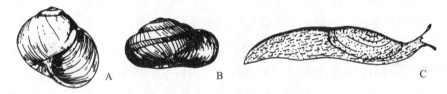

图 1-32 软体动物代表(仿陈德牛)

A. 灰巴蜗牛 *Bradybaena ravida*(Benson); B. 条华蜗牛 *Cathaica fasciola*(Draparnaud);
C. 野蛞蝓 *Agriolimax agrestis* L.

3)鼠类

形态特征:中小体型,全身被毛,多具长而裸、外被鳞片的尾,体分头、颈、躯干、四肢和尾 5 部分(图 1-33)。

头部发达,向前伸长,是感觉和取食的中心,着生脑、感觉器官和摄食器官。头部的最前端为吻,其下方为口和唇,口中有舌,周围具多根有感觉功能的胡须。吻上面部分为鼻,为嗅觉器官。头部侧面为颊,有些种类颊发达,具有临时储存食物的功能;侧面中部后方着生眼,为视觉器官。眼背后着生耳,为听觉器官。无前臼齿,臼齿齿尖常排成三纵。

颈部连接头与躯干。躯干是身体的主体，包含内脏，下方着生四肢，是运动和繁殖的中心。躯干从前向后背面依次为背部、腰部、臀部，腹面依次为胸部和腹部。

四肢由前肢和后肢组成，前肢由上臂、前臂和前足等3部分组成，前足趾上着生爪。后肢由股、胫、跗和后足等4部分组成，后足趾上着生爪。

尾在躯体的末端，为一细长的鞭状物，用以平衡身体。尾上长有毛或鳞片。

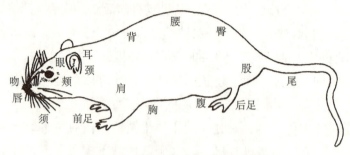

图 1-33　鼠的外部形态（仿沈兆昌）

生物学特性：种类多，分布广，数量繁多且繁殖速度极快，生命力旺盛，适应能力强，行动迅速。多为植食性，少数杂食性。老鼠会打洞、上树、爬山、涉水，而且危害农林、草原，盗吃粮食、破坏储藏物、建筑物等，并能传播鼠疫、流行性出血热、钩端螺旋体病等病原，对人类危害极大。

鼠的活动包括觅食、打洞、筑巢、求偶、避敌、迁移等。气候和季节的变化对鼠的活动有一定的影响。多数鼠种在出生后3个月到两年内活动能力最强，在觅食、交配和筑巢时，鼠的活动频繁。

鼠类的活动大多是为了寻找食物。鼠类从食性上可分为狭食性和广食性两类，狭食性种类只取食一种或几种食物；自然界多数鼠种属广食性种类，取食对象主要为植食性食物，少数为动物性食物及微生物。

鼠的繁殖力很强，表现为性成熟快、怀孕期短、年繁殖次数多、每胎产仔量大等。一年中，鼠的繁殖时期、次数及每胎产仔数，随鼠种的不同及所处地理纬度的不同而不同。条件适宜时，有些鼠种可周年繁殖，如小家鼠等。多数鼠种一年繁殖数胎，有些鼠种每年一胎。

鼠的行为有非条件反射和通过学习和经验等逐渐形成的条件反射。包括个体行为和社群行为。个体行为包括鼠的一些本能行为和学习行为，如打洞、筑巢、求偶、交配、咬啮是鼠类所共有的本能行为，具有固定模式，不受外界环境因素影响；学习行为是在个体经验的基础上，通过感觉器官本能地按照经验调节的行为。包括条件反射、习惯性、戏耍行为、探察行为和对新物体的反应等5种。社群行为是两个以上的同种鼠之间互相联系的行为，鼠类具有较强的社群行为，表现在社群序位行为、领域行为、斗争行为、利他行为、警觉行为等。鼠类在生活中，个体之间、个体与群体之间或群体与群体之间，经常要通过传递信息而发生联系，协调彼此关系，包括物理和化学通讯两类。物理通讯包括听觉、视觉和触角通讯；化学通讯是鼠类通过自身腺体向外分泌化学物质，即外激素，并借助环境的媒介传递到其他个体，使之接收并引起相应的生理和行为反应。

鼠类的生活习性受到冬季严寒和食物缺乏的重要影响。在长期的进化适应中，鼠类形成了多种越冬形式，常见的有冬眠、储粮、迁移和改变食性等。冬眠是最有效的越冬形式，北方地区的鼠种如黄鼠等，都有冬眠的习性。储粮越冬是另一个重要越冬形式，如仓鼠、田鼠等，在秋季储藏大量植物种子和茎叶等作为冬季的食物。

1.3 杂　草

作物除了受病原微生物、害虫危害之外，还受到杂草和其他有害生物的危害。草害和病害、虫害并列为三大主要农业有害生物。随着我国农业人口数量的减少、农村劳动力结构的转变，杂草由过去牲畜饲料转变为必须防除的有害生物。同时，种植方式的变革如免耕技术、直播技术的推广等加大了杂草的防治难度。农业产业化、市场化的快速发展，对经济、高效的杂草防治技术需求越来越迫切。而杂草的化学防治无疑是目前最简单高效的防除杂草的方式。发达地区长期使用单一除草剂，又导致杂草抗药性的快速上升，造成杂草防治的效率降低、难度增加和成本上升。杂草的治理不同于病害和虫害，杂草与其危害的作物在系统进化中具有高度的同源性、基因交流较多，在形态上和生理代谢水平上有高度的相似性，对其识别难度和化学防治的要求较高。国外发达市场经济国家，在杂草的治理理论和技术研究方面早于我国至少20年以上，为杂草的治理方面积累了丰富理论知识和实践经验。而我国杂草防治的理论和防治技术研究由于历史和现实的原因，与发达国家存在较大的差距。因此，了解杂草学在理论和实践方面的研究进展，对于高效、安全、有效地控制杂草具有重要意义。由于篇幅所限，本节只对杂草的生物学、生态学和分类学方法做简要介绍，以供读者参考。

1.3.1 杂草的概念及其生物学特性

1. 杂草的概念

"杂草"从其字面上理解是夹在植物中间的草。从种植业的角度分析就是夹杂在农作物株行间的植物。对应我们植物保护另外两类有害生物"病原菌"和"害虫"，"杂草"好像并不是强调其有害性。这是有一定原因的。从一般意义上来讲，大多数杂草并不像病菌和害虫一样会直接危害作物，它们生活于作物行间，主要是与作物竞争光照、营养和水等自然资源，一般对作物没有直接的危害，而是间接对作物产生经济损失。由于我国长期以来的"天人合一"的价值观、自给自足的生活方式，并且在我国农业传统上种植业与养殖业不分家，杂草可以被农民挖回来作为野菜供人食用、作为中草药来源而治病、作为养殖用的饲料，还可用作花卉等。所以古人并没有将杂草列为"害草"，而给其一个比较中性的名字。虽然发达国家在100多年前就开始重视杂草问题、并着手对其进行研究；而我国，近30来年随着农村生产力结构、农业产业结构发生了较大变化，杂草的利用价值越来越低，防除的必要性越来越强，其危害性才开始受到关注。特别是近年来，外来入侵杂草对生态环境的严重破坏和对农作物造成的毁灭性损失，各级部门才开始重视杂草的生态学和防治问题。由于杂草对农作物的危害损失不亚于病虫害，农田杂草便成为"害草"就理所当然了。

杂草作为一种植物，具有植物本身所具有的性质，通常只要有"土""水"的地方就有杂草的存在。除了农田以外，果园、菜园、茶园等农业土地上均有杂草分布。杂草的存在与果树、蔬菜等竞争生长资源特别是肥和水而危害这些栽培植物。另外，随着生活水平的提高、城市化的发展，人们需要更多的绿色植物美化、净化、装扮生活环境，这些种植景观植物的地方也会出现杂草而危害园林和园艺植物的生长。当然还有"水"比较多的地方如湖泊、河流、灌溉沟渠、排水沟等区域也会出现许多人们不希望出现的植物（杂草），这些杂草危害了那些设施功能的发挥。

杂草是相对于人类的存在而言的，应该说有人类存在的地方就有杂草。人类社会的不断进步与发展是希望通过各种各样的生产设施、生活设施来提高人自身生存和发展的品质。杂草的存在干扰了人类正常的生产和生活，从而导致生产和生活设施的功能不能正常发挥或受限。因此，杂草就是存在于人类生产、生活区域，并且对正常生产和生活造成干扰或影响的植物类群。

2. 杂草的适应性

1）杂草的繁殖能力

杂草作为植物的一个亚类，必须生活在一定的生活环境当中。对于杂草而言，气候条件、土壤条件、生物因子和人类活动均对它的生长造成影响，从而构成杂草的生态环境。这些环境条件提供了杂草生存和繁衍所需的物质和能量。杂草必须从环境中获取所需的物质条件和能源，就必须要适应其所处的环境；而杂草在适应所处的环境过程中，也不断地向环境释放新的物质与能量，从而改变所处环境。由于不同的区域温度、水分、光照等资源分布的不均匀，同时又受到四季的更替、地形地貌等的影响，造成不同地段上各环境因子在质和量上的巨大差异性，从而形成形形色色、千差万别的生境条件。这些复杂的环境同样也造成了杂草来源的多样性。

杂草生存的环境是在自然环境基础之上的、受人类的生产、生活强烈干预和控制的人工环境。就农业而言，获得更多的农产品满足人类日益增长的物质需求，是从事农业生产的主要目的。为了实现这样的目的，人类的生产、生活活动无时无刻不在向环境中释放着物质和能量，使得杂草的生态环境系统不同于野生植物生存的相对封闭的自然生态环境系统。特别随着人类技术的进步或对环境影响力的加大，人类活动对农业自然环境的影响越来越大。如灌溉、施肥直接影响土壤中营养元素数量和结构、土壤水分含量和土壤通透性；除草剂的使用直接影响杂草的抗药性或地表植被生物多样性的结构；种植的周期性变化导致土壤养分、水分的季节或年度的差异性变化等。进入人类生产生活环境中的杂草，必须在形态结构和遗传特性上做出与人类生产生活环境相适应的进化特征；否则必将被挤出人类生产生活圈，无法成为真正意义上的杂草。

由于杂草来源的广泛性、杂草生存环境的多样性和复杂性，不同的环境特点，杂草适应环境的策略存在巨大差异。针对三七人工栽培环境主要是农田生态系统，为了便于读者更好理解三七田杂草危害规律，本书主要根据旱作农田（以下简称农田）生态环境的特点来分析杂草的生态适应性。

生态环境是由环境因子构成的，环境因子包括气候因子、土壤因子、生物因子、人为因子等。气候因子，也叫地理因子，包括光照、温度、降水等。这些因子会随地理位置的变化而变化。土壤因子包括土壤的结构、理化性质和土壤微生物种群特点等。生物因子主要包括植物、动物和微生物之间的相互作用和对环境的影响等。人为因子主要包括人类利用资源和环境的过程中对上述因子产生的综合作用。这些环境因子对植物的影响表现出一系列的特点。第一，作用的综合性。气候、土壤、生物等因素对植物的影响是一种综合作用，再强大的因子只有在其他因子的配合作用下起作用。第二，作用的主导性。组成生态环境的因子对植物而言都是必需的，但各因子作用强度不是等价的。

2）对气候因子的适应

气候因子包括光照、温度、大气、降水（湿度）等，它们因地理位置，包括经度、纬度和海拔高度的变化而变化。就光照而言，光照通常用三个技术指标即光照强度、光质和光周期来量化光照因素。光照强度即单位面积单位时间内的光量子数，常用单位 $mol·m^{-2}·s^{-1}$ 表示。植物对光照强度的响应程度主要通过两个指标来表示，即光饱和点和光补偿点。有的植物需要或耐受高光强的影响如 C_4 植物，如禾本科杂草狗牙根（*Cynodon dactylon* L.）和马唐（*Digitaria sanguinalis* L.），在炎炎夏日具有快速生长能力，表现出对作物较强的竞争能力。有的杂草需要低光强、光照强度过高反而会影响生长，表现出低的光补偿点，如地钱（*Marchantia polymorpha* L.）、葫芦藓（*Funaria hygrometrica* Hedw.）。这两种植物在潮湿阴暗的森林下面较多，在大众作物栽培过程中却很少。而在中草药植物环节如三七地中却发现地钱的危害很重，在种植石斛 (*Dendrobium* spp.) 的大棚基质上发现苔藓有较重危害。但同时具备高光饱和点和低补偿点的植物却少见。说明植物的适应性是相对的，任何适应性都是有一定限度的。光质表示不同波长光谱的比例与强度，在可见光部分波长从长到短可分为红、橙、黄、绿、青、蓝和紫光。红光照射对大多数植物种子的萌发是有利的。有些杂草子实只有在红光条件下才能较好萌发，如马齿苋（*Herba portulacae* L.）、藜 (*Chenopodium album* L.)、繁缕 (*Stellaria media* L.)、麦瓶草 (*Silene conoidea* L.)、反枝苋 (*Amaranthus retroflexus* L.)、鳢肠 (*Eclipta prostrata* L.)、葫芦藓等。光照对有些植物种子的萌发是必要条件。而有些杂草如曼陀罗 (*Darura stramonium*) 等的子实只在黑暗条件下萌发才好。这是因为红光对杂草种子萌发的影响主要是通过调节种子内部的活跃型 (Pfr) 和非活跃型 (Pr) 光敏色素比例而起作用的，红光促进种子萌发，远红光则抑制萌发。郁蔽的作物田，杂草子实不能萌发，就是由于叶冠层透过的光含更多的远红光，而将杂草种子中的光敏素促变为非活跃型。光周期表现为不同季节白天和黑夜的相对长度的变化。光周期是植物由营养生长向生殖生长转化的重要条件，对严格意义上需要光周期调节的杂草，也无法造成持续性危害。

植物的生存、生长和繁殖对温度均有量的要求。杂草对温度的响应包括最低响应温度、最高响应温度和最适响应温度。低于最低响应温度或高于最高响应温度，杂草无法完成生存和繁殖。杂草在最适响应温度范围内才能生长良好，具有较强的竞争能力和危害能力。大多数恶性杂草均对温度有较宽的耐受范围，表现出较宽的温度适应性。由于温度变化有季节周期性和日周期性，杂草在长期的进化过程中也形成了特有的温度适应性现象。对一年生杂草可分为春季一年生杂草和夏季一年生杂草。春季一年生杂草早春发芽、春末夏初结籽成熟。种子在土壤中度过炎热的夏季。而夏季一年生春天发芽，夏秋开花，秋末冬初结籽成熟。种子在土壤中要度过寒冷的冬季。杂草根据自身的特点，为应对夏季的高温和冬季的低温，对自身的生育周期进行调整，从而提高自身的生存能力。对于白天和黑夜的温度变化，C_4植物杂草和CAM景天科植物杂草发展出特殊的结构应对白天高温导致的水分散失问题。另外种子萌发通过昼夜温差的范围来感受季节的变化，从而调整种子是否应该萌发。

3）对土壤因子的适应

土壤因子是除气候因子之外，最重要的生态因子。影响较大的包括土壤水分、土壤空气、土壤养分和盐分。土壤中只有水分，种子才能完成吸胀和萌发。植物生长和繁殖阶段只有充分的水分才能保障营养物质的运输和正常代谢的进行。水分不足就会产生干旱胁迫，水分过高，就会使土壤中空气含量不足，植物被迫进行无氧呼吸而造成伤害。牛筋草（*Eleusine indica* L.）、狗牙根由于耐旱性强，在干旱的环境下，很容易成为旱田的优势杂草。凤眼莲（*Eichhornia crassipes* Mart.）由于对富营养化的水体有极强适应能力，很容易成为一些受污染的湖泊和沟渠的恶性杂草。空心莲子草（*Alternanthera philoxeroides* L.）同时进化出适应旱生和水生环境的根系，使在干旱的土壤环境和含氧量极低的水生环境均能很好生存与繁殖。

土壤空气状况与很多因素有关，与土壤深度、含水量及土壤质地均有关系。种子埋藏的越深，土壤中含氧量越低。但不同种子萌发所需含氧量是有差异的。土壤含水量越高，土壤中的空气含量就越低；土壤颗粒粒径越小，土壤中的含氧量就越小。宽叶酢浆草（*Oxalis latifolia* Kunth.）的鳞茎在埋藏40cm的土壤中仍能萌发出苗。双穗雀稗（*Paspalum paspaloides* Michx.）在土壤空气含量很低的潮湿黏质土上很容易成为优势杂草。农田是矿质营养含量比较高的土壤，以满足作物快速生长和高产的需求。很多农田杂草如反枝苋、粗毛牛膝菊（*Galinsoga quadriradiata* Ruiz & Pavon）、胜红蓟（*Ageratum conyzoides* L.）等已进化出耐肥的特点，在高肥力情况下，表现出对农作物更快的生长速率和竞争力。

4）对生物因子的适应性

杂草在生长过程中可能受到来自动物、微生物和人类干扰的影响。许多禾本科杂草如马唐、牛筋草、狗牙根、藜、苋等在受到动物如牲畜类和害虫类取食后能保持强劲的再生能力。农田杂草大多抗病性强，很少有杂草会因病原微生物的感染而得到实质性控制的。空心莲子草、薇甘菊（*Mikania micrantha* L.）、双穗雀稗、马唐等杂草茎的节均有极强的再生能力。这些杂草在遭受人工的切割以后，断裂的茎杆又会在新的地方传播生长。宽叶酢浆草等鳞茎类杂草，在人工挖除后，撒落在土壤中的大量鳞茎又会快速繁殖起来。这些杂草人工防除以后，杂草的基数不但没有下降，反而有增加的趋势。还有一些杂草如鬼针草（*Bidens pilosa* L.）、苍耳（*Xanthium sibiricum* Patr.）等其种子上带着很多腺毛可附在动物毛发上或人类衣物上而得到传播。这些杂草在受到人和动物的侵扰之后，反而扩大了杂草的危害面积。还有一些禾本科杂草如马唐、牛筋草在人工拔除后，在田埂堆放数日仍具存活能力，下雨后可迅速再生出新根茎。

5）对农业生产的适应性

以大田作物为例，我国农田主要是种植一年生的禾本科作物如玉米、水稻、小麦、大麦等和阔叶作物如马铃薯、大豆、十字花科蔬菜等为主。每季作物的生产周期一般在一年以内完成。每季作物种植前，除去一切绿色植物，将土地平整；种植时，大面积统一按一定的株行距播种或移栽单一品种，在栽培过程中定期定量施肥；作物统一收获；作物收获后撂荒一段时间或紧接着翻耕土地、种植下一季作物。这样我们将农田环境分为三个时期，出苗前期，即整地播种至出苗之前；苗期，即作物出苗到收获之前；收获后期，即作物收获至下季播种前期。在播种前期农田呈现的是一种裸地的形态，土表基本没有绿色植物，地面白天日照强度高、昼夜温差大、土壤通透性强。在这样的裸地情况下，最早萌发的植物就可能成为先锋植物。在这种频繁耕作的情况下，随着田间作物季相的变化，田间杂草表现出与作物生育期高度一致的特点。即在作物出苗之前或移栽成活之前杂草已经开始出苗，在作物收获之前杂草种子已经成熟落粒。灌溉和施肥是农田重要的两种生产措施，而农田杂草也能适应这两种措施。在缺水和肥力低的时候，能维持较低繁殖能力；在灌溉和施肥的情况下，表现出比农田作物更快的生长速率的能力。

6）杂草的生存和繁殖策略

和所有植物一样，杂草也具备生存（maintenance）、生长（growth）和繁殖（reproduction）三大基本功能。但任何植物的生态环境都是比较严峻的。杂草作为干扰人类生产的植物种类，人类总在创造不利杂草生存而有利于作物生存的环境，其生活过程中所面临的环境并不是特别适宜的，或者说是胁迫环境。杂草的整个生活史必须积极适应环境，以利于种群的保存。

（1）具备休眠的生存策略

自然季节变化所产生的夏季酷暑和冬季严寒对许多杂草的生长，尤其是种子萌发和生殖环节是极为不利的。杂草种群在不适当的季节萌发和繁殖可能造成整个种群的灭绝。休眠是杂草主动适应气候变化的一种生存策略。杂草一般通过种子或营养器官来进行休眠。将休眠的杂草置于光、温、水、气等生态因子相对优势的环境中也不能萌发和生长。休眠是杂草适应季节性变化的一种固有的自然现象，这种由其适应自然季节变化形成的遗传特性称为自然休眠。在种子休眠破除以后，由于恶劣环境因子的突然来临，导致杂草再次进入休眠的过程，称为诱导休眠。温度和水分的突然变化均可诱导休眠。

（2）种子萌发的策略

所有的植物生长都具有节令性，农作物也一样。麦类作物、十字花科作物等一般为秋冬播种，春末夏初收获；另外一些豆科蔬菜类为早春种植，也是春末夏初收获。这些作物种类和杂草一样，不耐夏季高温酷暑，有越夏的问题。另外一些就是春季播种，秋冬收获的作物如玉米、水稻等，它们的种质不耐低温、涉及越冬的问题。许多农田杂草发展出适应农作物节令、与作物生长周期高度吻合的生长特点。但不论秋冬种植还是春季种植，作物种子从播种到出苗往往需要数天到半月的时间，一般杂草在土壤湿度满足的情况下，往往可在一天至一周之内萌发出苗。在没有人为防治措施条件下，杂草通过快速的萌发和生长能力建立自己的种群，从而对作物种子萌发和早期生长造成严重干扰。另外，杂草在土壤中形成不同休眠程度的种子库，也为杂草种子萌发提供持续不断的供给能力。休眠的种子对外界环境的抵抗能力极强，有些杂草种子在土壤中保存上千年，仍具有萌发的能力。在耕作层的杂草种子普遍可存活 5 年以上。

（3）杂草营养生长期的策略

营养生长期杂草所受胁迫来自两个方面。一是环境的胁迫，水、肥、气、热等生态因素不利于杂草的生长。杂草一般通过扩大根系的生长能力和减少植株的构件数量来提高资源的利用率，表现出个体构件数量的高度可塑性，如株高的调整、分蘖数的调整、叶片大小的调整等。二是生物胁迫，主要是来自各种动物的胁迫。包括被动物取食以后，提高光合速率和土壤营养物质的吸收，刺激杂草产生更多的分枝或提高分蘖能力如反枝苋，当主枝被取食以后，会有更多的侧枝生长出来；或通过绒毛、皮刺等防御动物的聚集如菊科植物的蓟属（*Cirsium* spp. L.）植物的叶面、叶围和枝干上布满了刺，阻止了大多数动物的取食。还有一些植物本身含大量毒素，动物取食后会产生不良反应，导致拒绝取食。如紫茎泽兰（*Eupatorium adenophorum* Spreng.），牲畜取食以后，会导致消化功能紊乱甚至中毒死亡。

（4）杂草的生殖生长期策略

杂草有多种多样的生殖策略来提高种群的生殖能力。一是通过增加结籽量来扩大种群基数。大多数杂草一年的结籽量远超一般作物。如稗草的单株平均结籽量可达 7000 多粒。蒿属植物结籽量可达 80 多万粒，千粒重不到 0.05 克。这种通过数量取胜的策略，可抵抗因环境的不适或动物的取食而造成的后代种群减少的威胁。二是结籽早、多次结实。不少杂草很早就进入生殖生长阶段，营养生长和生殖生长重合的时间长，植物边生长边开花，花序下部已经成熟，而上部还在不断生长、不断形成花芽和种子。先期成熟种子随即落入土壤中。这种方式可阻止人类的防除和动物取食而产生的无法形成足够后代的问题。三是一次性结实。对很多一年生杂草、二年生甚至多年生杂草，在营养生长阶段，杂草通过快速的生长获得巨大的个体，进入营养生长阶段后，杂草的营养器官逐步衰竭并将所有的物质与能量供给生殖生长、杂草一次性形成大量的种子，种子成熟后植株基本干枯死亡。四是具有种内和种间杂交能力，提高了杂草遗传多样性。这样，当植物种群面临环境条件的巨大变化时，具有维持杂草种群的能力。

1.3.2 杂草的生态学

1. 杂草的种群生态

在自然界，没有一种生物个体能够长期单独存在，它或多或少，直接或间接依赖别的生物而存在。杂草也只有形成种群才能持续危害。每种杂草是以一定的种群而存在，所谓种群就是在特定的时间和空间同种分类学意义上的植物个体的总和。杂草种群不是杂草个体数量之间的机械组合，而是会形成一些个体所不具备的新的功能群体。作为整体，杂草种群比个体杂草具有更强的生存能力，可以从种群的结构上积极有效地应对各种环境条件的刺激，从而提高种群持续危害的能力。

1）杂草土壤种子库

能否形成种子，是衡量杂草适应性、持续性和危害性的基础。不管环境多么恶劣，杂草会以尽可能产生更多的种子，保持种群的延续性为目标。农作物田在不断的栽培过程中，各种各样的杂草种子通过各种途径进入土壤。杂草种子成熟后自然脱落、风的作用、动物的转运、雨水的作用，均为土壤带来大量种子。种子是植物有性生殖的产物、是植物对不良环境（主要是越冬和越夏）的一种主动适应措施。进入土壤中的种子经过冬季（越冬种子）或夏季（越夏种子）后，进入萌动期，在合适的条件下萌发、进入营养生长期。种子成熟后，落入土壤中的种子经过越冬或越夏以后，并不是所有的种子均能萌发。一部分种子在越冬或越夏的过程中，受不利环境因子的影响，丧失活力而死亡。在越夏或越冬期间，成熟的种子一般均要经过一段休眠期后方能萌发。处于休眠期的种子即使环境满足其种子萌发的要求，种子也不能萌发。不同杂草种子产生休眠的原因很多，包括存在抑制种子萌发的物质如脱落酸；种皮太硬太厚，水分不能穿透种子；种子胚未发育成熟、必须经历一段时间的后熟（after-ripening）过程才具备萌发能力。不同种类的种子在土壤中的休眠程度相差较大，有的种类休眠程度较深，在土壤中可以存活很多年而不腐败；而有的种类休眠程度很轻，通过越冬或越夏以后，种子就可完全打破休眠。即使对于同一个种群的杂草甚至同一株杂草上不同成熟期的种子休眠程度就相差较大。同株植物种子进入土壤中，不同季节有不同比例的杂草种子度过休眠，具备萌发能力。同株植物上形成不同休眠程度的杂草种子的方式可能是植物进化出的一种适应环境的策略，从而对于维持一定物种种群数量具有重要作用。同时，同种植物每年均有一定数量的杂草种子进入土壤之中，因此土壤中存在着庞大的包括不同杂草种类、不同休眠程度的土壤种子库（seed bank）。处于休眠期的杂草种子对环境抵抗能力比较强，有些种子可以存活几十年甚至上百年而不腐败。当然进入土壤中的杂草种子寿命受多种因素包括自然因素和生物因素的影响。自然因素中的土壤湿度、土壤质地、土壤温度、矿质元素等均会对杂草种子寿命造成影响。生物因素包括土壤动物的取食、微生物的作用、人类不同种植制度也对种子寿命造成影响。

2）杂草种群的基本特征

①种群的分布型　杂草种群个体在农田空间的配置方式，称为种群的空间分布。每个种群都有自己特定的分布型。由于环境的多样性，种内种间的相互作用，种群在一定空间中都会呈现出特定的分布形式。

②均匀分布　组成种群的个体保持一定均匀间距的分布。均匀分布是由于种群个体间种内竞争引起的。作物栽培模式，一般维持一定的株行距，同一作物个体间保持的就是一个均匀分布。但自然界的植物很少有均匀分布。

③随机分布　组成种群的每个个体在活动领域的每个点上出现的概率是同一的，这样的分布才叫随机分布。由于农田环境的复杂性，每个田块不同的点，环境条件相差较大，使得这种分布在杂草上几乎不存在。

④集群分布　组成种群的个体在空间的分布是极不均匀的，杂草表现出斑块性。这种分布型是最常见的分布型。由于环境的多样性，植物会选择最适自己生长发育的地方建立种群，对于那些不适区则很少有杂草的分布。如杂草种子的萌发，只有满足自身光、照、水等条件下的种子才能萌发；而对于自然资源较差的地方，即使有种子的存在也无法建立种群。

3）杂草种群的基本增长模型

当杂草种质传播到一种新环境，假如环境的光、温、水、土壤养分等自然因素能满足杂草生长的正常所需，杂草就可完成生存、生长和繁殖的整个种群的建立过程。植物种群数量就会快速增加。当然杂草种群也可能因为其他因素使种群数量快速消减直至被挤出环境之外。杂草种群的这种连续变化，可用微分方程来表示：$dN/dt=rN$。积分后转换为：$N_t=N_0e^{rt}$，式中 dN/dt 为种群瞬间增长量；N_t 为 t 时刻种群大小；N_0 为初始种群大小；e 为自然对数的底；r 为种群的瞬间增长率。瞬间增长率 r 有3种情况：

当 $r>0$ 时，种群呈现无限制的增长；

当 $r=0$ 时，种群数量相对稳定；

当 $r<0$ 时，种群数量呈现指数下降。

指数增长模型是在环境资源不受限制的情况下才能成立。在实际情况下，资源总是有限的，当种群数量增长到一定容量时，源于自然环境条件、种群密度、种间竞争的缘故，种群增长模型就会发生变化。在一定环境条件下，某个种群可达到的最大种群数量是一个定值，常用 K 值表示。某一环境下，随着种群密度的增长，种群的增长率就会下降，当种群数量接近环境容量 K 值时，种群数量就不再增加。可用指数方程表示：$dN/dt=rN(K-\frac{N}{K})$，式中，K 为环境容量；$(K-N/k)$ 为环境承受力；N 为种群大小。这个公式就是著名的 Logistic 方程。当 $(K-N)>0$ 时，种群数量增长；当 $(K-N)=0$ 时，种群大小基本稳定；$(K-N)<0$ 时，种群数量减少。在杂种种群内，由于种内个体对资源的竞争，导致部分个体因竞争而被淘汰，这种模式恰恰可以保存生存力强的个体，提高种群的整体竞争力。

4）杂草间的相互作用

（1）种内相互作用

种群的建立过程，是种群密度不断扩大的过程。当植株地上部和地下部的器官不进行资源争夺时，杂草的生长态势就受环境因子的制约。在优越的环境条件下，植物理论上具有无限增长的可能性；但实际上，植物个体的大小还是受环境制约的。当种群密度增大以后，光照、水分和营养均可成为个体之间竞争的因素，由于同一种群个体之间的竞争力相等，杂草就通过调整枝叶的数量、分枝和分蘖来进行塑形，以减少个体间的竞争。这就是种内竞争。杂草个体的可塑性就是杂草适应种内竞争的结果。种内竞争的另一结果是单位面积的某种杂草的生物量不会随种群密度的增加而增加，而是保持相对的稳定性。

除了种内的竞争作用以外，杂草还可以通过分泌化学物质来控制个体较弱的个体，来保持较强个体生长的现象。这种通过化学物质来调控种群本身的作用就是自毒现象。自毒现象在大多数植物中普遍存在，只不过不同物种自毒作用强弱不同而已。近年来，人们在栽培作物中发现了许多作物的自毒现象，导致连作障碍问题，正是这一规律的作用。

（2）种间相互作用

杂草不同种群间、杂草与作物的相互作用比较复杂，主要看不同物种生态位的差异。不同杂草之间或杂草与作物之间，如果生态位不完全相同，就不会表现出很强的竞争效应。如果生态位高度吻合，植物之间的竞争就比较激烈，表现出生长势强的植物抑制生长势弱的植物。在这种情况下，一般先建立种群的杂草容易形成竞争优势。如云南蒙自果园杂草胜红蓟与三叶鬼针草，先出苗的杂草对后出苗杂草形成强烈抑制，容易建立单一种群的结构。玉米通过育苗移栽、适当密植就可形成对杂草的竞争优势，控制杂草的生长。植物之间的竞争除了一种直接抑制另一种外，还表现为一种植物通过对资源的掠夺性竞争，导致另一种植物资源缺失而死亡。如薇甘菊在香蕉、柠檬树上形成厚厚的枝叶覆盖层，导致光线无法透过到达果树层，致使香蕉和柠檬不能进行光合作用而死亡。另外一些杂草表现出强烈的寄生性，寄生植物发生面积最大、危害最严重的是菟丝子属（$Cuscuta$ L.）植物，其本身没有根，通过茎杆上形成的假根吸收植物枝干部上的营养，导致植物死亡。

（3）化感作用

化感作用 (allelopathy) 是一类特殊的竞争方式。前面提到的自毒作用也是化感作用的一种。植物之间除了竞争自然资源外，还可通过向环境中释放有毒的化学物质，从而抑制其他物种或个体的效应。在野外，通常可以见到一些生长非常强势的植物群落中，几乎没有其他种群的存在。如白车轴草（$Trifolium\ repens$ L.）入侵草坪后，其强烈的化感效应导致周围的禾本科植物迅速死亡，白车轴草迅速建立单一种群。外来杂草紫茎泽兰入侵区域也很难有杂草的存在。这些均是化感作用造成的结果。植物可以通过三种途径向环境中释放化学物质。第一种是挥发物，许多植物表现出特有的气味，这种气味物质可能对其他植物的生长造成影响。第二种是淋溶物，许多植物叶面分泌物可以自然落下，或通过雨水淋溶作用进入土壤中。第三种是植物根系分泌物质，杂草的根系分泌物可以对其他杂草或作物根系生长造成毒害作用，导致其生长困难或直接致死。以上三种方式，是活体杂草对环境中其他植物产生化学作用的重要方式。还有一种情况就是植物死去以后，其枯枝落叶在微生物作用下不断向土壤中释放复杂多样的化学物质，使得其他杂草生长困难。如桉树春季发新叶时，老叶就会落下，在桉树周围形成厚厚一层树叶，这些叶子在雨水和微生物共同作用下释放出大量物质，导致树下"寸草不生"。

2. 杂草的群落生态

杂草群落表示特定空间或特定生境下植物种群有规律的组合。不同区域、不同类型作物田、不同的耕作制度，杂草种类和数量均表现不同。

1）杂草群落的物种构成

农田杂草种类虽然繁多，但具体到每一块田，其杂草的种类是有差异的。一块作物田可能有十几种杂草，而每种杂草的数量和分布并不是均匀的。总有少数几类杂草的数量多，或生物量多，或个体大，这类杂草通常称为优势杂草。而有些杂草发生范围很广、生活力极强、防治困难、数量巨大、发生危害严重的称为恶性杂草，如空心莲子草、稗草、马唐、小藜、反枝苋等。有时优势杂草就是恶性杂草。另外还有一些杂草虽然发生危害也很重，但只在部分特定区域发生，这样的杂草称为区域性恶性杂草。如粗毛牛膝菊在云南中北部、胜红蓟在云南南部旱地发生危害严重，就是区域性恶性杂草。但这些杂草在全国其他地方并不多见。还有一些杂草称为亚优势杂草，这些杂草在优势杂草控制住后，可能发展为优势杂草。另外还有一些杂草虽然也发生，但与作物的竞争力较弱，对作物难以造成实质性危害，称为一般杂草。

①种群多度和密度　多度表示一种群落内特种的程度。杂草群落中不同种群的大小可以用多度来表示。一个种群所包含的个体数目称为该种群的种群数量或种群大小。单位面积杂草发生的数量称为杂草密度，单位为株/m^2。

$$多度（A）= \frac{杂草的株数}{样方杂草的总株数} \times 100\%$$

$$相对多度 = \frac{某种杂草的多度}{所有杂草的总多度} \times 100\%$$

$$杂草密度（D）= \frac{杂草株数（N）}{样方面积（S）}$$

$$相对密度 = \frac{某种杂草的密度}{所有杂草的密度} \times 100\%$$

②盖度　大多数杂草与高等植物一样是构件生物，可以通过调整枝干的数量和密度控制个体的生长量。在同一块土地上不同地方，自然资源和杂草的分布是不一样的。杂草可以根据环境状况来调整植物个体的大小。这样，杂草在某种程度上的危害可通过扩大植株的大小来减少数量上的不足。盖度是指杂草枝叶垂直投影面积占样地面积的百分比，即投影盖度。

$$盖度 = \frac{杂草覆盖面积}{样方面积} \times 100\%$$

$$相对盖度 = \frac{某种杂草的盖度}{所有杂草的盖度} \times 100\%$$

③频度 杂草的频度是群落中杂草出现的样方数占所有统计样方数的百分比。频度不仅与密度有关系，而且与其分布格局和个体大小有关。也是客观上反映杂草数量特征的指标。

$$频度 = \frac{杂草出现的田块数}{调查的总田块数} \times 100\%$$

$$相对频度 = \frac{某种杂草的频度}{所有杂草的频度} \times 100\%$$

④均度 指在同一田块的不同样方中，杂草出现的百分率

$$均度 = \frac{杂草出现的样方数}{调查的总样方数} \times 100\%$$

$$相对均度 = \frac{某种杂草的均度}{所有杂草的总均度} \times 100\%$$

⑤重要值 是用来表示某个种在群落中的地位和作用的综合数量指标。是反映杂草优势度或是否是恶性杂草的一种指标。

$$重要值 = （相对密度 + 相对频度 + 相对盖度）/3$$

2）杂草群落的时间结构

农田种植作物有明显的季节性。我国种植制度包括一年一熟、一年二熟到一年多熟制。根据作物成熟季节分为夏熟作物和秋熟作物。根据上下茬作物种类是否相同分为连作地和轮作地。我国由于人多地少，很少有休耕撂荒的情况。在云南除香格里拉高海拔区域有一年一熟制，南部西双版纳、临沧、德宏等少数区县可以三熟制外，大多数区域为一年两熟制作物田。夏熟作物田主要是大小麦、油菜、蚕豆等作物田，危害杂草以牛繁缕、荠菜、看麦娘、棒头草为优势杂草。秋熟作物旱田主要以马唐、粗毛牛膝菊、反枝苋、香附子、稗等为优势杂草。秋熟水稻田主要以稗草、千金子、鸭舌草、牛毛毡、节节菜、空心莲子草等为优势杂草。一年多熟制的蔬菜种植区和中草药、花卉的杂草发生表现早期杂草较重，根据相应季节为夏熟作物地杂草或者是秋熟作物地杂草。

3）杂草群落的水平结构

杂草的分布既受制于大环境的温度、水分、地形地貌和土壤条件，也与地

表作物结构息息相关。从同一季节来看，从南到北、从平地到山坡、由于温度的差异巨大，杂草群落呈现不同的结构。在云南，如同样是夏熟作物田，禾本科杂草在土壤湿度小时，以马唐为主；土壤湿度大时以双穗雀稗为主。阔叶作物中北部区域是秋熟作物田以粗毛牛膝菊、三叶鬼针草为优势杂草；南部气温较高区域以胜红蓟、鸭跖草等为优势杂草。

4）杂草群落的垂直结构

对于果园和林地，随着树木种植时间的延长，杂草便形成由底部的一年生杂草或多年生附地杂草，上部由多年生杂草为主的垂直结构。而对于频繁种的作物田，很难形成多年生作物，杂草分布并不表现为垂直结构特征。受地表作物大小、高度的影响，地表的光照强度和水分表现出一定差异。作物间隙较大者以阳生性杂草为优势杂草如粗毛牛膝菊为主；下层阴暗的玉米和甘蔗地，则以鸭跖草为主。

1.3.3 杂草的分类

1. 按杂草形态上的差异和防治的需要分类

1）禾草类

主要包括禾本科杂草。其主要特征：茎圆或略扁，节和节间区别，节间中空。叶鞘开张，常有叶舌。胚具有子叶一片、叶片狭窄而长，平行叶脉，叶无柄。

2）莎草类

主要包括莎草科杂草。茎三棱形或扁三棱形，节与节间区别不明显，茎常实心。叶鞘不开张，无吐舌。胚具子叶1片，叶片狭窄而长，平等叶脉，叶无柄。

3）阔草类

包括所有的双子叶植物和部分单子叶植物。叶片宽阔，具网状叶脉，叶有柄。

2. 按杂草的生长习性分类

1）草本类杂草

茎不木质化或少木质化，茎直立或匍匐，大多数农田杂草属于此类。

2）藤本类杂草

茎多缠绕或攀缘等。如葎草、薇甘菊等。

3）木本类杂草

茎多木质化或半木质化如紫茎泽兰、飞机草、含羞草等。

4）寄生杂草

杂草不能直接从土壤中吸收营养,从寄主植物上吸收部分或全部营养。如菟丝子、独角金、槲寄生等。

3. 按杂草的生活习性分类

1）一年生杂草

主要发生在夏季作物田或一年多熟制作物田。是指杂草一个自然年内完成种子萌生、生长和开花结实的过程。一年生杂草又可分为两种类型,即春季一年生和夏季一年生。春季一年生杂草在早春完成种子萌发,在春末夏初完成开花结籽。春季一年生杂草生活周期比较短,这类杂草一般不耐热,形成种子主要是度过夏季高温（越夏）。另外一种是夏季一年生,即春季萌发、夏秋开花、秋冬结籽。这类杂草不耐冷,形成种子主要是度过冬季严寒。夏季一年生杂草是主要的一年生杂草。还有一类杂草,一年可繁殖多代,对季节反应不敏感,周年均可生长,夏季完成一个生活周期较短、而冬季完成一个生活周期较长。

2）二年生杂草

这类杂草是指完成一个生活周期需要跨过两个自然年,一般秋冬出苗,第二年春节或夏季开花结实。这些杂草生活周期实际上不会越过一个完整的一年。实际上也是一年生,这类杂草主要发生于冬小麦、冬油菜等作物田。

3）多年生杂草

这类杂草是指一次出苗,可开花结实多年。这类杂草既可通过种子进行有性生殖,也可通过茎杆、鳞茎、球茎等进行无性繁殖。如双穗雀稗、野老鹳草、空心莲子草、酢浆草等。

4. 按生境类型分类

1）农田杂草

①水田杂草　包括水稻田及水生蔬菜田杂草。

②秋熟作物田杂草　包括玉米、棉花、大豆、甘薯、高粱、花生、烟草、甘蔗等作物地杂草。

③夏熟作物田杂草　包括麦类（大麦、小麦、青稞等）、油菜、蚕豆及春季

蔬菜等作物田。

④花卉田杂草　花卉地由于对土壤条件特殊，并且多在设施条件下进行，人工干预程度高，也出现一些特殊杂草。

⑤中草药田杂草　由于许多中草药对环境的特殊控制，出现一些农田不易见的杂草，在中草药田却发生很重。如三七地出现地钱类杂草、石斛地出现苔藓的危害。

2）果、茶、桑园杂草

果、茶、桑园由于是多年生木本植物、种植周期长、土壤耕作少。杂草具有由一年生杂草向多年生杂草过渡的特征。

3）非耕地杂草

主要在路旁、沟渠边、荒地等生境出现的杂草。

4）水生杂草

主要指在河、湖、塘、渠、排水沟等出现的需要水的存在才能生长繁殖的杂草。

5）林地杂草

主要指在人工种植林特别是早期种植时影响树木生长的杂草。

6）草地杂草

包括牧场、球场、草坪等地方出现的杂草。

7）景观杂草

主要指城市绿化带、景观带、公园等出现的影响景观效果的杂草。

1.4　有害生物防治对策

1.4.1　有害生物综合治理的原理及演变

有害生物综合治理（integrated pest management，IPM）是一种农田有害生物种群管理策略和管理系统。是从生态学和系统论的观点出发，针对整个农田生态系统，研究生物种群动态和与之相关的环境，采用尽可能相互协调的有害防治措施并充分发挥自然抑制因素的作用，将有害生物种群控制在经济受害水平之下，并使防治措施对农田生态系统内外的不良影响减少到最低，以获得最佳的经济、生态和社会效益。

由于人类对自然的认识不足以及科技的落后，古代控制农业自然灾害的能力较差，尽管已发现了防治有害生物的矿物、植物、天敌、农业措施和人工机械技术，但尚未形成完整的植物保护体系。随着对自然知识认识的提高以及有害生物治理技术的发展，19世纪引进生物控制有害生物的成功，尤其是20世纪40年代有机合成农药的出现，给人类提供了前所未有的植物保护措施。但由于对有害生物的复杂性和防治的艰巨性的认识不足，从而形成了以化学农药防治和彻底消灭有害生物为主的防治策略。如1958年我国提出的植物保护方针是"全面防治，土洋结合，全面消灭，重点肃清"。然而，当农药的残留污染对生态环境造成危害，使非靶标生物，尤其是有益生物和人类自身面临健康和安全的威胁；杀伤天敌，破坏农田生态系统对有害生物的自然控制，导致有害生物的再猖獗；在大量农药的选择压力下，有害生物通过适应产生抗药性，使农药不再有效。人类开始反思单项防治的局限性，开始探索有害生物的综合防治策略。1967年，联合国粮食及农业组织（FAO）在罗马召开的"有害生物防治"的专家讨论会上，提出了"有害生物综合防治"的概念："有害生物综合治理是依据有害生物的种群动态与其环境间的关系的一种管理系统，尽可能协调运用适当的技术与方法，使有害生物种群保持在经济危害水平以下。"1975年，我国提出了"预防为主，综合防治"的植物保护工作方针。在有害生物综合治理中，要以农业防治为基础，要因时、因地制宜，合理运用化学防治、物理防治、生物防治等措施，兼治多种有害生物。

1.4.2 防治的基本方法

1. 植物检疫

植物检疫（plant quarantine；phytosanitary）又称法规防治，是利用立法和行政措施防止或延缓检疫性有害生物（quarantine pests）人为传播（man-associated dispersal）的一种强制性植物保护措施。植物检疫是一项传统的植物保护措施，是植物保护领域中一个重要部分，也是最有效、最经济的一个方面。

1）植物检疫的目的、任务和特点

其目的是防止危险性病、虫、杂草在地区间或国家间传播蔓延，以保护农业生产。主要任务是：①阻止危险性病、虫、杂草随三七及其产品从境外输入或从境内输出；②封锁国内局部地区已发生的危险性病、虫、杂草，在特定范围内，不让其蔓延或传播到尚未发生的地区；③危险性病、虫、杂草被传入新区，应采取紧急措施，就地彻底消灭。植物检疫是以法律为后盾，先进技术为手段，实施强制性检疫检验，通过对农产品经营活动的限制来控制有害生物的传播和蔓延。其特点是：法律的强制性；宏观战略性；将有害生物控制在局部地区，减缓传播和蔓延。

2）植物检疫的实施内容

植物检疫依据进出境的性质，可分为国家间货物流动的外检（口岸检疫）和国内地区间的内检，虽然两者侧重点不同，但内容基本一致。主要包括危险性有害生物的风险评估与检疫对象的确定，疫区和非疫区的划分，转运植物及植物产品的检验与检测，疫情的处理以及相关法规的制定与实施。

(1) 有害生物的风险评估与检疫对象的确定

由于地理、气候和寄主分布的自然隔离，地区之间的有害生物分布存在明显差异。由于人为的破坏，有害生物的扩散在不断加剧，这是植物检疫的基本依据。一般来说，有害生物经人为传播到新地区后，会出现3种结果：有害生物传入到不适的气候和生物环境中，无法生存定居，故不造成危害；传入地环境与原生地相同或相似，有害生物适应能力较强，可生存定居，并造成危害；传入地区生境更适宜有害生物定居，迅速蔓延，造成毁灭性的破坏和灾难。因此，了解有害生物的分布、生物特性和适生环境，弄清传入的危险性，确定危险性有害生物，是植物检疫的首要任务。

有害生物风险评估通过信息资料的搜集整理、实地调查和模拟环境的实验研究等方法获取有关资料，对可能传入的有害生物进行风险评估，以确定危险性有害生物。有害生物风险评估主要包括传入可能性、定殖及扩散可能性和危险程度。经评估后，凡符合局部地区发生，能随植物或植物产品人为传播，且传入后危险性大的有害生物均被列为危险性有害生物，即作为检疫对象。

(2) 疫区和非疫区

疫区划分是植物检疫的重要内容之一，也是实施检疫性有害生物风险管理的重要依据。疫区是指由官方划定的，发现有检疫性有害生物危害的，并由官方控制的地区。而非疫区则是指有科学证据证明未发现某种有害生物，并有官方维持的地区。主要根据调查和信息资料，依据有害生物的分布和适生区进行划分，并经官方认定，由政府宣布。一旦政府宣布，就必须采取相应的植物检疫措施加以控制，阻止检疫性有害生物从疫区向非疫区的可能传播。所以，疫区划分也是控制检疫性有害生物的一种手段。

（3）植物及植物产品的检验与检测

植物检疫通过对植物和植物产品的检验来检测、鉴定有害生物，确定其中是否携带检疫性有害生物及其种类和数量，以便出证放行或采取相应的检疫措施。植物检疫一般包括产地检验、关卡检验和隔离场圃检验。

产地检验是指在调运农产品的基地实施的检验。一般在有害生物高发流行期前往生产基地，实施调查应检验有害生物及其危害情况，考查其发生历史和防治状况，通过综合分析做出决定。对于田间现场检测未发现检疫对象的，即可签发产地检疫证书；对于发现检疫对象的，则必须经过消毒处理后，方可签发产地检疫证书。难以消毒处理的，则停止调运或做销毁处理。

关卡检验是指货物进出境或过境时对调运或携带物品实施的检验，包括货物进出国境和国内地区间货物进出境的检验，是植物检疫的重要一环。关卡检验的实施通常包括现场直接检测和按适当方法取样后的实验室检测。检测合格的，即可出证放行；而不合格的，采取相应的植物检疫措施处理。

隔离场圃检验是一个需要较长时间的系统隔离检验措施，主要是通过设置严格控制隔离的场所、温室或苗圃，提供有害生物最适发生流行环境，隔离种植被检植物，定期观察记录，检测植物是否携带检疫性的有害生物，经一个生长季或一个周期的观察检测后得出结论。尤其是对植物引种的繁殖材料，是在种植后大面积释放前，为安全起见，继产地检验和关卡检验后，设置的阻止有害生物传播的又一道防线。一旦发现有害检疫生物，必须及时采取根除扑灭措施。

（4）疫情处理

疫情泛指某一单位范围内，植物和植物产品被有害生物感染或污染的情况。当植物检疫检验中发现有检疫性有害生物感染或污染的植物和植物产品时，必须采取适当的措施进行处理，以阻止有害生物的传播蔓延。

一般在产地或隔离场圃发现有检疫性有害生物，常由官方划定疫区，实施隔离和根除扑灭等控制措施。关卡检验发现检疫性有害生物时，则通常采用退回或销毁货物、除害处理和异地转运等检疫措施。

除害处理是植物检疫常用的方法，主要有机械处理、温热处理、微波或射线处理等物理方法和药物熏蒸、浸泡或喷洒处理等化学方法。

植物检疫处理的基本原则：首先是植物检疫处理必须符合检疫法规的相关规定，有充分的法律依据；其次是所采取的处理措施应当是必需的，且能将处理所造成的损失降低到最低程度。消灭有害生物的处理方法必须具备下列条件：完全有效，能彻底消灭有害生物，完全阻止有害生物的传播和蔓延；安全可靠，不造成中毒事故，无残留，无环境污染；不影响植物的生存或繁殖能力，不影响植物产品的品质、风味、营养价值，不污染产品外观。

（5）植物检疫法的制定和实施

植物检疫法是有关植物检疫的法律、法令、条例、规章和章程等所有法律规范的总称，是实施植物检疫的法律依据，按其内容可分为单项法规和综合性法规。单项法规是针对某一特定有害生物而颁布的法规。综合性法规着重于植物检疫的整体，目前绝大多数国家均立有综合性植物检疫法，如我国的《中华人民共和国进出境动植物检疫法》和《植物检疫条例》等。根据法规涉及的范围，也可将植物检疫法规分为国际性法规、区域性法规、国家级法规等。

植物检疫法规的实施通常由法律授权的特定部门负责。中国有关植物检疫法规的立法和管理由农业部负责，口岸植物检疫（外检）由海关总署领导下的国家出入境检疫检验局及下属的口岸检疫机构负责，国内检疫工作（内检）由农业部植物检疫处和地方检疫部门负责。

到目前为止，由于三七分布地区的局限性，三七尚未有一种病害或虫害被列为国家（或省级）检疫对象，但是危险性病虫害由点到面的发展蔓延成灾的教训是深刻的。如三七圆斑病，20 世纪 90 年代初仅在个别地方零星发生，由于未采取封锁控制，至 1994 年已传播到三七各产区。当前，已成为常规毁灭性病害。因此，加强三七种子、种苗产地检疫和调运检疫，杜绝和防范危险性病虫害传播蔓延，是防治病虫害不可或缺的经济有效的必要措施。当下，在三七植物检疫方面，主要应针对三七根结线虫。在局部地区发生的根结线虫病随着三七种植者对带病种苗的异地扩大种植，已有扩展蔓延的趋势，应引起高度重视。

2. 农业防治

农业防治是通过适宜的栽培措施降低有害生物种群数量或减少其侵染可能性，培育健壮植物，增强植物抗害、耐害和自身补偿能力，恶化有害生物生存条件，以减少有害生物危害损失的一种植物保护措施。主要技术措施包括：改进耕作制度、采用无害种苗、调整播种方式、加强田间管理和安全收获等。

1）改进耕作制度

耕作制度的改变能使常发生的主要有害生物变成次要的有害生物，已成为大面积有害生物治理的一项有效措施。其主要内容包括调整作物布局,实施轮作倒茬和间作套种等种植制度,以及与之配套的土地保护和培养制度。

(1) 调整作物布局

作物布局是一个地区或生产单位作物构成、熟制和田间配置的生产部署,其主要内容包括作物田块的设置、品种搭配和茬口安排。合理的作物布局不仅可以充分利用土地资源、发挥作物生产潜能、增加产量、提高作物生产效益,同时对控制有害生物的繁殖、增殖和流行具有重要意义。

①三七田块设置 主要根据当地的气候、田块小气候、土壤及相邻植被状况等来做出相应布局。它不仅影响有害生物的发生流行,同时影响天敌的定居繁殖。气候还直接影响有害生物的分布和发生,因此,选择适宜气候的地区种植三七,不仅有利于三七的生长,同时有利于有害生物的控制。地块的选择也要考虑小气候,一般向阳坡有利于喜温型有害生物的发生,而低洼田块有利于喜湿型有害生物的发生。一般来说,黏土吸水性强,容易板结,不利害虫的发生,对真菌性病害有利。相邻植被主要涉及有害生物的寄主、越冬越夏场所及天敌的分布。

②轮作和间作 在作物品种搭配和茬口安排方面,主要依据有害生物对寄主和生态环境的要求,采取合理的轮作和间作,切断有害生物的寄主供应,利用作物间天敌的相互转移或土壤生物的竞争关系,恶化发生环境,减少田间有害生物的积累。此外,对于迁飞性有害生物,迁出地和迁入地种植相似的敏感作物有利于其大发生。大面积单一长期种植同一品种的作物,有利病虫害的爆发成灾。三七属于多年生宿根植物,从播种到采收一般要 3 年时间,加之根腐病(褐腐、锈腐)、疫病、根结线虫等土传病原的积累和土壤微量元素的消耗以及化学自感作用的抑制等多种因素的限制,实施轮作和间作减少三七经济损失尤为有效。

(2) 土壤耕作和培肥

土壤不仅是作物生长的基地,也是有害生物生长发育的栖息和活动场所,因而土壤中的水、气、温、肥和生物环境不仅影响作物的生长发育,也影响有害生物的生长繁衍。

①土壤耕作 土壤耕作是对农田土地进行翻耕整理,改善土壤环境,保持土地高产稳产能力的农业措施,通常包括收获后和播种前的翻耕以及生长季节的中耕。土壤耕作对有害生物的影响主要表现在三方面:首先是改善土壤中的水、气、温、肥和生物环境,有利于培养健壮作物,提高对有害生物的抵抗和

耐害能力。其次是翻耕土壤使表层的有害生物深埋，土壤深处被暴晒，破坏其适生环境。最后因机械作用，直接杀伤害虫，或破坏巢穴而致其死亡。三七地提前深翻透晒，促进土壤风化，进行精耕细作，实行高墒栽培，对减轻病虫为害具有一定作用。

②土地培肥　土地培肥措施，如农田休闲、轮作绿肥等，能改变土壤有害生物的生存环境、大幅降低有害生物的种群数量。

（3）抗旱浇水，防洪排涝

水是三七的命，又是三七的病。即土壤干燥三七不能正常生长，土壤含水量过大，三七长势差，易感病。三七适宜生长在湿润的土壤，最忌长期干燥或淹水。一般土壤含水量在25%～30%，园内相对湿度为70%～80%，三七生长发育良好。如果土壤水分低于17.2%，不及时抗旱浇水，未出苗的"籽条"就会发软，继而霉变，或者干瘪；已出苗的"籽条"，茎叶萎蔫；未萌动的种子，则种皮发干，内部霉变，或者形成"响子"（即种子胚乳干缩，与干脆的种皮间形成空隙，摇之有声）。此外，干旱缺水，并伴有高温，易引起三七生理失调而发生"干叶症"。如土壤含水量超过40%，或较长时间处于淹渍状态，引起植株嫩弱，抗病性差，病虫害加重，特别是根腐病严重。因此，三七播种后要看天、看地、看苗情合理浇水，保持三七生长所需土壤湿度。雨季地势低洼的地方，早疏沟排水，防洪排涝，严禁七园（三七种植园，下同）长期积水。

（4）搭建荫棚，调节透光率

三七属多年生喜阴性草本植物，作为规模化设施栽培的典型，光照强度的控制是搭建荫棚调节透光率必不可少的有效措施。不同三七龄、不同生育期对光照强度要求不同，一般一年生三七透光率在8%～12%之间，二年生三七透光率在10%～15%之间，三年生三七在15%～20%之间，即可满足三七植株生长所需光照强度。应根据不同三七龄、不同季节和不同生育阶段对光照的要求调节，创造良好的透光环境，促进三七的正常生长发育，提高抗病能力，减轻病害。

（5）七园清洁和消毒

七园清洁和消毒是预防或减缓病虫害传播蔓延，控制病虫害发生危害的重要措施。

①七园清洁　三七出苗阶段每天进行检查，首次发现病株的地方应做逐一标记并及时清除病残体带出园外烧毁，然后进行重点喷药防治，可减缓病虫害的传播蔓延。

②七园消毒 二年生三七下棵后，及时清除病株落叶、铺厢草，根据当年病虫种类，选用对口药剂进行厢面消毒，再盖新的厢草。三七出苗前再进行2～4次七园消毒，防治越冬病虫害，减轻苗期病虫害发生。

2）培育无害种苗

种苗携带病虫是病虫害传播的主要途径之一。种子质量差造成三七生育期不一致，长势弱。选用色泽正常、饱满无病、无损伤的种子；做好种子消毒和苗床消毒处理，加强田间管理是培育无害种苗的保障。严格按照《中医药——三七种子种苗》国际标准选种选苗。

3. 抗害品种的利用

作物抗害品种（crop resistant varieties）是指具有抗害特性的作物品种，在同样的灾害条件下，能通过抵抗灾害、耐受灾害以及灾后补偿作用，减轻灾害损失，取得较好的收获。作物品种的抗害性是一种遗传特性，包括抗旱、抗涝、抗盐碱、抗倒伏、抗虫、抗病和抗草害等，本书所指的抗害品种和抗害性主要针对病虫害的抗性。

1）抗害性类型

根据抗性表现的程度，植物的抗害性一般分为免疫、高抗、中抗、中感和高感几种类型。

抗性根据其对病菌生理小种或害虫生物型的反应分为垂直抗性（vertical resistance）、水平抗性（horizontal resistance）。垂直抗性又称专化抗性或特异抗性，是指作物品种只对一种或某几种病菌生理小种或害虫生物型表现抗性，而对另一些不表现抗性；垂直抗性表现为较高水平的抗性，但较容易因病菌生理小种或害虫生物型的变化而丧失。水平抗性是指作物品种对病菌的各种生理小种或害虫的各种生物型均具有相似的抗性，抗性水平较低，但不会因病菌生理小种或害虫生物型的变化而丧失。

2）抗害机制

抗害机制有多种类型，综合起来大致可分为抗选择性、抗生性、避害性和耐害性。

（1）抗选择性

抗选择性主要是由于受植物体内或表面挥发性化学物质、形态结构以及植物生长特性所造成的小生态环境的影响，不吸引甚至拒绝害虫取食产卵、不刺激或抑制病菌萌发侵染。

（2）抗生性

抗生性是由于植物体内存在有害的化学物质、缺乏必要的可利用的营养物质，以及内部解剖结构的差异和植物的排斥反应对害虫或病菌造成不利影响，使害虫大量死亡、生长受抑制、不能完成生育或延迟生育、不能繁育或繁育能力低，使病原物不能定殖扩展。

（3）避害性

避害性主要包括两方面，一是由于植物具有某种特性，害虫或病菌虽能侵染，但不能造成危害或损失；二是由于作物品种的生长发育特性不同，使作物的易受害期与病虫的发生期错开，一旦作物的易受害期与病虫的发生期吻合，即失去避害能力。

（4）耐害性

耐害性是指有些作物在病虫定殖寄生取食以后，具有较强的忍受和补偿能力，不表现明显的症状或产量损失。

3）抗害品种的选育

作物抗害品种的选育首先应该确定育种目标，搜集抗源材料，通过适宜的育种方法和抗性鉴定技术进行抗性品种选育。

（1）育种目标的确定

确定抗性育种目标主要是为了提高育种的投入效益，解决生产上的重大问题，以减轻植物保护对环境的副作用。抗性育种一是选择重要的经济作物；二是选择在相当大范围内持续大发生，已成为某一作物栽培生产限制因素的重要病虫害；三是其他作物保护措施难以控制，保护措施投入大，对环境和农产品安全生产副作用较大的病虫害。此外，根据有害生物的分布范围和迁移能力，确定选育垂直抗性品种或水平抗性品种。

（2）抗源材料的搜集

抗源材料是指转入作物体内可以遗传，并能产生抗性表现的基因或遗传物质。不同的遗传技术可选择不同的抗源材料，传统抗性育种大多利用同种或近缘种的抗性基因，而现代生物技术育种可将远缘生物体内的抗性基因和有害生物体内遗传物质，转入目标作物体内使之产生抗性。一般来说，抗源材料搜集应考虑如下几方面：一是从作物传统种植地或有害生物大发生的田间挑选同种植物的抗性植株；二是从野生同种植物或近缘种的植物中筛选分离抗性基因性状；三是从致病性天敌体内分离抗性基因；四是从有害生物体内分离遗传物质；五是通过诱变筛选获得抗性种质资源。

（3）抗性育种方法

抗性育种方法包括传统技术、诱变技术、组织培养技术和分子生物学技术。

①传统技术 主要是选种、系统育种以及具有抗性和优良农艺性状品种资源的杂交和回交技术。该法简便，但作物抗性性状提高较慢。选种又叫混合选种，是从有害生物大发生田间，选取高抗植株采种。系统育种是将田间选择的高抗作物种子隔离繁殖，并人工接种有害生物，对其后代进一步筛选。该法对自花授粉作物效果较好。杂交是利用具有优良农艺性状的作物品种为母本，与抗性品种、野生植株或近缘种进行杂交育种。有时将表现较好的杂交后代回交，从而将抗性性状转入具有优良农艺性状的品种体内，形成优良的抗性品种。

②诱变技术 是指在诱变源的作用下，诱导植物产生遗传变异，再从变异个体中筛选抗性个体。诱变源包括化学诱变剂和物理诱变因子，生产上使用较多的是辐射育种，如利用同位素辐射和紫外辐射进行诱变育种。

③组织培养技术 是在无菌条件下培养植物的离体器官、组织、细胞或原生质体，使其在人工条件下生长发育成植株的一种技术。首先组织培养可以快速克隆繁殖不易经种子繁殖的抗性植物；其次组织培养可以与诱变技术相结合，分离抗性突变体；三是组织培养可以利用花粉、花药选育单倍体抗性植株，再经染色体加倍形成抗性同原植物；四是组织培养通过原生质融合技术可以将不同抗性品种或种的遗传性状相结合，克服杂交困难，培育高抗和多抗品种。

④分子生物学技术 分子生物学技术使抗性育种产生了革命性的发展。首先，分子生物学通过克隆抗性基因，利用载体导入或基因枪注射，可将各种生物的抗性基因转入目标作物体内，解决传统育种技术无法克服的远缘杂交障碍问题。其次，分子生物学可以通过植物基因的改造，创造新抗源。

4. 生物防治

生物防治（biological control）是利用有益生物及其产物控制有害生物种群数量的一种防治技术。在自然界，各种生物通过食物链和生活环境等相互关联，相互制约，形成了复杂的生物群落和生态系统，其中任何生物或非生物因素的改变，均会导致不同生物种群量的变化。在农田生态系统中，由于作物的单一化大面积种植，使生物群落简化，削弱了生物之间的相互制约能力，常常使有害生物种群大量繁殖，有益生物种群骤减，从而导致病虫害频繁爆发。生物防治就是根据生物之间的相互关系，人为地增加有益生物的种群数量，从而达到控制有害生物的效果。很早以前，人类从事农业活动时就发现生物之间的食物链关系，并利用天敌对有害生物进行防治。19世纪后期，天敌引种成功以及生态学的发展促进了这一技术的迅速发展，但20世纪中叶兴起的化学防治，严重地干扰了生物防治的研究和发展，直至化学农药的3R（resistance，抗药性；resurgence，再猖獗；residue，农药残留）问题显现，这一领域才再度受到重视。

生物防治的途径主要包括保护有益生物、引进有益生物、有益生物的人工繁殖和释放以及生物产物的开发利用等4个方面。

（1）保护有益生物

尽管自然界有益生物种类繁多，但由于受不良环境以及人为的影响，常不能维持较高的种群数量。要充分发挥其对有害生物的控制作用，常需采取一定的措施加以保护。如直接保护、农业措施保护、用药保护等。

（2）引进有益生物

三七害虫的主要天敌有瓢虫、草蛉、食蚜蝇、猎蝽等捕食性天敌和赤小蜂、丽蚜小蜂等寄生性天敌，对蚜虫、红蜘蛛、白粉虱、地老虎、斜纹夜蛾、尺蠖等多种害虫有较好的抑制作用。但由于长期不合理地施用广谱性杀虫剂导致天敌锐减，寄生率下降，害虫猖獗。引进有益生物防治害虫已成为生物防治中的一项十分重要的工作。19世纪末，美国从大洋洲引进澳洲瓢虫防治柑橘吹绵蚧取得成功。但在引进前要做好充分的调研和安全评估。

（3）有益生物的人工繁殖和释放

人工繁殖和释放不仅可以增加有益生物的种群数量，而且可以使有害生物在大发生前得到有效控制。如工厂化大量繁殖赤眼蜂，用于防治鳞翅目昆虫；利用适当的有机物做培养基，发酵生产拮抗菌，用于种子或土壤处理，防治苗期病害。

（4）生物产物的开发利用

生物体内产生的次生代谢产物、信号化合物、激素和毒素等天然产物，对有害生物有较高的活性，选择性强，对生态环境影响小，无明显的残留毒性问题，均可被开发用于有害生物防治。

利用有益生物或其产物来防治三七病虫害具有安全，对环境影响小，活体生物防治有害生物长期有效，无副作用，资源丰富，易于开发等优点，是三七实施 GAP 栽培的主要发展方向。但它防治见效慢且不稳定,易受环境影响,控制有害生物有限。目前生产上已逐步开发出一些生物制剂,用于三七病虫害的防治。如利用复合生物制剂"根腐消"及百抗菌剂防治三七苗期根腐病;用农用链霉素防治细菌性根腐病;用 1.5% 多抗霉素可湿性粉剂对移栽籽条消毒处理,促进齐苗,减少烂芽。三七发病前或发病初期,用 1.5% 多抗霉素可湿性粉剂 150~250 倍液喷雾或 10% 宝丽安可湿性粉剂 500~800 倍液喷雾,间隔 7~10 天喷 1 次,连续喷 3~4 次,可防治三七黑斑病、圆斑病,兼防白粉病和炭疽病;三七红蜘蛛初盛期,用 10% 浏阳霉素乳油 1000~2000 倍液喷雾,或用云南农业大学与云南省微生物发酵工程中心联合研发的芽孢杆菌;用苏云金杆菌防治斜纹夜蛾;用印楝素、烟碱、除虫菊防治三七害虫等,已取得较好防治效果。

5. 物理防治

物理防治(physical control)是指利用各种物理因子、人工或器械清除、抑制、钝化或杀死病原物来控制植物病害发生发展的措施。主要包括捕杀、诱杀、汰除、趋性利用、热力处理、温湿度处理、辐射、臭氧处理、嫌气处理、拒避等。物理防治见效快,常把害虫消灭在盛发前期,同时,也可作为害虫大量发生时的一种应急措施。该措施通常费工费时,效率低下,一般作为一种辅助措施。对一些难以解决的病虫害,尤其是有害生物大量发生时,往往是一种有效的应急手段。另外,随着人们对绿色食品观念的加强,遥感和自动化技术的发展,加之物理防治器具易于商品化的特点,这一防治技术也将有较好的发展。

1)人工机械防治

人工机械防治是利用人工和简单机械,通过汰选或捕杀防治有害生物的一类措施。播种前种子的筛选、水选或风选可以汰除杂草种子和一些带病的种子,减少有害生物的传播危害。对于病害来说,除了个别情况下利用拔出病株、剪除病株病叶等方法外,筛选健康饱满的种子,汰除带病种子对控制种传病害可起到较好的控制效果。而害虫防治常使用捕杀、震落、网捕、摘除虫枝虫果等人工机械法。如利用金龟子夜间取食,白天入土习性,人工捕捉防治金龟子。利用害虫的假死性,将其震落消灭。利用粘鼠板和捕鼠器捕捉老鼠。

2)诱杀法

诱杀法主要是利用动物的趋性,配合一定的物理装置、化学毒剂或人工处理来防治害虫和鼠害的一类方法。

（1）灯光诱杀

利用害虫对光的趋性，采用黑光灯、双色灯和高压汞灯结合诱集箱、水坑或高压电网诱杀害虫。如利用蚜虫和蓟马对黄色板的趋性，采用黄色粘板诱杀蓟马和有翅蚜虫。

（2）食饵诱杀

不少害虫和害鼠对食物气味有明显趋性，通过配制适当的诱饵，利用这种趋性诱杀害虫和害鼠。利用动物骨头浇上糖醋液诱杀小地老虎、蚂蚁、黏虫成虫。云南农业大学利用微生物制剂诱捕双翅目害虫等已在生产上大量应用。

3）温控法

有害生物对环境温度均有一个适应范围，过高或过低，都会导致有害生物死亡或失活。温控法是利用高温或低温来控制或杀死有害生物的一类物理防治技术。该技术常需严格控制处理温度和处理时间，以避免对作物造成伤害。一般来说，温度控制对种子和土壤处理最为常用，如温水浸种（将三七种子放在55℃温水中浸10~15分钟，可杀死三七黑斑病的分生孢子）和种子暴晒消灭多种病虫害。伏天高温季节，通过闷棚、覆膜晒田，可以将地温提高到60~70℃，从而杀死多种有害生物。对于地下病虫害严重的小面积地块，也可在休闲时利用沸水浇灌处理。低洼地块，可以利用冬季灌水处理，以及水旱轮作来降低病虫害。

4）阻隔法

阻隔法是利用有害生物的侵染和扩散行为，设置物理性障碍，阻止有害生物的危害或扩散的措施。充分利用有害生物的生活习性，设计和实施有效的阻隔防治技术。三七种植过程中利用适宜孔径的围边网，阻隔大多数有害昆虫的传播。

5）辐射法

辐射法是利用电波、γ射线、X射线、红外线、紫外线、快中子、激光和超声波等电磁辐射进行有害生物防治的物理防治技术，包括直接杀灭和辐射不育。如利用紫外辐射和臭氧结合地膜覆盖进行三七土壤消毒。移栽籽条利用钴-60辐射杀死病虫害，防止病虫害的远距离传播，如南方根结线虫和实蝇以及害虫卵块的处理等。

6.化学防治

化学防治是利用化学农药防治有害生物的一种防治技术。主要是通过开发适宜的化学农药品种，并加工成适当的剂型，利用适当的机械和方法处理作物植株、种子或土壤等，来杀死有害生物或阻止其侵染危害。通常所说的药剂防治与化学防治不尽相同，前者泛指利用各种农药进行的防治，而后者则特指利用化学农药进行的防治。

化学防治在有害生物综合治理中占有重要的地位，它使用方法简便、效率高、见效快，可以用于各种有害生物的防治，特别在有害生物大发生时，能及时控制危害。这是其他防治措施无法比拟的。如不少害虫为间歇暴发危害型，不少病害也是遇到适宜条件便暴发流行，这些病虫害一旦发生，往往来势凶猛，发生量极大，其他防治措施往往无能为力，而使用农药可以在短期内有效地控制危害。

但是，化学防治也存在一些明显的缺点。第一，长期使用化学农药，会造成某些有害生物产生不同程度的抗药性，致使常规用药量无效，如提高用药量往往造成环境污染和毒害，且会使抗药性进一步升高造成恶性循环。而由于农药新品种开发的艰难，更换农药品种，会显著增加农业成本，而且由于有害生物的多抗性，如不采取有效的抗性治理措施，甚至还会导致无药可用的局面。第二，杀伤天敌，破坏农田生态系统中有害生物的自然控制能力，打乱了自然生态平衡，造成有害生物的再猖獗或次要有害生物上升危害；尤其是使用非选择性农药或不适当的剂型和使用方法，造成的危害更为严重。第三，残留污染环境。有些农药由于它的性质较稳定，不易分解，在施药作物中的残留，以及漂移流失进入大气、水体和土壤后都会污染环境，直接或通过食物链生物浓缩后间接对人、畜和有益生物的健康安全造成威胁。因此，使用农药必须注意发挥其优点，克服缺点，才能达到化学保护的目的，并对有害生物进行持续有效的控制。

综上所述，各种有害生物防治技术均具有一定的优缺点，对于种类繁多、适应性极强的有害生物来说，单独利用其中任何一种技术，都难以达到持续有效控制的目的。因此，植物保护必须利用各种有效技术措施，采取积极有效的防治策略，才能达到持续控制有害生物，确保农业生产高产稳产、优质高效。

参 考 文 献

北京农业大学（主编），1981. 昆虫学通论（上册、下册）. 北京：农业出版社

彩万志，庞雄飞，花保祯等，2001. 普通昆虫学. 北京：中国农业大学出版社

蔡平，祝树德，2003. 园林植物昆虫学. 北京：中国农业出版社

曹立耘，2013. 中药材地下害虫综合防治技术. 农业知识：致富与农资，28: 40-41

陈德牛，高家祥，1980. 几种危害农作物的蜗牛和蛞蝓的识别. 植物保护，6: 27-30

陈昱君，冯光泉，王勇，等，2003. 三七害虫及有害动物防治技术标准操作规程（草案）. 现代中药研究与实践，17(增刊): 49-50

陈昱君，王勇，2005. 三七病虫害防治. 昆明：云南科技出版社

陈昱君，王勇，2016. 三七栽培技术及病虫害防治手册. 昆明：云南科技出版社

陈昱君，王勇，杨建忠，等，2015. 三七病毒病媒介昆虫诱集试验研究. 现代农业科技，2: 121-125

程惠珍，高微微，陈君，等，2005. 中药材病虫害防治技术平台体系建立. 世界科学技术：中医药现代化，7(6): 109-114

董晨晖，戚洪伟，陈国华，等，2015. 三七苗床鼠妇的危害特点与防治. 云南农业科技，6: 50-51

范昌，陈昱君，范俊君，2003. 三七病虫害综合治理是三七GAP种植的关键. 现代中药研究与实践，增刊: 25-27

管致和，2004. 植物保护通论. 北京：中国农业大学出版社

管致和，吴维均，陆近仁，1955. 普通昆虫学. 上海：永祥印书馆

韩召军，2001. 植物保护学通论. 北京：高等教育出版社

何振兴，罗丽飞，1986. 三七短须螨初步防治. 中药材，5: 6

花蕾，2009. 植物保护学. 北京：科学出版社

李孟楼，2004. 资源昆虫学. 北京：中国林业出版社

李云瑞等，2002. 农业昆虫学（南方本）. 北京：中国农业出版社

李照会，2011. 园艺植物昆虫学. 北京：中国农业出版社

李忠等，2016. 中国园林植物蚧虫. 成都：四川科学技术出版社

李忠义，陈中坚，王勇，等，2000. 三七蛞蝓发生危害及防治. 植物保护，26(3): 45

李宗文，席德芳，1981. 防治野蛞蝓为害三七. 云南农业科技，6: 33-35

刘凌云，郑光美，1997. 普通动物学. 北京：高等教育出版社

刘月英，陈德牛，1966. 蛞蝓的形态习性及其对农业上的危害. 生物学通报，1: 23-27

牟吉元，徐洪富，荣秀兰，2001. 普通昆虫学. 北京：中国农业出版社

农信，2004. 药用植物常见害虫防治方法. 农药市场信息，14: 34

宋明龙，刘喻敏，吴翠娥，等，2002. 蔬菜田同型巴蜗牛发生及防治研究. 莱阳农学院学报，19(1): 60-61

孙玉琴，刘云芝，朱云飞，等，2016. 粉虱在三七上的发生规律初步研究. 现代农业科技，5: 122-123

王朝雯，2014. 云南文山三七的主要病虫害防治措施. 农业科技与信息，17: 12-13

王少丽，戴宇婷，张友军，等，2011. 北京地区蔬菜害螨的发生于综合防治. 中国蔬菜，9: 22-24

吴福桢等，1990. 中国农业百科全书（昆虫卷）. 北京：中国农业出版社

吴云，2015. 鄂西南山区三七主要病虫害及综合防治技术. 安徽农业科学，5: 133-134

徐洪富，2003. 植物保护学. 北京：高等教育出版社

许再福，2009. 普通昆虫学. 北京：科学出版社

杨建忠，王勇，张葵，等，2008. 蓟马危害三七调查初报. 中药材，31(5): 636-638

杨小舰，王沫，舒少华，等，2009. 玄参田小地老虎的为害及防治研究. 中国中药杂志，34(19): 2441-2443

叶恭银，2006. 植物保护学. 杭州：浙江大学出版社

袁锋，2011. 农业昆虫学. 北京：中国农业出版社

张东霞，2014. 山西省主要中药材病虫害防治技术. 农业技术与装备，9: 77-79

张广学，钟铁森，1983. 中国经济昆虫志（第二十五册），蚜虫类（一）. 北京：科学出版社

张葵，张宏瑞，李正跃，等，2010. 三七蓟马消长规律初步研究. 河北农业科学，14(5): 32-34

张葵，张宏瑞，李正跃，等，2010. 三七叶片烟蓟马的危害和药剂防治试验. 特产研究，3: 43-45

张训蒲，2008. 普通动物学. 北京：中国农业出版社

张禹安，1985. 中药材仓贮昆虫（鞘翅目）分类鉴定特征. 中药材，1: 29-32

周尧，1998. 中国蝴蝶分类与鉴定. 郑州：河南科学技术出版社

周尧，2002. 周尧昆虫图集. 郑州：河南科学技术出版社

Elzinga R J, 2004. Fundamentals of Entomology. 6th. New Jersey: Pearson Prentice Hall

Ross H H, Ross C A, Ross J R P, 1982. A Textbook of Entomology. New York: John Wiley & Sons, Inc.

Snodgrass R E, 1935. Principles of Insect Morphology. New York: McGraw-Hill

第2章 三七常见侵染性病害

三七是多年生喜阴植物,在其生长发育过程中常受环境因素和生物因素的制约和影响。当环境因素满足其生长发育并未遭受有害生物危害时,其健康生长。反之,环境因素不利于三七生长发育或遭受有害生物侵染时,其生理上、组织上和形态特征上则发生一系列反常变化,进而导致细胞、组织、器官的坏死,叶片黄化、脱落,茎杆、花轴干缩扭曲等,甚至整个植株萎蔫、腐烂、枯死,造成减产和品质劣变,七农(三七种植农户,下同)收益受损,这些反常现象统称为三七病害。根据染病部位分为地上部分(根系、根茎、休眠芽)病害和地下部分(茎杆、叶部、花、果实、种子)病害。

2.1 三七根部病害

三七根部病害(简称根病),是三七根系、根茎(羊肠头)、休眠芽感病的统称,三七根部病害包括根褐腐病、根锈腐病、疫霉根腐病、细菌性根腐病、三七立枯病、三七猝倒病、三七根结线虫病等。

2.1.1 三七根褐腐病

三七根褐腐病常年发病率在5%~20%,严重的可损失70%以上,甚至绝收。植株染病后根部腐烂,地上部黄萎,俗称"鸡屎烂""臭七",是造成三七连作障碍的主导因子。导致种植成本增加,严重影响三七产量和质量,制约三七产业的发展。

1) 症状

三七整个根系均可受害。三七须根感病部分呈黄褐色点斑，以后病斑扩展，导致须根腐烂，仅剩残余部分或全部脱落。支根及主根感病时，先呈黄褐色小点，继则扩大为较大病斑，向内扩展，导致细胞组织崩溃而腐烂（彩图1～彩图5）。当病菌侵入到内部输导组织时，纵向切开块根，可见块根自下而上，由浓到淡地出现黄褐色。地上部叶片则逐渐变为淡黄、萎蔫，以至脱落。根茎（羊肠头）感病部位仍呈黄褐色病斑，但发病速度较快，严重时地上部分青枯或倒伏（彩图6、彩图7）。

此病在植株感病初期地上部分症状不明显，只是中午温度高时，叶稍下垂，傍晚则可恢复，若仔细观察可见植株叶片的叶脉附近颜色稍淡；检查根部，腐烂以须根和支根为主。罹病中期地上部植株叶片逐渐发黄，主根已部分腐烂。感病后期地上部植株枯萎或虽有成活，但根部已大部腐烂或仅剩根茎。

2) 病原

国内在病原学研究方面，1952年浙江省卫生局记载该病病原为藨草镰孢菌（*Fusarium scirpi* Lamb.）；阮兴业等认为，三七根腐病的主要病原菌为腐皮镰孢菌［*F. solani*（Mart.）Sacc.］；曹福祥和戚佩坤报道病原菌是腐皮镰孢根生专化型［*F. solani* f. sp. *radicicola*（Wr.）Snyd.& Hans.］；王淑琴等报道三七黑斑链格孢（*Alternaria panax* Whetzel）也能侵染三七根部，引起根腐病；陈正李等报道该病病原为1种茎线虫（*Ditylenchus* sp.）；罗文富等报道假单胞细菌（*Pseudomonas* sp.）、腐皮镰孢菌、细链格孢菌与根腐病有关，并经活体接种证明假单胞细菌的致病性较腐皮镰孢菌强，细链格孢菌的致病性较弱，认为三七根腐病是多种病原物复合侵染所致；缪作清等报道，引起三七根腐病的病原真菌类群主要包括毁坏柱孢（*Cylindrocarpon destructans*）、双孢柱孢（*C. didynum*）、腐皮镰孢菌、尖孢镰孢菌（*F. oxysporum* Schlecht）、恶疫霉菌（*Phytophthora cactorum*）、草生茎点霉菌（*Phoma herbarum*）、立枯丝核菌（*Rhizoctonia solani*）等，此外，还分离到一种细菌尚未确定种类，并认为在已分离的致病菌中，毁坏柱孢菌和双孢柱孢菌是生产上三七根腐病严重发生的重要病原。因此，三七根腐病为真菌和细菌引起的复合病害。

已确定导致三七根褐腐病的病原主要是细菌中的假单胞杆菌（*Pseudomonas* sp.）、真菌中的腐皮镰孢菌［*Fusarium solani*（Mart.）Sacc.］、腐皮镰孢根生转化型［*Fusarium solani* f.sp. *radicicola*（Wr.）Snyd.& Hans.］、尖孢镰孢菌（*Fusarium oxysporum* Schlecht.）、藨草镰孢菌（*Fusarium scirpi* Lamb.）、细链格

孢菌（*Alternaria tenuis* Nees）、人参链格孢（*Alternaria panax* Whetzel）、槭菌刺孢[*Mycocentrospora acerina*（Hartig）Deighton.]及小杆线虫（*Rhabditis elegans* Maupas.）等。其中，假单胞杆菌可与上述真菌病原中的一种或几种构成复合侵染。小杆线虫通常是在根系创面扩大后乘虚而入，加速根腐进程。

（1）假单胞杆菌（*pseudomonas* sp.）

在 NA 培养基上菌落圆形低凸，表面光滑，湿润，半透明，边缘整齐，灰色至乳白色。菌体杆形，直或稍弯，（0.4~1.0）μm×（1.2~3.8）μm，端生鞭毛 1~4 根，革兰氏染色反应阴性，氧化酶和接触酶反应阳性。

（2）腐皮镰孢菌［*Fusarium solani*（Mart.）Sacc.］

在 PDA 培养基上菌株白色至浅灰色。渐呈蓝色至蓝绿色。小型分生孢子卵形，稀少。大型分生孢子生于分生孢子梗座及气生菌结中，弯曲，有的为柱形或稍呈纺锤形，顶端细胞钝圆略呈喙状，无明显带梗状的脚胞或有时有大型分生孢子，镰刀形，2~5 个横隔膜，大多数 3 个隔，3 个隔膜的孢子大小是（27~44）μm×（4.5~5.5）μm。厚垣孢子球形，数量多，单生或对生，直径 6~10μm。

（3）腐皮镰孢根生转化型［*Fusarium solani* f. sp. *radicicola*（Wr.）Snyd.& Hans.］

在 PSA 培养基上气生菌丝较发达，菌落具条纹，密厚；灰白色，后期呈蓝绿色。小型分生孢子卵形，数量多。大型分生孢子产生于多分枝的分生孢子梗上，呈不等边纺锤形，微弯，较宽短；2~4 个横隔膜，大多数 3 个隔，3 个隔膜的孢子大小为（26.0~40.0）μm×（5.2~6.3）μm。厚垣孢子单生、间生或者 2 个或偶而 3~4 个串生；球形，淡黄色；表面不光滑，大小为 6.7~11.7μm。

（4）尖孢镰孢菌（*Fusarium oxysporum* Schlecht.）

在 PSA 培养基上气生菌丝绒状，初期白色，后期呈淡青色。小型分生孢子数量较多，肾形，大小为（5~12.6）μm×（2.5~4）μm。大型分生孢子镰刀形，稍弯，向两端较均匀地逐渐变尖，1~7 个隔膜，多数为 3 个隔膜。3~4 个隔膜的大小为（23~56.6）μm×（3~5）μm；厚垣孢子球形，直径 6~8μm，单生、对生或串生。

（5）藨草镰孢菌（*Fusarium scirpi* Lamb.）

分生孢子镰刀形，顶端通常过度伸长成鞭状，多数 3~5 个隔膜，大小为（27~38）μm×（3.7~4.5）μm。厚垣孢子大量产生，常形成链状，直径为 8~13μm。

（6）细链格孢菌（*Alternaria tenuis* Nees）

在 PDA 培养基上菌落褐色至黑色，分生孢子梗单生或丛生，褐色，基部细胞膨大，不分枝或偶有分枝，呈膝状，1～6 个隔膜，大小为（19～59）μm×（3.5～5.5）μm。分生孢子单生或串生，梭形，椭圆形或卵圆形，褐色至暗褐色，无喙或喙短，孢身具 1～7 个横隔膜，0～3 个纵隔膜，大小为（14～55）μm×（6～7）μm。喙无隔膜，大小为（0～10）μm×3.5μm。

（7）人参链格孢菌（*Alternaria panax* Whetzel）

详见三七黑斑病部分。

（8）械菌刺孢菌 [*Mycocentrospora acerina*（Hartig）Deighton.]

详见三七圆斑病部分。

（9）小杆线虫（*Rhabditis elegans* Maupas.）

在水中活跃。虫体线形，口腔长度约等于或略长于头宽，雌虫双生殖管，肛门位于体长的中间部位，尾圆锥形；雄虫交合伞宽广，包至尾尖，两翼相连成吸盘状，边缘波浪形，性乳突 9 对。其中，2 对位于肛门前区，雄虫数量明显较少。雌虫体长 800～1475μm，口针长 17.8～31.3μm；雄虫体长 880～1125μm，口针长 19.4～27.6μm。

3）病害循环

三七根褐腐病全年均可发生，高峰期主要集中在 4 月～8 月，高湿条件下发病较为严重。真菌病原以菌丝或厚垣孢子在土壤、三七病根或其他寄主植物上越冬；细菌病原则广泛存在于土壤中，越冬载体上的病原均可成为侵染三七根部的初侵染源。传播途径主要是病土、带菌流水、种子及种苗带菌和传播，其中近距离传播以带菌土壤和带菌流水为主，远距离传播以带菌种子、种苗扩散为主。

4）发病因素

三七根褐腐病的发生除了与土壤中的病原、环境温湿度、种子种苗带菌关系密切外，还与多种因素有关。

（1）与海拔的关系

在海拔 1400～2000m 范围地区，三七根褐腐病随海拔升高而减轻。究其原因，主要是受立体气候的影响，形成了高海拔地区属温凉气候类型，中低海拔地区属温热气候类型。对多数病原菌来说，温热的气候条件更有利于其繁殖、生长；较低的气温则起到了抑制病菌增长的作用。

另外，高海拔地区是近几年才发展起来的三七种植区，新垦七园较多，与种植三七历史悠久的中、低海拔地区相比，土壤中病原菌积累相对较少，故而三七根褐腐病的危害也较轻。由此可见，土壤带菌量是引起三七根褐腐病的一个重要因素。

（2）与地势的关系

七园发病率依次为平地＞陡坡地＞台地＞缓坡地。另外，对陡坡三七种植地按坡头、坡中、坡脚的发病情况分析，坡头段植株发病率平均占总发病率的14.81%；坡中段占36.92%；坡脚段占48.27%。坡脚段发病率几乎占七园发病率的二分之一。其中原因是平地、坡脚地的位置一般较低，若厢沟不深，排水不良，土壤含水量过大，则会造成植株生长不良而有利于病菌的侵染。相比之下，缓坡地、台地排水要好于上述两种地势，对病害可起到一定的抑制作用，故发病较轻。

（3）与土壤类型的关系

按土壤类型分析，黄棕壤、黄壤土层深厚，有机质含量较高，其中黄棕壤有机质可达10%。黄沙壤自然肥力略低，但土质疏松，结构良好。红壤有机质含量低且黏重，呈微酸性。黄棕壤类型七园发病率仅0.43%，而红壤类型七园发病率达9.52%，表明土层深厚、有机质丰富的土壤环境对病害有一定的抑制作用；黏重、瘦、酸的土壤易引起病害。究其原因有二，其一，黄棕壤中的微生物较丰富，有益微生物的活动抑制了病原菌的增长，而黄红壤中有机质少，有益微生物较少，且土壤微偏酸，有利于病菌的生长。其二，黄棕壤结构良好，三七根系发育生长良好，三七的抗性增强，黄红壤则相反，有利于病菌的侵袭。

（4）与轮作年限的关系

三七根褐腐病随轮作年限的缩短而加重，反之则减轻。另据对一新老三七种植地共存的七园调查，老地种植三七仅间隔一季荞麦，调查时发病率高达77.14%，而新地发病率仅3.25%。在新、老三七种植地交界处，因整地时老地土壤移到新地，该地段植株发病率亦达26.80%。由此可见，三七根褐腐病是典型的土传性病害，且病原菌在土壤中可存活相当长一段时间，三七轮作年限以8～10年为宜。

（5）与施肥的关系

不同的施肥措施及施肥种类，三七根褐腐病的发病程度有很大差异。三七根褐腐病的发生在很大程度上与施肥相关。播种时不施盖种肥的出苗率较施盖种肥的高 12.5%～22.2%；发病率比施盖种肥的低 4.5%～7.6%。另外，在相同施肥水平上若偏追施氮素化肥，使病害加重。

（6）与荫棚透光率的关系

三七根褐腐病发病率随荫棚透光率的增大而增加。透光率大、光照强的七园极易感染黑斑病、圆斑病、灰霉病。感病后的病叶纷纷脱落，茎秆逐渐变成褐色、扭曲、枯死。茎秆上的病斑均可向下延伸至根部，形成伤口；使其他病原乘虚而入，危害根部。而掉落地面的病叶，多在根茎附近或直接与根茎接触，成为病害的再侵染源，继续危害根茎及块根，并与土壤中的病原构成复合侵染而导致根褐腐病。

2.1.2 三七根锈腐病

三七根锈腐病是三七根腐病中最严重也是发病率最高的病害，尤其是毁坏柱孢是三七种子或种苗带病的最初显症者。锈腐病导致的产量损失占整个三七生产中三七根部病害种类的 60%～70%，常年发生率 10%～30%，严重者可达 90% 以上。锈腐在土壤缺水时导致根部韧皮部皲裂，逐步发展，遇土壤湿度加大，伤口尚未愈合，其他病原物的加入加剧病害的发生发展，最终导致复合根腐病。

1）症状

三七根锈腐病与三七根褐腐病感病植株地上部症状相同，都是叶片逐渐变黄，最终植株枯萎，故七农也称三七根锈腐病为"黄臭七"。此病发病初期，地上部症状不明显，以后部分植株叶片逐渐发黄，严重时局部或全部枯萎。主根感病初期，可以看到针尖大小向外突起的白色小点，随着病程的延长，白色小点逐渐变为锈黄色小点或斑点，继而由浅入深，逐渐扩大汇合，最后形成近圆形、椭圆形或不规则形的黄锈色病斑。病斑边缘稍隆起，中央略凹陷，病健部界线明显。发病轻时，病斑仅限于根的局部皮层，有的病斑会干缩剥落而自愈。感病严重时病斑扩及全根，并产生斑裂，深入内部组织导致干腐。干腐组织疏松，黄锈至褐色，与健全组织有明显界限。越冬芽（鹦哥嘴）受害，芽呈黄褐色。受害轻者可出苗，但地上部分明显矮小，叶色发黄，或虽为绿色但不正常。重者翌年不会出苗，但根部不死亡，群众称它为"勩（音 yì，慢慢磨损之意）头"。其中，大部分块根可因中、后期多种病原复合侵染而同时表现锈腐和褐腐，并逐渐腐烂，采挖时仅收到残缺块根或无收获。

2）病原

三七根锈腐病主要由真菌中的毁坏柱孢菌［*Cylindrocarpon destruans*（Zinss.）Scholton］、人参柱孢菌（*Cylindrocarpon panacis* Matuo et Miyazawa）侵染引起。发病中后期还可检出腐皮镰孢菌、尖孢镰孢菌、立枯丝核菌、恶疫霉菌、茎点霉属真菌（*Phoma* sp.）、假单胞杆菌等。

（1）毁坏柱孢菌［*Cylindrocarpon destructans* (Zinss.) Scholton］

毁坏柱孢在PSA培养基上子座茶褐色，生长初期气生菌丝无色，菌落生长较稀，以后变为褐色，基质里的菌丝呈深褐色，并产生可溶性色素。分生孢子梗单生，不分枝或分枝，分生孢子着生于分生孢子梗顶端的瓶梗状产孢细胞上。分生孢子单生或聚集成团，圆柱形、长椭圆形或卵形，常具乳突状突起，无色，单孢或1～3个隔膜，偶见4个以上隔膜，两端钝圆，孢子体正直或微弯，大小为（5～45）μm×（2.5～8）μm，孢子内常形成厚垣孢子。厚垣孢子数量颇多，产生于菌丝的顶端或中央间生、单生、成串生或呈结节状，球形至长椭圆形，茶褐色，直径6～16μm。

（2）人参柱孢菌（*Cylindrocarpon panacis* Matuo et Miyazawa）

在PSA培养基上子座茶褐色，气生菌丝繁茂棉絮状，初期菌落为白色，随着培养时间的延长，菌落颜色逐渐加深，最后变为褐色。分生孢子梗分枝，无色，具隔膜；分生孢子分散或聚集成团，着生于分生孢子梗顶端的产孢细胞上。分生孢子圆柱形、腊肠形，两端钝圆，少数具有乳突，无色，单孢或具1～3个隔膜，极少数可达4～6个隔膜，大小为（11～56）μm×（2.5～6）μm。厚垣孢子数量颇多，常间生、单生或串生，球形，茶褐色，表面光滑或具小瘤，大小为（12～16.5）μm×（9.5～18）μm。产生小型分生孢子、大型分生孢子和厚垣孢子。

（3）腐皮镰孢菌（*Fusarium solani*）

详见三七根褐腐病病原。

（4）尖孢镰孢菌（*Fusarium oxysporum*）

详见三七根褐腐病病原。

（5）假单胞杆菌（*Pseudomonas maculicola*）

详见三七根褐腐病病原。

（6）立枯丝核菌（*Rhizoctonia solani*）

详见三七立枯病病原。

（7）恶疫霉菌（*Phytophthora cactorum*）

详见三七疫霉根腐病病原。

（8）茎点霉属真菌（*Phoma* sp.）

在 PDA 培养基上菌落后期呈黑色。培养基表层形成黑色球形分生孢子器，直径约 20μm；分生孢子短柱状，大小为 2.5μm×（5~7）μm。

3）病害循环

该病原可在土壤中越冬并长期存活，带病土壤中的病原可随农事操作或灌溉水扩展传播到邻近植株甚至更远。除土壤带菌传播外，三七红籽染病或育苗地带菌导致种苗带菌是主要的远距离传播途径。三七块根感染根锈腐病后，土壤中的其他病原极易对已感病的植株进行再侵染，因此，此病发展到中后期，常出现与三七根褐腐病合并发生的情况。

4）发病因素

（1）与三七龄的关系

三七锈腐病的发生随三七龄的增加而增加。

（2）与三七年生育期的关系

在三七的整个生长期均可发生，发生高峰期多在三七出苗至展叶期（3~5月）和生长后期（9~10月）。

（3）与气候的关系

三七根锈腐病高峰期出现的时间随着雨季和旱季转变期的早或迟而发生变化。雨季早则根锈腐病高峰期早，反之则晚。

（4）与海拔的关系

三七根锈腐病发生规律与海拔高低关系不密切，但中低海拔地区比高海拔地区发病率高 10.1%。可能是由于高海拔地区土壤中病原菌累积较少的缘故。

（5）与土壤的关系

三七根锈腐病在黏重土和土质较差的土壤中发病较重。

（6）与施肥的关系

三七施肥技术和施肥水平也是影响三七根锈腐病发生的一个因素，主要是施肥不当造成三七根系受损，为病原物入侵创造有利条件。

2.1.3 三七疫霉根腐病

三七疫霉根腐病是三七疫霉侵染三七根部导致的病害。三七疫霉可侵入三七根部的任何部位，常与其他病原细菌或真菌构成复合侵染。

1）症状

从根茎或茎杆基部侵入时，首先在根茎或茎杆基部上出现暗色水渍状斑，之后病斑逐渐扩大，茎杆基部的病斑可扩大下延到根部；病原从主根侵入，发病部位呈水浸状，最后形成根软腐。感病植株地上部叶片耷拉、萎蔫，似开水烫过，俗称"清水症"；地下部分大部呈暗色软腐，根皮易于搓落，内部组织稀烂，有的外皮带有菌丝，黏着附近的土粒成团。如把成团土粒掰开时，可见到稀烂状残物。植株受害后期，会因细菌的侵入而加速病部的腐烂，若仅通过肉眼观察，容易误诊断为细菌引起的根腐病，但从地上植株的症状表现仍可把两者区分出来。三七疫霉根腐地上植株表现为叶片似开水烫过，通常花梗基部和茎杆部有水浸状病斑；细菌性根腐地上部植株表现为绿色萎蔫披垂，无水浸状病斑。

2）病原

三七疫霉根腐病由恶疫霉菌 [*Phytophthora cactorum* (Leb. rt Chon) Schrot] 侵染引起。

在胡萝卜（CA）抗生素固体培养基上，病原物初生菌丝为无色，菌落呈多角形放射状，菌丝沿培养基内生长，几乎看不到气生菌丝。菌丝形态简单，粗细均匀，生长中前期无隔，老熟后偶尔可看见隔膜，分枝较少，宽 $2\sim 6\mu m$。在液体培养基中培养后，用土壤浸出液培养易获得大量的孢子囊，孢囊梗简单合轴分枝，宽 $2.0\sim 2.5\mu m$；孢子囊顶生，球形和卵形，基部圆形，$(29\sim 59)\mu m \times (24\sim 40)\mu m$，平均 $43.1\sim 33.2\mu m$，长宽比值为 $1.3\sim 1.5$，平均为 1.4，有 1 个明显乳突，高 $(4.0\pm 0.5)\mu m$；孢子囊成熟后易脱落，孢子囊柄短，$1.5\sim 4.2\mu m$；游动孢子肾形，$(9\sim 12)\mu m \times (7\sim 11)\mu m$，鞭毛长 $11\sim 21\mu m$。休止孢子球形，直径 $9\sim 12\mu m$。藏卵器在 CA 培养基上能大量产生，球形，直径 $23\sim 35\mu m$；雄器近球形或不规则形，侧生，$(5.5\sim 14.5)\mu m \times (6.0\sim 13.0)\mu m$。成熟的卵孢子球形，浅黄褐色，直径 $11\sim 32.5\mu m$，壁厚 $2.7\sim 4.5\mu m$，近满器。恶疫霉菌寄主广泛，除危害三七外，可引起多种植物的根腐、猝倒，是经济植物的一种重要病原物。

3）病害循环

病原卵孢子可在土壤中存活数年之久，是病菌进行初侵染的主体。游动孢子可直接侵染三七根、叶片、叶腋，是再侵染的主要菌源。接触传播是土壤中三七疫霉根腐病扩展蔓延的主要方式。三七根部的各种伤痕都可使三七疫霉根腐病情加重，发病率提高。

4）发病因素

此病常在多雨季节发生，一般早春阴雨或晚秋低温多雨均易诱发此病。七园通风透光不好，土壤板结，植株过密有利此病的发生和蔓延。

该病以菌丝体和卵孢子在三七病残体和（或）土壤中越冬，尤其是卵孢子可在土壤中存活数年之久，是病菌初侵染的主体，是累积性病害的主要侵染源。三七是多年生宿根草本植物，一般3年采收，由于卵孢子累积性增多，导致三七疫病逐年加重。轮作间隔年限越长，发病率越轻，反之则重，两者相关系数达 -0.946 1。

三七疫霉根腐病病原菌的营养生长起始温度是5℃，最高温度为32℃。在12℃以上时生长速度有所加快，多数地区的菌种在20℃以上时生长速度更快，24～26℃平均日生长量最大，但不同地区菌株的最佳生长温度有所差异。文山地区三七疫霉根腐病病菌的最适温度为22～28℃。

七园荫棚透光率增加，三七疫霉根腐病发病程度加重，反之则减轻，二者之间的相关系数（R）达到0.8749。

三七疫霉根腐病多发生于海拔1300～1650m地区，且集中于凹地或排水不良的地块上。疫霉根腐病发生高峰期集中在三七出苗展叶期（3～6月）、生长后期（9～10月），发病程度与降雨有密切关系。若三七出苗期间降雨过多，或9～10月雨量增多（即农历9月初至中旬降雨，七农俗称"烂土黄天"），同期内三七疫霉根腐病的发生将会趋于严重。

七园应施用腐熟的农家肥和有机肥，多施钾肥和磷肥，少施氮肥，勿用激素、硝酸铵。施用激素、硝酸铵会导致七园发病率增加。

2.1.4 三七立枯病

三七立枯病是三七幼苗期的一种重要病害，在文山三七产区的不同海拔地区均有发生，常年发病率4%～15%，严重者可造成三七种苗成片枯萎死亡。

1）症状

病原以侵染种苗假茎（即复叶柄）基部与土壤接触的部位为主，即在距离表土层3～5cm的干湿土交界处。初期感病部位出现黄褐色针状小点，以后扩展呈水浸状条形病斑，病斑逐渐变为深褐色，并且表皮出现凹陷，感病部位失水缢缩，地上部逐渐萎蔫，幼苗折倒枯死，七农又称为"干脚症"。病原也能危害二年生、三年生三七的根部，多发生于三七出苗期间天干少雨的年份，主要侵染幼苗基部与芽接触的部位（七农俗称为"烂芽"），感病部位多呈菱形或三角形黄褐色病斑，地上部幼苗逐渐发黄枯死。

2）病原

三七立枯病由立枯丝核菌（*Rhizoctonia solani* Kuhn）侵染引起，病菌的有性阶段为瓜亡革菌[*Thanatephorus cucumeris*（Frank）Donk.]。

在 PDA 培养基上，菌落平展，白色。菌丝生长初期无色，宽 $2\sim3\mu m$，直角分枝，分枝处缢缩，附近有隔膜。后期菌丝淡黄色；有的菌丝细胞膨大似桶状，扭结成菌核。菌核卵圆形，深褐色或棕褐色，直径 $2\sim3mm$。

3）病害循环

三七立枯病病原菌是典型的土传真菌，能在土壤植物残体及土壤中长期存活。病原菌菌丝在罹病的残株上和土壤中腐生，又可附着或潜伏于种子、种苗上越冬，成为翌年发病的初侵染源。条件适宜时，菌丝可在土壤中扩展蔓延，反复侵染。引种或移栽带菌的种子、种苗是本病传播到无病区的主要途径，而施用混有病残体的堆肥、粪肥，或在带菌七园种植，则是病害逐渐加重的主要原因。在七园内，病菌还可借流水、灌溉水、农具和耕作活动传播蔓延。

4）发病因素

三七苗期的气候条件是影响三七立枯病发生的主导条件，每年 4～5 月土壤低温高湿、出苗缓慢，幼茎柔嫩，易受病原菌侵染。虽然立枯丝核菌属于低温菌，但其发病的温度范围较广，一般在土温 10℃左右即可侵染，最适温度为 18℃左右。在多雨、土壤湿度大时，极有利于病原菌的繁殖、传播和侵染，有利于病害的发生。

三七立枯病是以土壤传播为主的病害，因此它的发生发展受土壤及耕作栽培条件的影响很大。在三七重茬地块，病菌在土壤内不断积累，发病加重；七园地势低洼，排水不良，易造成园内积水，土壤湿度增大，病害则加重；土质黏重，土壤板结，地温下降，使幼苗出土困难，生长衰弱，立枯病严重。深翻和管理精细的七园，植株生长旺盛抗病力强，发病轻。出苗后及时调节遮阳网密度，保持七园 8%～15% 的透光率为宜。缺乏营养及营养失调也是促成三七感病的诱因，如在缺钾土壤内，三七立枯病就比较重。偏施氮肥有促进病害发展的趋势，而氮、磷、钾和微量元素合理搭配施用，有利于减轻病害，提高产量。

2.1.5 三七猝倒病

三七猝倒病是三七幼苗期的又一种重要病害。文山地区常年发病率5%～20%，个别严重的七园达30%以上。三七猝倒病发病初期，苗床上只有少数幼苗发病，几天后，以此为中心逐渐向外扩展蔓延，最后引起幼苗成片倒伏死亡，二年生三七苗期受害则引起三七烂芽。

1）症状

病菌可以危害不同年生三七，但以一年生三七幼苗期间危害较为严重。病原主要危害近地面的假茎基部。种苗感病初期，三七幼茎感病部位呈水浸状暗色病斑，病斑很快扩大，病部缢缩变软，感病后期植株倒伏死亡；倒伏时三七叶片仍然为绿色，因此又称为猝倒病（彩图8）。若湿度较大，感病部位可清晰地看到稀薄的白色霉状物。二年生以上三七感病部位多在茎杆基部和芽部；病部组织呈水浸状缢缩。三七猝倒病与三七立枯病症状区别：前者感病后病部缢缩变软，并倒伏，地上部仍呈绿色；后者感病后病部失水缢缩不变软，不倒伏，地上部因输导组织病变而叶片变黄，最后逐渐枯萎。

2）病原

三七猝倒病由刺腐霉菌（*Pythium spinosum* Sawada）侵染引起。病菌在玉米培养基上菌落为白色，菌丝初期无隔，后有隔，宽 2.57～7.20μm。藏卵器球形，常顶生，偶间生，大小为 12.85～17.99μm，具突起。雄器棍棒形，与藏卵器同丝生或异丝生，大小为 4.63～7.71μm。

3）病害循环

病菌以卵孢子或菌丝体在土壤、病残体中越冬，翌年产生孢子囊，由孢子囊释放出游动孢子。病原菌为兼性寄生菌，既可营寄生生活也可营腐生生活。侵染三七幼苗时，造成幼苗发病猝倒。田间再侵染主要靠病菌上产生孢子囊以及游动孢子，借灌溉水或雨水飞溅附着近地面的根茎上引起。施用带菌肥料、移栽等农事活动也可传播病菌。

4）发病因素

三七猝倒病发生程度的主要影响因素是土壤温度、湿度、光照及七园管理水平。土壤温度低于15℃，湿度过大（低温、高湿），光照不足，导致幼苗长势较弱，较易患病。特别是连阴、连雨、连雪的恶劣天气则三七猝倒病发展极快，易引起成片死苗。苗期管理不当也常为病害发生提供条件，如播种过密、大水漫灌、保温放风不当、幼苗徒长、受冻等。此外，地势低洼、排水不良和黏重土壤及施用未腐熟堆肥，也容易发病。

2.1.6 三七细菌性根腐病

三七细菌性根腐病在三七生产中较为少见，多因七园低凹潮湿或施肥不当引起。病害具有发病急、扩展快、病程短的特点。发病后期常与其他病原共同构成复合侵染。由于植株感病后叶片仍保持绿色，仅向下披垂，故七农将其称为"绿臭"。

1）症状

病菌侵染根茎（羊肠头）与芽基结合部位时，初期出现褐色水渍状斑点，继而呈角状向上蔓延，最终茎杆中间髓部腐烂造成茎基部中空。若须根感病，则须根先腐烂，进而扩展至块根。块根感病后，病部表皮颜色变暗，湿度大时可看到白色菌浓；地上部表现为三七植株急性萎蔫，即三七地上部叶片呈绿色，叶片突然萎蔫披垂。后期块根组织崩溃腐烂，形成湿腐，此时可在腐烂的块根上看到灰白色菌浓，闻时有臭味。

2）病原

三七细菌性根腐病主要由假单孢杆菌（*Pseudomonas* sp.）侵染引起。病菌在肉汁胨培养基上生长良好。菌落圆形，灰白色，略凸起，有光泽，边缘整齐，半透明；湿润光滑，不产生荧光色素。细菌呈杆状，单生或对生，大小为（0.4~1.0）μm×（1.2~3.8）μm，革兰氏染色呈阴性，运动，具1~6根极生鞭毛。好气性，不产芽孢。氧化酶、接触酶及硝酸还原阳性反应。烟草过敏反应为延迟黄斑反应，病菌能够引起马铃薯软腐。

3）病害循环

假单孢杆菌主要存在于土壤及植物病残体中，带病种苗是主要的传播途径之一。通过土壤、灌溉水传播，尤其是雨季雨水传播。土壤黏重，排水性差，形成内涝，根系厌氧受损或其他病菌侵染，易于形成复合侵染，病害加剧。

4）发病因素

通常情况下，移栽种苗的根茎、芽、侧根等根系会受到不同程度损伤。若根系损伤不重，且受损部位不与病原接触，或种苗经过药剂处理，则植株本身可在病部形成愈伤组织，使受损部位伤口愈合，能避免病菌的侵染。但是，当损伤的根系处在一个通透性较差，排水不良的土壤环境中时，必然会受到病原的侵害，因此，感病植株常出现在地势低凹、土壤湿度大的七园中。另外，过量施肥、施用未腐熟的农家肥也会因烧根而导致病菌的侵染为害。生产上因施肥不当造成"绿腐"的情况时有发生。

2.1.7 三七根结线虫病

1988 年董弗兆所著《云南三七》的有关病害部分记述了三七线虫病。1997 年胡先奇等报道云南昆明的晋宁县七园发现三七根结线虫病，经鉴定为北方根结线虫（*Meloidogyne hapla* Chitwood）。1999 年陈昱君等首次在文山州马关县八寨乡发现该病，且发病率达 100%，经鉴定病原为北方根结线虫。2000 年以来，该病相继在文山古木、砚山江那、马关马鞍山、丘北八道哨、红河蒙自冷泉等发现，发病范围逐年扩大，且有迅速蔓延的趋势。从目前调查的情况看，前作一般为烤烟、辣椒、番茄等茄科作物为主。凡是感染三七根结线虫的七园，发病率都在 80% 以上，严重者达 100%。

1）症状

三七根结线虫病（彩图 9）主要引起三七地下部分根系畸变，以侧根和须根易受害，即在植株的大、小支根上，形成肉眼可见的小米粒至绿豆大小的近似圆球形的根瘤或根结。根瘤上长出许多须根，须根受侵染后又形成根瘤（彩图 10～彩图 13）。经此反复多次侵染，根系形成根须团。感病程度轻的植株地上部分表现不明显，较重者植株营养不良、矮小、茎叶发黄、叶片狭小，品质劣变。将发病的根瘤解剖后，发病组织较疏松，病组织中央可看到浅红色小颗粒，将小颗粒捣碎后经显微观察，可见根结线虫和卵。

2）病原

三七根结线虫病是由北方根结线虫（*Meloidogyne hapla* Chitwood）寄生引起。雌虫会阴花纹弓低，略带圆形，有的花纹可向一侧或两侧延伸成翼状，近尾尖处有刻点，近侧线处具短而无规则的分叉线纹。雄虫口针细短，背食道腺开口至口针近基部球底部距离为 6.0～9.5μm。幼虫有钝而分叉的尾部，2 龄雄虫体长 1150～1500μm（平均 1300μm），口针长 17.5～24.0μm（平均 20.5μm），2 龄雌虫体长 385～490μm（平均 435μm）。雌虫产卵尾端的胶质卵囊中，1 龄幼虫在卵内发育，2 龄幼虫侵入寄主后固定取食，3 龄幼虫开始雌雄分化；雌虫身体逐渐变出，经两次蜕变后变成雌成虫，雌成虫交配或不交配均可产卵。各种酯酶（EST）和苹果酸脱氢酶（MDH）的特征酶带及迁移距离与北方根结线虫一致。

3）病害循环

2龄幼虫从植物根冠上方侵入幼根，并在没有分化的根细胞间移动，最后内寄生于中柱与皮层中生长发育。2龄幼虫在寄主体内固定取食后不再移动，经几次蜕皮后变成成虫。雄虫从根部钻出进入土壤，雌成虫产卵于卵囊中。根据雌虫位置，卵可产于根组织内部或外部。卵可立即孵化，也可越冬后孵化。孵化后的2龄幼虫可以在同一根上引起再侵染，也可再侵染同一植株其他根，或侵染其他植株。

北方根结线虫以2龄幼虫、卵囊中卵块和病残体根结中的雌成虫在土壤和粪肥中越冬。土壤中以3～10cm土层中线虫最多。病土和灌溉水导致线虫在田间的近距离传播和蔓延。种子、种苗的调运和块根销售是线虫远距离传播的主要途径。

线虫在根部内寄生后，口针不断穿刺寄主细胞，并分泌唾液，引起寄主皮层薄壁细胞过度生长，形成巨型细胞，并导致周围细胞壁的分解，细胞核异常和细胞质组成发生分化。同时，线虫头部周围的细胞加速分裂，过度增生，随着根的膨大，形成明显的根结。根组织中碳水化合物、果酸、纤维素和木质素等物质减少，而蛋白质、游离氨基酸、RNA和DNA等物质增加，疏导结构被破坏并变畸形，赤霉素和细胞激素运输减弱，水分和营养物质运输受阻。

北方根结线虫与其他病原菌形成复合侵染，加重病害。如下的1种或几种与线虫形成复合侵染。细菌中的假单胞杆菌、真菌中的腐皮镰孢、腐皮镰孢根生转化型、尖孢镰孢、蔗草镰孢、细链格孢、人参链格孢、槭菌刺孢、线虫中的小杆线虫（*Rhabditis elegans* Maupas.）等。

4）发病因素

病害的发生、流行与土壤、耕作制度及温湿度等因素有关。

（1）耕作制度

三七的生物学特性决定三七属于多年宿根植物，且线虫病害属于累积性病害，感病寄主连作年限越长，病害越重。

（2）土质

根结线虫好气。因此，地势高，含水量低，土质疏松，含盐量低，中性砂质土壤为宜。潮湿黏重，结构板结的土壤不利线虫的生长和繁殖。

（3）温湿度

土壤温度主要影响线虫卵和幼虫的存活。北方根结线虫的生长发育温度为 20～25℃，20 天即可完成 1 个世代。耐寒性强，卵块在 0℃可存活 90 天，幼虫在 0℃时 16 天仍具侵染力。冬季线虫处于越冬状态，翌年气温回升，线虫开始侵染寄主。三七种植区气温适宜，根结线虫的发生世代多，危害时间长，再侵染频繁，且世代重叠，群体密度大，危害重。一般土壤相对湿度为 40%～80% 时较适宜线虫活动。

2.1.8 根部病害防治

三七根部病害是典型的土传病害，致病原因复杂，病原众多，仅靠某一单项措施难以收到很好的防治效果，故在防治上应采取在加强检疫的前提下，采取农业防治、物理防治、生物防治和化学防治等综合治理的措施，从各个环节上严格把关，方可取得理想的防治效果。

（1）植物检疫

主要针对三七根结线虫病。种苗调运是该病远距离传播的主要途径。为此，严禁病区的种子、种苗（籽条）和块根向新区或无病区调运是控制三七根结线虫病扩散蔓延的主要方法。在种苗或块根调运过程中，一旦发现根结线虫病，必须立即销毁，并对发病七园进行彻底的无害化处理。

（2）农业防治

①认真选地　是防治三七根部病害最有效和最基础的一项措施。可选用具有一定坡度，未种过三七或已间隔 8 年以上的缓坡地作为种苗繁殖地，为培育无病或少病的种苗奠定基础。种苗移栽时，要选择具有 8～10 年间隔年限的缓坡地，选择土壤 pH 值为 5.6～7，土质较为疏松、富含有机质的壤土或砂壤地块。若受土地限制，选用间隔年限较短的地块种植时，则须与其他措施密切配合，创造不利于病原繁殖侵染的环境，提高土地利用率，减少投入成本。

②实行轮作　轮作能使病情显著减轻，最好与禾本科作物轮作。水旱轮作是最经济有效的土壤生态改良措施，有条件的地块，实施水旱轮作或者淹水 150～250 天，能很好地抑制需氧微生物的繁殖和生长，从而减少病原累积，减轻根部病害的发生。对于三七根结线虫病，还应选择无线虫发作史的田块种植，避免选取前作为烟草、马铃薯、番茄、辣椒等茄科植物的地块作七园。

③培育和选用无病壮苗　由于根病可通过种苗带菌进行远距离传播，故培

育、选用无病壮苗成为防治根部病害的关键。要做到育苗前把好选种关,即要选用色泽正常、饱满无病、无损伤的种子做种;育苗中要把好生产管理关,即在整个种苗生长期间,既要保证种苗生长所需各种营养元素及水分需求,又要注意不因操作管理失误使种苗生长不良,避免和减轻各种病虫的危害。种苗移栽前要进行种苗的精选、分级,要选择芽苞饱满健壮、无损伤、无病斑的种苗进行移栽。

④加强田间水肥管理 土壤水分是影响三七根病发生的一个重要生态因子。一般要求湿度保持在25%～30%之间为宜,低于17%和高于40%,都对三七生长不利,易引起根病。地势低凹、排水不良的三七种植地和前期干旱持续过久,后期浇水后易感染各种根病的原因。因此,注意抗旱排涝,避免七园忽干忽湿。作为预防措施,要做到旱季勤浇水,使土壤保持一定湿度;雨季勤排涝,避免湿度过大。雨季排湿可通过打开园门,疏通沟道的方法,做到雨停水干,园内无积水。

施肥不当也是造成三七根病发生的主要原因。应对肥料进行合理搭配施用,做到不偏施氮肥,适当增施钾肥和有机肥,避免因氮肥施用过多引起三七徒长而降低抗逆力。另外,在施肥过程中可采用少量多次的施肥方法和测土配方施肥技术,避免施肥过量引起"烧根",增加病原的侵染概率。在三七出苗至展叶期需要进行施肥时,施肥后的3天之内尽量不要浇水,若施肥后立刻浇水,可造成短期内土壤肥液浓度过大,易对三七的根系造成伤害而引发各种根病。

⑤调整荫棚透光度 根据三七不同生长期对光照的要求不同,要及时调整适宜的荫棚透光度,避免荫棚透光度过强或过弱。一般三七对透光率要求为一年生三七8%～12%,二年生三七12%～15%,三年生三七15%～20%,只要掌握好,就可为三七的生长创造有利条件,提高三七植株对病菌侵染的抵抗力。

⑥加强田间管理 加强田间管理是预防三七根病不可缺少的措施。冬季管理:及时清除病株或病根,清除病根的病穴用石灰或药剂消毒土壤,保持土壤水分,修整七园。春季管理:前期主要是抗旱保湿,浇水时要防止忽干忽湿。出苗期要认真检查根病发生情况,后期还要注意地上部病害如三七黑斑病、三七圆斑病的发生和防治,以防延及根部,发现病株应及时处理。夏秋管理:云南省多数年份雨季较集中,夏秋湿度较大,所以首先要做好排涝排湿工作。

(3) 生物防治

施用地福来和沃益多微生物肥,增施花椒饼肥,能有效降低根结线虫的发生量；3%阿维菌微囊悬浮剂120倍液灌根，隔7～10天1次，连续2～3次，也能取得较好的防治效果。

（4）物理防治

三七根结线虫病的物理防治主要采用热力处理，如地膜覆盖、深翻晒土使用最为广泛、有效。在50℃条件下，根结线虫代谢活动基本停止，甚至死亡。利用深翻晒垡、夏季黑地膜覆盖杀伤线虫，效果较好。

（5）药剂防治

①土壤熏蒸消毒处理

大扫灭（上海市农业科学院植物保护研究所研制）或必速灭（德国巴斯夫公司生产）对土传生物如土壤真菌、细菌、线虫等病原和发芽的杂草等均有良好杀灭效果。

使用方法：整平地后均匀撒施大扫灭粉剂或必速灭颗粒剂20g/m^2，立即翻动土壤深至20～30cm，浇透水然后覆膜压实，7～10天后揭膜，松土3～4次，10天后种植三七。处理过的土壤是一种无菌状态，所以堆肥一定要另外消毒，可用100～200g大扫灭或必速灭处理一立方米的堆肥。消毒堆肥时，将堆肥整平成20～30cm厚，撒上相应用量的大扫灭或必速灭，翻动均匀，然后覆膜，7天后揭膜，翻动2～3次。

消毒过程应注意如下方面。

翻土：大扫灭或必速灭撒布在土壤的表面后，必须将药剂立刻深翻至消毒的土壤深度20～30cm，打碎大的土块，为大扫灭或必速灭分解气体的扩散和渗透提供一个良好的条件。

浇水：为保证药剂能够在短期内迅速集中分解，撒施药剂后要浇一次透水。以后土壤的含水量要达到饱和持水量的70%以上，并让这一合适的含水量保持7～10天。

覆盖地膜：紧贴土壤表面盖上地膜，薄膜周围压实，不能漏气，此时大扫灭或必速灭气体开始对土壤进行熏蒸消毒，若漏气则影响熏蒸效果。

通风透气：熏蒸7～10天后，揭开薄膜通风透气10～15天，通风期间要松土3～4次。让土壤中的毒气充分散尽后方可种植三七。

②土壤药剂消毒处理

64%杀毒矾可湿性粉剂50g+70%敌克松可湿性粉剂45g+清水15kg或黄腐酸盐50g+70%敌克松可湿性粉剂50g+清水15kg，在三七播种或移栽前作厢面喷雾，每 15kg 药液喷施 80m²。

可用 50% 多菌灵可湿性粉剂、65% 代森锰锌可湿性粉剂各 7～8g，或 70% 敌克松可湿性粉剂 4～5g 与半干的细土 6.5～7.5kg 拌匀，做播种或移栽时 1m² 的垫土和盖土。

苗床可用 50% 多菌灵可湿性粉剂或 50% 福美双可湿性粉剂，或 40% 拌种双可湿性粉剂，每平方米用药量 6～8g。施用时先将药称好，然后用适量细砂土混合拌匀即成药土，部分药土于播种前撒于播种穴内，剩下部分播后覆盖种子。

对于三七根结线虫病，可以利用线虫必克微粒剂 1.0～1.5kg/亩、10% 噻唑膦颗粒剂 1.5～2.0kg/亩、10% 万强颗粒剂 1.5～2.0kg/亩或 3% 米乐尔颗粒剂 4.0～6.0kg/亩，以上药剂单独使用，不能混用。穴施、沟施或与土壤混合撒施，可以有效预防三七根结线虫病。防治剂则可以采用 30% 除虫菊素溶液和 1.8% 阿维菌素微乳剂制成混剂，能有效杀死线虫。

③种子、种苗药剂处理

65% 代森锰锌可湿性粉剂 (500 倍)+40% 乙磷铝可湿性粉剂 (100 倍) 的混合液浸苗 15～20 分钟，适当加入 30% 噻森铜悬浮剂、25% 青枯灵可湿性粉剂等杀菌剂，对控制中后期病原细菌导致的复合侵染具有很好的防治效果。

用 50% 福美双可湿性粉剂 800 倍液 +20% 叶枯宁可湿性粉剂 600 倍液浸种 10～15 分钟。

50% 多菌灵可湿性粉剂 +65% 代森锰锌可湿性粉剂各 1 份制成复配药剂，用种子（苗）重的 0.3%～0.5% 的药量拌种（苗）。拌种（苗）在播种或移栽后要及时浇透水一次。

用 40% 拌种双可湿性粉剂 1 份 +20% 叶枯宁可湿性粉剂 1 份或 50% 福美双可湿性粉剂 1 份 +20% 叶枯宁可湿性粉剂 1 份，充分混合后按种药比为 100：0.5 进行拌种移栽。拌种（苗）在播种或移栽后要及时浇透水一次。

用复合生物菌剂根腐消或百抗菌剂按种药比 100：0.8 进行拌种或拌苗后播种或移栽。根腐净和百抗菌剂是活体生物菌剂，要注意不能与其他化学杀菌剂同时混用，否则会降低使用效果。化学药剂可在施用生物菌剂 7～10 天后再用。

用 37.5% 菱福双（卫福）悬浮剂按 10mL：100kg，于播种前 1 天包衣，对三七根病也具有较好的防治效果。

④生长期药剂处理

在生长期的发病初期，可以用以下药剂进行防治：4% 农抗水剂 500～600

倍液；50%瑞毒霉锰锌可湿性粉剂500倍液；64%杀毒矾可湿性粉剂500倍液；72.5%普力克水溶性液剂700～800倍液；50%多菌灵可湿性粉剂600倍液。在这些药剂中任选1种，每7～10天喷1次，连喷2～3次，交替使用效果更佳。也可在发病前，用石灰粉与草木灰以1:4的比例混合均匀，每亩七园撒施100～150kg，防病效果良好。

2.2 三七地上部病害

2.2.1 三七黑斑病

三七黑斑病是我国三七生产中主要的病害之一，分布广，危害重。早在1964年就大面积发生过，至今仍未得到有效控制。一般发病率为20%～35%，严重时达90%以上。近年来，随着规范化种植和常见病虫害综合防治的宣传、培训，该病常年的发病率在5%～20%之间，严重时高达60%以上，该病扩展蔓延趋势减缓。

1）症状

三七植株的地上、地下任何部位，如根、根茎、芽、茎、叶、大小叶柄、花轴、果实、果柄等均能被侵染，但以茎、叶、花轴、果柄的幼嫩部受害严重（彩图14～彩图16）。茎、叶柄、花感病，多发生于近茎顶、茎基部、叶柄轮生处或花轴，初呈针尖大小的褪色病斑，继现近椭圆形浅褐色病斑，以后色泽逐渐加深，并向上下扩展，病斑凹陷并产生黑褐色霉状物，严重时扭折而枯萎。七农按其受病位置的不同，称呼也不同：发病部位在茎杆中下部的称"黑杆瘟"；茎基部的称"烂脚瘟"；花轴的称"扭脖子""扭盘"。如叶部受病，多由叶尖、叶片边缘产生近圆形或不规则形水浸状褐色病斑，以后逐渐扩大，病斑中部色泽显淡，干燥时病斑易破裂甚至穿孔。但在潮湿的环境下，病斑则扩展快，达全叶1/3～1/2，叶片即脱落。无论是在干燥或潮湿的情况下，病斑中心均产生黑褐色霉状物。若果实感病，表面先出现褐色斑点继则凹陷，果皮渐渐干瘪而发黑，成为"干籽"或"黑果"。如越冬芽、根茎和根部受害，常产生水浸状黑褐色病斑，并会与其他病原一道共同对芽部和块根构成复合侵染而导致根褐腐。

2）病原

三七黑斑病由人参链格孢菌（*Alternaria panax* Whetzel）侵染引起。该病菌除为害三七外，还可危害人参、西洋参、鹅掌柴、八角金盘、刺五加、黄漆木、辽东楤木等五加科植物，同样引起黑斑病。

病原分生孢子形态（彩图17）因营养基质的不同存在差异。在三七上产生的分生孢子梗2～16根，丛生，褐色，顶端颜色较淡，基部细胞稍大，不分枝，直或弯折，1～5个隔膜。分生孢子喙长，通常为单生或2～3个串生，长椭圆形或倒棒形，黄褐色，褐色，直或微弯。具细长的嘴喙，色稍淡，不分枝，孢身至嘴喙逐渐变细，孢身具3～15个横隔膜，0～9个纵隔膜，大小为（32～96）μm×（12～24）μm。在PDA培养基上，菌落初期白色，后期灰黑色，气生菌丝发达。分生孢子梗单生或簇生，有横隔，直形或曲折，呈曲膝状，有隔。分生孢子单生或2～3个串生，浅褐色至深褐色，长椭圆形或倒棍棒状，具有较短的喙。分生孢子具纵横隔膜，呈砖格状，隔膜处略收缩。大小为（13～91）μm×（13～39）μm，具有横隔1～8个，纵隔0～5个。喙长7～39μm，平均20μm。分生孢子体总长26～118μm，宽13～39μm，平均25μm。

三七是多年生宿根性喜阴植物，带病种子和种苗是苗圃和新开七园初侵染源，而残存在七园内病残体及土壤带菌是主要侵染源。以分生孢子及菌丝越冬后翌年病菌在平均气温15℃，相对湿度70%的条件下便萌发侵染植株。借浇水、风吹、雨淋、昆虫、农事操作等因素传播，多次循环侵染。如七园内温度高，湿度大，植株过密隐蔽，施肥不当，三七棚透光稀密不均，就会导致病害蔓延加速，病害暴发。

在文山大部分地区，三七黑斑病始见于5月上旬，部分地区始见于4月下旬；病害发生末期因环境不同而有差异，中海拔地区主要集中在9月下旬、10月上旬，高海拔地区主要集中在10月中旬。文山地区黑斑病有三个发病高峰期，分别集中在每年的5月、7月中旬～8月下旬、9月中、下旬。每个发病高峰期可随当年气候变化、初次降雨时间而前移或后延5～10天。以7月中旬～8月下旬出现发病的概率最高。

三七采收要3～5年，病菌累积越来越严重，导致严重的连作障碍和三七主产区无地种三七的境况。

3）发病因素

三七黑斑病的流行与病原、天气、栽培技术等条件关系密切。七园内温度高，湿度大，植株过密，施肥不当，荫棚透光稀密不均，病害蔓延快，危害加重。一般3月出苗期就有病害发生，4～5月遇上高温干燥气候不利于发病。在平均气温18℃以上,病害潜伏期为7天,随气温、湿度增高,潜育期相应缩短3～5天。7～9月高温多湿的雨季病害达到高峰,10～12月低温干燥,病情明显下降。

黑斑病的发生与降雨关系密切。当日均温在18℃以上,空气相对湿度达65%以上,即持续2～3天小雨天气或日降雨量达15mm以上时,黑斑病即可发生,并且发病率随降雨量和降雨次数的增加而增加。每年的3～4月气温虽然回升较快,但由于降雨量小,七园内空气相对湿度较低,黑斑病不易发生。10月以后则因降雨量减少,气温降低,不利于病菌生长发育,进入越冬状态而停止为害。

荫棚透光率的影响。三七是典型的阴生植物,需在荫棚条件下栽培,一般二年生三七透光率在10%～15%之间,三年生三七在15%～20%之间,即可满足三七植株生长所需光照强度。若荫棚过稀,透光率超过了三七植株生长所需,除导致叶片发黄,出现日灼病等生理性病害外,三七黑斑病的发生也随之加重。无论是二年生三七还是三年生三七,三七黑斑病发病率与荫棚透光率均呈正比关系,说明病原孢子的萌发、生长需要一定的光照,若满足其所需,一旦温、湿条件具备,三七黑斑病即可加速流行。

三七黑斑病的发生因不同三七龄而异,三七龄越小受害越重。说明幼嫩的植株易受病菌的侵染,原因可能是幼龄三七表皮细胞较薄,菌丝体容易穿透扩展的缘故。随着三七龄的增长,胞壁逐渐变厚,植株对病原菌的抵抗力也随之增强,故各龄期三七发病率表现为:一年生三七＞二年生三七＞三年生三七。

不同生长类型的三七植株感病程度不同,发病率表现为:三类苗＞二类苗＞一类苗,说明生长瘦弱的植株更易遭受三七黑斑病病菌的侵染危害。因此,加强七园栽培管理,培育健壮三七苗也是控制三七黑斑病及其他病害的重要措施,应引起七农的重视。

4)防治

(1)农业防治

①荫棚透光均匀 根据三七黑斑病发生与降雨和园内光照强度关系较为密切的特点,在三七的生长过程中若需对七园荫棚透光度进行调节,必须做到荫棚透光均匀,不能有明显的空洞;老七园在雨季到来之前要进行修补,避免有空洞的地方成为三七黑斑病的最初发病中心。

②选用无病种子、种苗 为防止种子、种苗带菌传播,应把好育种选苗关。对种子的筛选,应在采摘红籽时,选用果皮色泽鲜艳、饱满无病的红籽做种;

种子储藏期间也要注意防病防虫，避免种子被病菌污染。筛选种苗时，应选择健壮无病、无损伤、根系发育良好的种苗（籽条）移栽。

③严格选地　七园一般宜选生荒地，忌连作，尤其与花生连作，可与非寄生作物如玉米等轮作3年以上，以减少田间病原数量。

④加强七园管理　在三七黑斑病的发生季节里，要勤查七园，一旦发现病株，要及时清除，集中深埋处理。雨季要勤开园门，通过空气流动，降低园内湿度，创造不利于病害发生的环境。

⑤合理施肥　氮肥施用过多，会导致三七植株徒长而抗逆性降低。因此施肥应做到均衡合理，不偏施氮肥。三七是块根植物，对钾肥的需求量略高于其他作物，可适当增加钾肥施用量，以提高三七植株的抗逆性。

⑥规范农事操作　七农在七园管理过程中，应规范农事操作，如由传统的边拔草边捡病残体的习惯，改为捡病残体与拔草程序分开，这样可以减少或避免病害的人为传播。

（2）化学防治

①种子、种苗处理　无论是种子还是种苗，播种或移栽时有必要进行种子或种苗的药剂处理。可用40%菌核净可湿性粉剂400倍液、50%瑞毒霉锰锌可湿性粉剂500倍液浸种或种苗15～20分钟，或用65%代森锰锌可湿性粉剂按种子重量0.2%～0.5%拌种后播种或浸苗移栽。

②药剂处理　可用以下药剂单独施用或选择两种混合施用：10%宝丽安（多氧霉素）可湿性粉剂1000～1500倍液；65%代森锰锌可湿性粉剂500倍液；3%多抗霉素可湿性粉剂100～200倍液；10%世高水水散性颗粒剂2000倍液；40%菌核净可湿性粉剂600～800倍液；50%速克灵可湿性粉剂1200倍液。

为避免病原对药剂产生抗药性，一年内药剂种类尽量避免重复。植株开花和幼果期，花序、幼果对化学药剂比较敏感，此时选用多抗霉素较安全，不易产生干花现象。

2.2.2　三七圆斑病

三七圆斑病是一种毁灭性的病害。20世纪90年代初在文山市乐诗冲首次发现该病，据陈树旋等报道，1993年此病仅零星发生，1994年文山州三七圆斑病发生面积330hm^{2}以上，平均损失超过3万元/hm^2，总计损失一千多万元。据调查，在海拔1700m以上的三七产区，因三七圆斑病造成的损失占整个三七生长过程中各种病害造成损失的30%～40%，严重的七园可达70%以上。1999年，80%以上的七园遭受不同程度的危害。2001年因受降雨量增加和雨季持续时间长的影响，全州三七圆斑病发生面积已达667hm²以上，引起的损失平均超过30 000元/hm²，6～7月采挖的三年生三七直接经济损失达1000多万元，二年生三七经济损失500多万元。经多年对三七圆斑病的生物学特性、药物筛选和防治研究，目前该病已得到了较好的控制。

1）症状

三七圆斑病病原菌可以危害三七植株的各个部位（彩图18～彩图23），在各龄期三七植株上均有发生。叶部病斑一般由伤口侵染或叶背面气孔侵入，初期为黄色小点，潮湿或连续阴雨，小点迅速扩大，呈水渍状，叶绿素褪去形成透明状圆形病斑，七农称之为"鱼眼珠斑""麻子病"，直径为5～10mm。病害发展速度快，从发病到叶片脱落仅1～2天。若天气晴朗，空气较干燥时，发病速度减慢，形成较大病斑，但一般直径不超过20mm，病斑圆形褐色，有明显轮纹，病健交界处可见黄色晕圈，最后病斑合并腐烂。潮湿环境下病斑表面生稀疏白色霉层。小叶柄和复叶柄受害后呈暗褐色水渍状缢缩，脱落。茎杆受害时，感病部位呈褐色，但不造成扭折，发病后天气晴朗时受病部位有裂痕，轻触茎杆即从受病部位折断。芽部和幼苗茎基部受害时，发病组织表皮为褐色，茎基部发病部位凹陷，中央为黑色，但在病健交界处一般呈黄色，在土壤潮湿和厢草较厚时受病部位呈玫瑰红色。根茎和块根受害时，受害部位的表皮一般呈褐色，发病组织较干，剖开发病组织在肉眼下可以看到像炭一样的黑色小点和黑色小块，即厚垣孢子。在块根受害中后期，其他病原可从受病部位侵入，构成复合侵染而导致根褐腐。

2）病原

三七圆斑病由槭菌刺孢［*Mycocentrospora acerina*（Hartig）Deighton］侵染引起。病菌在PDA培养基上初期菌落为无色，后变绿色、灰色或紫红色，最后变成黑色。光照条件下产生明显的玫瑰红色，菌落呈同心轮纹状扩展。菌丝有隔，宽4～7μm。菌落中心常形成念珠状串生的椭圆形或矩圆形、厚壁、深褐色厚垣孢子。厚垣孢子大小为（15～30）μm×（15～20）μm。将培养基上菌落切割后，加入无菌水，于18℃光照培养1～2天，可产生大量分生孢子梗和分生孢子（图2-1）。分生孢子梗短菌丝状，淡褐色，分枝，有隔膜，合轴式延伸，大小为（7～24）μm×（4～7）μm。产孢细胞合生，圆桶形，孢痕平截。分生孢子单生、顶侧生，倒棍棒形，具长喙，基部平截，淡褐色，大小为（54～250）μm×（7.7～14）μm，4～16个隔膜，隔膜处微突起。少数孢子具有一个从基部细胞侧生出的刺状附属丝，大小为（25～124）μm×（2～3）μm。

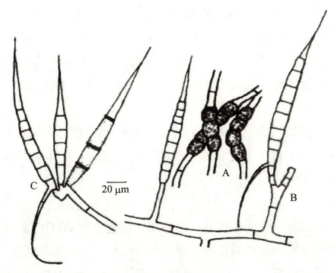

图 2-1　槭菌刺孢

A.厚垣孢子；B.分生孢子梗；C.分生孢子和基部侧生的刺状附属丝

3）病害循环

病菌主要是以菌丝和厚垣孢子的形式在三七病株、病残体上越冬，同时，厚垣孢子也可在土壤中越冬，成为翌年病害发生的初侵染源。三七芽苞一般在4月中下旬出土展叶，此时气温20～22℃，适宜病菌萌芽侵染芽苞。若遇春雨，高湿条件，地下部分开始发病，常导致芽腐。地上部于6月上旬即可发病，7月中旬～8月下旬，进入雨季，随着降雨量的持续增多，气温随之下降，日均气温通常在21℃左右，是病菌侵染的适宜温度。初侵染病斑显症后即可形成大量新生分生孢子，为再侵染提供了充足菌源。在20～21℃下，病菌潜育期仅2天。显症后病斑即开始产孢，新产生的分生孢子又可重复侵染植株，形成新一轮病害循环。10月以后随着气温下降，降雨量减少，三七病株、病残体上的菌丝及土壤中的厚垣孢子进入休眠期，成为来年的侵染源。

4）发病因素

（1）初侵染源

三七圆斑病主要借助气流在七园间传播。发病初期七园内调查可见到发病中心或病窝点。病菌产孢量大、致病性强，三七叶面积大、平展、植株间叶片接触紧密，因而该病易于传播和流行。雨滴飞溅是三七植株之间病害传播的有效方式。雨滴可将大量土壤中的厚垣孢子以及发病中心病株上的分生孢子飞溅到邻株叶片上传播发病，形成新的病株。三七圆斑病初发生时受害植株均以沟边为主，群众戏称这病会顺沟跑。这主要是因为土壤带菌后，经雨水飞溅，将病原带到植株上侵染所致。另外，带菌土壤随农事操作，可在七园内近距离传播；带病种苗可随异地移栽而远距离传播，成为新七园的初侵染源。

（2）光照

三七圆斑病的发病率在相同三七龄中，随着七园透光率的增加而增加。当荫棚透光率超过各龄段三七适宜的光照范围时，植株的抗性会降低，导致圆斑病的发病率突然升高。

（3）温度

三七圆斑病菌菌丝生长温度在1～28℃，最适温度20℃。日均气温通常在21℃以下，是病菌侵染的适宜温度。每年的4～5月，是病原危害三七茎基部，导致芽腐的发病高峰期。每年的7～8月，是三七地上部植株发病的高峰期，此时期病害扩展迅速，发生面积广泛，极易暴发流行而造成重大的经济损失，故也是防治此病的关键时期。病害的发生与温度、降雨量及降雨日数密切相关，当气温在21℃以下，同时遇连续降雨数天以上，或日降雨量平均达15mm以上，可导致三七圆斑病的发生和流行。

（4）湿度

七园内的日平均温度在16～22℃，空气相对湿度在80%以上，并持续3天以上时，三七圆斑病开始发生。持续的天数越长，圆斑病的危害越严重。其传播速度也随着低温、高湿的连续天数增长而加快。当日平均温度在23～28℃，空气相对湿度在60%～75%时，圆斑病的病情随着温度升高和空气相对湿度降低而逐渐减轻，当温度高于28℃和空气相对湿度低于60%时，圆斑病停止发生。

（5）海拔

三七圆斑病的发病率随着三七产区海拔的升高而增加，在海拔1400～1600m的三七产区，三七圆斑病仅零星发生，在海拔1700m以上的三七产区，圆斑病发生较集中、发病早、持续时间长、危害较严重。

（6）地势

七园地势低凹，空气流通不畅，相对湿度过大，圆斑病发病率普遍高于地势较开阔的七园。地势开阔的七园，园内空气流通较好，空气相对湿度较低而不利于三七圆斑病的发生。

5）防治

（1）农业防治

①土壤处理　病原可在土壤中越冬，故选地时应避免选用曾发生过三七圆斑病的地块做七园。育种一年的地块若需继续种植三七，可于种植前进行土壤处理，具体处理方法参照三七猝倒病的土壤处理。

②种苗处理　首先应选用生长健壮、无病无损伤的一年生三七做种苗，移栽前对种苗进行药剂拌种或浸种处理，可参照三七黑斑病种苗处理方法进行。

③加强七园管理　雨季应打开园门，通风排湿；调整荫棚时，荫棚材料要疏密一致，透光均匀；对已发病的七园，要及时清除病残体，集中深埋，并对发病中心进行土壤药剂消毒处理。

（2）化学防治

在三七圆斑病发生期内，可选用以下药剂中的一种或其中两种混合后进行喷雾防治。40%福星乳油4000倍液；30%爱苗乳油3000倍液；1.5%多抗霉素可湿性粉剂200倍液；60%世达水分散剂1000倍液；65%代森锰锌可湿性粉剂600倍液。

2.2.3　三七疫病

三七疫病又名"叶腐病"，俗名叫"清水症""搭叶烂"，一般发病率10%~20%，个别七园达40%~50%。

1）症状

三七疫病的病原菌可以危害三七植株的各个部位。

叶片受害时，先于叶尖或叶缘开始出现水浸状病斑，病健分界不明显，以后病部迅速扩大，最后全叶和从主脉两侧大部分软腐披垂，病叶一般不发黄，不脱落，也不产生明显的霉层，但发病后若遇持续降雨，可在病健交界处看到稀薄的霉状物，即病菌的孢囊梗和孢子囊。发病后若天气转晴数天，病叶即呈青灰色干枯，易于破碎，不出现霉层（彩图24~彩图26）。

三七植株茎秆受害因三七龄不同而表现各异：一年生三七，通常是假茎基部容易感病，茎秆呈水浸状缢缩而"猝倒"，一般看不到霉层，具有发病中心，有时还可引起三七种子腐烂，七农称之为"烂塘"。二、三年生三七，茎秆受害时，因感病时间不同而发生的部位有所差别（彩图 27）。三七出苗至展叶期主要危害幼苗的茎杆与土表接触部位，表现为茎基部缢缩；病部可进一步向下扩展侵染根茎及块根，导致疫霉根腐。5 月以后主要危害三七茎杆顶部与复叶柄连接部位或花轴顶部与花序连接部位，受害部位为水浸状缢缩扭折，七农称为"扭鸡腿"或"扭花"（彩图 28）。园内空气相对湿度较大时在发病部位可以看到薄薄的一层白色霉状物，但天气干燥时霉层极不明显。

地下部受害时，植株地上部分呈青枯状，即植株表现出急性萎蔫。芦头（芽部或"羊肠头"部位）和根系病组织均为水浸状，芦头部位受害时，病部失水缢缩。块根受害时，病原菌一般由三七块根的表皮侵入，引起内部组织失水缢缩，后期病部吸水膨胀，发病块根表皮易于脱落，进而腐烂。在此过程中会伴随有细菌的第二次侵入，加速病部腐烂，出现细菌样菌脓，同时伴随有恶臭味（腐生细菌附生），常误认为是细菌性病害，但将发病组织于 600 倍显微镜下观察时可看到疫霉菌的无隔菌丝。

2）病原

三七疫病由恶疫霉 [*Phytophthora cactorum*（Leb.et Cohn）Schroet] 侵染引起。详见三七疫霉根腐病部分。

3）病害循环

三七疫病以恶疫霉菌丝体和卵孢子在三七病残体和土壤中越冬。翌年条件适合时，以菌丝直接侵染三七根部或形成大量孢子囊和游动孢子传播到地面引起发病。由于卵孢子可在土壤中存活数年之久，是病菌初侵染的主体。植株发病后，快速产生大量的孢子囊或释放大量的游动孢子，依赖风、雨和农事操作传播，直接侵染三七根、叶片、叶腋。在三七的整个生育期内，可进行多次再侵染。在文山三七产区，三七疫病始见于 3~4 月，发病高峰期集中在 4~5 月和 8~10 月，10 下旬至 11 月上旬，由于温湿度等条件恶劣，开始产生大量的卵孢子，成为翌年初侵染的主要侵染源。

4）发病因素

详见三七疫霉根腐病部分。

5）防治

（1）农业防治

①实行轮作　由于病原卵孢子可在土壤中存活达 4 年之久，因此三七种植间隔年限应控制在 6~8 年以上，轮歇期间种植的作物应以不感染疫病病原的作

物为主。

②深翻晒垡　对栽培过三七的地块,应在前作采收后及时进行翻犁,并增加翻犁次数,延长晒垡时间。经过日光暴晒,可将萌发的部分孢子杀死,减少土壤中的病原菌数量。

③合理施肥　应根据三七需肥特点合理搭配氮、磷、钾比例,选用复合肥,不使用硝态氮肥;在施肥时,应采用少量多次、混土撒施的施肥方法,做到均衡施肥。

④通风排湿　七园遇雨后要及时打开园门,加快园内空气流动从而在较短的时间内降低园内空气湿度,减轻因三七疫病造成的危害损失。

⑤荫棚透光均匀　应根据三七生长状况调节荫棚,调节后的荫棚透光率一般不能大于20%,当大于20%时三七植株的叶片将会造成日灼病,降低三七植株的抗性。

⑥七园管理　在发病较集中的4～6月和8～10月,要勤查七园,一旦发现病株,要及时清除,病穴土壤用生石灰或1%硫酸铜溶液灭菌。秋季彻底清除病残体。清除病残体后及时进行化学防治。

（2）药剂防治

发病初期或遇较强的降雨过后用瑞毒霉、乙磷铝、甲霜灵锰锌、杀毒矾等药剂,任选其中一种或两种混合,依包装说明书的用量,稀释喷施。

另外,也可用下列药剂中任何一种,每隔7～10天喷1次,连喷2次。50%安克可湿性粉剂2500～3000倍液;52.5%抑快净水分散粒剂2000～3000倍液;72.2%普力克水剂600倍液。

根部发病时采用40%乙磷铝可湿性粉剂500倍液灌根,可收到较好的防治效果。

2.2.4　三七灰霉病

三七灰霉病是三七生产中普遍存在的一种病害,病原主要是危害三七的幼芽、苗期幼嫩植株叶片、成熟叶片的叶尖和采收花蕾后留下的花梗,进而危害三七的叶柄,发病率在10%～30%之间,严重的七园发病率可达到60%以上。

1）症状

三七灰霉病病菌主要是从下棵时留下的残茬伤口处侵染。感病残茬呈暗色,逐步下串至芽部引起芽腐。感病后,残茬与芽部连接处茎秆中空,表皮脱落,芽部发病组织呈水渍状褐色腐烂，偶有霉状物出现。叶片感病时，病原菌首先从叶尖入侵，感病初期呈水浸状"V"字形病斑，进而病斑呈黄褐色透明状，病部软腐披垂。后期若遇连续阴雨天气或七园内空气湿度较大时，病斑上可以看到明显灰色霉层，在霉层上生出灰色锤状的病原菌子实体（彩图29～彩图31）。当病斑扩展到叶片面积的三分之一左右时，叶片通常脱落。三七花序受害，罹病部位黄化枯死，终至脱落。

2）病原

三七灰霉病由灰葡萄孢菌（*Botrytis cinerea* Pers.）侵染引起。病原菌丝无色，直径 5～6μm。分生孢子梗成丛地从菌丝体或菌核上生出，粗 12～24μm，长 280～550μm；直立，具隔膜，淡褐色；顶端树枝状分枝，分枝的末端膨大，上生小突起，大小为（100～300）μm×（11～14）μm。分生孢子疏松地聚生于各分枝顶端，每个小突起上着生 1 个分生孢子。分生孢子倒卵形、球形和椭圆形，光滑，近无色至淡灰褐色，单胞，（9～16）μm×（6～10）μm。该病菌除危害三七外，还危害番茄、草莓、黄瓜、葡萄、辣椒等多种蔬菜、果树和观赏植物，引起各种植物的灰霉病。

3）病害循环

病菌以菌丝和菌核在三七病残体和七园土壤中越冬，成为翌年侵染三七的初侵染源。分生孢子借助气流、雨水和农事操作传播蔓延。

4）发病因素

灰霉病是三七上常见且比较难防治的一种真菌性、低温高湿型病害。病原菌生长温度为 2～30℃，在 20～25℃、湿度持续 90% 以上时为病害高发期。在文山地区全年均可发病，但以出苗期和 7～9 月发生危害较重。在 1700m 以上地区，病原可引起三七芽腐和摘蕾后花梗腐烂（俗称"座花"）。高温高湿有利于病害的发生。七园管理不善，荫棚透光过强可加速三七灰霉病的扩展蔓延。每年 3 月以后，七园内日平均气温达 15℃ 以上时，即有零星发生，7 月以后，降雨频繁、日照不足、易于流行。1986 年和 1988 年两度流行，分别出现于 8 月上旬和 9 月上旬，流行前都有 10 天的降雨天气，此 10 天的降雨总量在 130mm 以下，光照 40 小时以下，每日平均气温均在 20～22℃ 之间。流行时间长短，与流行开始后降雨持续天数密切相关，天气稳定转晴，流行随之终止。

5）防治

（1）农业防治

选用无病种子和种苗，实施规范化栽培。注意七园排水，保证荫棚透光均匀一致。三七采收花薹和下棵后,要及时喷施保护药剂,以免伤口受病菌感染。秋冬季节注意清除园内及周围的植物残体。

(2)药剂防治

在发病初期,喷施 50% 腐霉利(速克灵)可湿性粉剂 800～1000 倍液;或 50% 灰霉净可湿性粉剂 800～1000 倍液。每隔 5～7 天喷施一次,连续施用 2 次。

若发生芽腐,可用乙烯菌核利 700～1000 倍液 + 百菌清(或达科宁)800 倍液 +25% 青枯灵可湿性粉剂(或 20% 叶枯宁可湿性粉剂)800 倍液防治。

2.2.5 三七白粉病

三七白粉病又称为"灰斑""灰腻""灰症"。是 20 世纪 70～80 年代文山地区七园内常发生的一种主要病害,随着化学杀菌剂的广泛使用,该病害的发生得到有效控制,20 世纪 80 年代末至 90 年代中期,几乎没有发生,但 90 年代后期又开始危害三七,其中 2004 年 9～10 月在文山县的追栗街大发生,造成三七种子严重减产,给七农造成很大的损失。

1) 症状

白粉病在三七整个生育期内的茎、叶、花均有发生,主要危害三七叶片,叶片感病后形成圆形或不规则黄色病斑,病斑上可看到灰白色粉状物。以后病斑迅速扩大,数个病斑相互连接在一起,叶片变黄,终至脱落。在文山地区,7 月份以后病原还可危害花序(花盘),受害花序色泽变淡,上面覆盖灰白色霉层,七农称之为"灰盘",最终导致花而不实(彩图 32)。

2) 病原

三七白粉病由白粉孢霉(*Oidium erysiphoides* Fr.)侵染引起。寄主上的病菌菌丝分枝,无色,上生短的分生孢子梗。分生孢子梗直立,不分枝,无色,具隔膜,顶端串生分生孢子。分生孢子圆柱形,无色,单胞,大小为 (30.5～43.2) μm × (15.2～17.8) μm(彩图 33)。后期在病斑上散生或聚生黑色点状物,即病菌的有性世代——闭囊壳。病菌除了危害三七外,还能侵染蓼科植物、芝麻、绿豆、菜豆等植物,引起白粉病。

3) 病害循环

以菌丝体及闭囊壳在病残体上越冬。翌年温度达 4～7℃ 开始发育,萌发后侵入寄主吸收营养。24～28℃ 最适宜生长发育,产生大量分生孢子,借助气流传播。在高温干旱，闷热阴雨，氮肥施用偏多，植株过密，通风不良等条件下，病菌对寄主反复再侵染，病害在短期内大量暴发流行。

4）发病因素

三七白粉病的发病时期集中在3～5月和7～9月，并且在此时期内以天干少雨、气温较高的年份发生较为严重。三七白粉病目前在文山三七主产区均有分布，但以海拔1800m以下的地区发病较严重。王淑琴等对三七白粉病发生与田间温湿度的观察结果表明，日平均气温为20.4℃，空气相对湿度为65%以下的高温干燥环境下有利于白粉病的发生。在氮肥施用偏多，通风透气不佳的七园易患白粉病。

5）防治

（1）农业防治

选育抗性品种，及时清除病残体，少施氮肥，多施磷、钾肥。春旱时适时浇水，增加透光度，加强通风，合理种植密度，及时清理白粉病病植株等。

（2）生物防治

2015年杨绪旺在文山州文山市大沟绞七园分离得到白粉寄生孢（*Ampelomyces quisqualis* Ces.），对三七白粉病菌有效好寄生作用，具有开发应用潜力。

（3）化学防治

农药防治仍是当前白粉病防治的最有效方法。冬季下棵时，用高浓度石硫合剂消毒厢面。春季出苗前，用0.3～0.5波美度石硫合剂消毒厢面，发病期每5天喷洒0.1～0.3波美度石硫合剂1次，连续喷2～3次。

药剂防治可用：10%双效灵水剂200倍液；25%粉锈灵可湿性粉剂500倍液；50%多菌灵可湿性粉剂500倍液；50%硫磺悬浮剂200～300倍液；50%福美双可湿性粉剂800倍液；2%农抗水剂150～200倍液。以上药剂任选其中一种进行喷雾，每隔7～10天喷1次，连续喷施2～3次。

2.2.6 三七炭疽病

三七炭疽病曾经是三七生长中发生较普遍的一种病害，但近年来已不常见。

1）症状

三七炭疽病病原可以危害三七的根茎、芽、茎杆、叶柄、花和果实，造成茎杆扭折、干花和干籽。根茎受害部位呈暗色不规则病斑，地上部萎蔫倒伏，叶片仍为绿色，后期根茎腐烂。休眠芽受害则导致腐烂。茎杆受害时，初期受害部位出现淡青色小圆斑，继而向上下扩展，形成黄褐色梭形病斑。病斑中央凹陷并有灰色纵裂，边缘有时突起，严重时茎杆萎缩干瘪折倒，但病部以上的茎叶仍能向上生长一段时间。茎杆顶部和花轴受害时，发病部位呈青灰色，常伴有旋扭症状。叶片受害时，初期在叶脉之间出现褐色小点，以后病斑逐渐扩大，病斑边缘为深褐色，病斑中央坏死呈透明状，最后病斑破裂穿孔。种苗叶片受害时，初期出现水浸状暗色斑点，继而病斑处叶片变薄，叶色变淡，后期病斑变为褐色并穿孔，叶片破损不整齐，最后枯死。花盘受害，病部多呈黑色萎缩扭曲，整个花盘受害时导致干花。果实受害时，呈黑色萎缩，成熟期受害，在果实（红籽）上形成黄色凹陷小圆斑。三七种苗假茎受害时，一般发生于假茎的近地部位，发病部位最初出现湿性暗色小斑，以后病斑扩大，颜色加深，呈红褐色梭形病斑，病斑中央凹陷，假茎受病部位髓部软腐，种苗假茎从发病部位扭曲折倒，一般在发病部位有2～3个旋转扭曲。

2）病原

三七炭疽病由3种炭疽菌侵染引起。即人参生刺盘孢（*Colletotrichum panacicola*）、胶孢炭疽菌（*C. gloeosporioides*）和黑线炭疽菌（*C. dematium*）。病菌菌落在PDA培养基上呈灰白色，絮状，后期产生黑色菌核。分生孢子盘散生或聚生，初生于叶组织内，后突破表皮，黑褐色。刚毛分散于分生孢子盘中，数量极少，暗褐色，顶端色淡，正直或微弯，基部稍膨大，顶端较尖，隔膜1～3个，大小为（25～94）μm×（4～6）μm。分生孢子梗圆柱形，无色，单胞。以内壁芽生瓶梗式产孢。分生孢子大小为（16～27）μm×（4～6）μm。分生孢子单胞无色，杆状，两端钝圆带尖；部分一端较大，基部较顶部窄，内含油球1～2个。

3）病害循环

三七炭疽菌以菌丝随病株残体在土壤和肥料中越冬，羊肠头残桩或枯叶是该病越冬的主要场所。也可以菌丝潜入种子内或以分生孢子黏附在种子表面，成为翌年病害初侵染的菌源。在苗床发病后，移栽大田也发病，多限于底叶，病组织上产生的分生孢子借风雨形成再侵染。一般年份4月开始发病，6月病害开始流行，7～9月高温多雨，湿度大，病害加重，10月天气转凉，病原菌以菌丝体或子实层在病害处越冬。

4）发病因素

湿度是诱发炭疽病的重要因素，当气温20℃，空气相对湿度80%时，分生孢子大量产生。水分对病菌的繁殖和传播起着关键作用,由雨水或灌溉水将粘连于分生孢子盘上的分生孢子淋溅分散,在叶面具有水膜的情况下萌发侵染。该菌温度适应范围广,以25～30℃最适于发病。病害的发生与三七的种植密度、施肥中的氮、磷、钾的比例等有关,随着种植密度和施氮量的增加,三七炭疽病有加重的趋势。另外,长时间的高温高湿天气有利于病害的发生。

5）防治

（1）农业防治

精选健壮无病的种子和种苗,种子用55℃温水浸种10～15分钟,可杀灭附着在种子表面的大部分病原。改良三七生长环境条件,及时排除积水;加强田间管理,及时清理七园杂草及病株、病残体,并集中烧毁。采用配方施肥,施用腐熟的有机肥,增施磷、钾肥。

（2）药剂防治

种子处理：用80%的代森锰锌可湿性粉剂500倍液浸种2小时。在发病前可用1∶1∶160～200（石灰∶硫酸铜∶水）波尔多液进行预防。发病后,可选用下列药剂中的一种进行防治：50%的克菌丹可湿性粉剂500倍液；65%代森锰锌可湿性粉剂500倍液；50%苯菌灵可湿性粉剂1500倍液。每隔7～10天喷施1次,连续防治2或3次。

2.2.7　三七麻点叶斑病

三七麻点叶斑病,七农俗称"黄泡""蛤蟆皮",是目前三七生产中的一种新病害,1999年在三七产区仅零星发生,近年来发生面积逐年扩大,危害日趋严重。一般发病率为1.5%～20%,严重的可达100%,已成为三七生产上的重要病害之一。

1）症状

叶片受害,可表现出两种症状：一种是初期受害部位为细小病斑,进而发展成为不规则黄色病斑,病斑中央为透明状,病斑大小（1～3）mm×（2～4）mm,发病中期,数个病斑可连成一片,最终导致叶片枯萎脱落。在海拔1300～1600m地区,此症状较为典型。另一种症状表现为圆形透明状,病斑直径8～22mm,七农称为"亮窗子"。此症状的出现多为三七的幼苗期发病后遇降雨,或空气湿度较大时,病斑迅速扩大而形成,且多在雨季和海拔1700m以上地区。发病后期叶片的正面和背面可以看到针尖大小的黑色小点（彩图34～彩图37）。

2）病原

三七麻点叶斑病病原目前还不完全弄清。

3）病害循环

麻点叶斑病的越冬环境尚不清楚。

4）发病因素

不同海拔、不同三七龄均有发生，其中以二年生三七发生危害较重。该病发展蔓延快，从发病中心株起，一般5～7天可致全园罹病，叶片发黄，10～20天叶片脱落。夏季高温高湿的条件下发病较重，蔓延较快，春季发病较轻。此外，地势低洼，排水不良，管理粗放，施肥不足，特别是氮、磷、钾配比不当，钾肥不足等，三七长势较差，抗病力弱的七园，利于发病。

5）防治

（1）农业防治

防病先防虫，可在七园挂篮板和黄板粘贴蓟马等趋光性害虫，减轻病害的传播媒介。

选用自然落黄的松针叶，或其他山草做铺厢草。加强田间管理，及时清除厢面上已腐败、枯萎的松针叶及其他覆盖物、植株病残体，并集中销毁。合理施肥，勤除杂草，做好排水灌溉工作，小心谨慎各项农事操作，勿伤及根、茎、叶，以免让病菌从伤口乘虚而入。

（2）药剂防治

可任选下列其中一种药剂喷雾防治：50%硫磺水分散颗粒剂、70%甲基托布津可湿性粉剂800～1000倍液；50%黑星叶斑净可湿性粉剂1000～1500倍液；70%百病净可湿性粉剂600～800倍液；3%多抗霉素可湿性粉剂200～300倍液。

2.2.8 三七叶腐病

该病能侵染除根部以外的各个器官，是三七生产上时有发生的病害。

1）症状

三七叶腐病病原可危害三七叶、叶柄、花及茎秆。叶片受害，在叶面形成黑色不规则病斑，大小5～13mm，后期病斑腐烂，中部形成穿孔。叶柄受害，在其顶部产生黑色棱形病斑，并很快向叶基部扩展。叶柄受病后变软，造成上部叶片下垂；病部常见到淡黄带粉色霉状物，即病菌的子实体。花序受害，症状同叶柄受害。茎秆受害，形成突起的黑褐色棱形病斑。

2）病原

三七叶腐病由朱红轮枝孢 [*Verticilliun cinnabarinum* (Cda.) Reinke et Berth.] 侵染引起。病菌在 PDA 培养基上，菌丛初白色，后橙黄色，菌丝纤细，近无色，直径 1.6～2.2μm，有分隔，可集结成束。菌丝体中分生孢子梗可聚生一起，分生孢子梗与菌丝区别明显，大小为（40～82）μm×（1.4～1.7）μm，成 30°～40°锐角分枝，分枝 2～3 次，分枝上瓶梗 1～6 个，轮生，大小为（9～13）μm×（1.4～1.7）μm。分生孢子卵圆形或长椭圆形，有时微弯，单胞，无色，数量极大，大小为（3～7）μm×（2～3）μm。

3）病害循环

轮枝孢病菌是土壤中普遍存在的一种弱寄生病菌，在三七发生根病时会参与根部加速根部的腐烂。病菌以菌丝体在病残体内或土壤中越冬，能在土壤中长期存活。条件适宜时，侵入寄主在维管束内蔓延，引发病害。对地上部分器官的危害主要靠雨水飞溅传播。

4）发病因素

三七叶腐病的发生主要集中在 5～8 月，阴雨高湿天气有利于发病，适宜发病温度 20～25℃。病害发生规律有待进一步研究。

5）防治

（1）农业防治

朱红轮枝孢菌为弱寄生菌，在农业防治上可以通过轮作减少病原；培育壮苗提高三七植株对病菌的抗性；可结合根部病害防治进行土壤处理，减少病原数量；发现病株及时清除病叶及叶柄。

（2）药剂防治

一旦发病，可选用 1.5% 多抗霉素可湿性粉剂 200 倍液，50% 多菌灵可湿性粉剂 500 倍液或 75% 百菌清可湿性粉剂 1000 倍液进行喷雾防治。一般连续喷施 2 次以上，间隔期 5～7 天为宜。

2.2.9 三七黏菌病

三七黏菌病是文山地区近些年来新出现的一种病害，目前已知文山、砚山、马关县三七主产区均有零星发生。

1）症状

三七黏菌病病原主要侵染一年生三七地上部茎、叶。病害开始滋生在覆盖于厢面的山草、稻草、松针等上，以后迅速蔓延，并通过带病山草、稻草、松针等感染三七茎杆。罹病植株初期茎杆基部覆盖一层灰黑色粉状物，以后病原不断扩展，终至叶部分或全部被灰黑色粉状物覆盖。病部用手触摸具有黏稠感。由于不能正常进行光合作用，病株普遍生长瘦弱、严重者枯萎死亡。

2）病原

三七黏菌病由黏菌（*Myxomycetes*）侵染引起。病原隶属于真菌界，黏菌门。侵染三七的黏菌尚未做出具体鉴定。黏菌是介于动物和真菌之间的一类生物。大多数为腐生菌。

黏菌由多核的、无细胞壁的、裸露的原生质所组成，称为原生质团。原生质团能作变形虫式的运动，故又叫变形体。在营养生长时期，变形体有向潮湿、黑暗和有食物之处移动的特性。在生殖时期则相反，向干燥有光的地方移动。变形体停止运动后，外生护膜，成为子实体。三七黏菌病病原子实体褐色，球形，直径 6～9μm，表面有小疣（彩图 38～彩图 40）。

3）发病特点

黏菌平时主要生活在树林中阴湿的地面或树干上，特别喜欢生长在有机质丰富，环境条件阴湿的场所，营腐生生活。三七黏菌病的菌源主要来自覆盖三七的山草、稻草、松针，土壤或堆肥也可成为黏菌病的初侵染源。该菌孢子可借气流、雨水传播蔓延。适于生长在富含有机质，温度为 22～25℃，空气相对湿度 95%～100%，pH 5～6.5 的环境中。

4）防治

（1）农业防治

防治黏菌以生态防治方法为主，包括搞好七园内外的环境卫生，不用堆放时间过长的山草和稻草作铺厢草，厢面四周要清沟排水，不使雨水淤积。雨季勤开园门，保持适当的通风透光条件。一旦发生黏菌要停止喷水，同时清除发病处的覆盖物，并在清理处撒上石灰和喷洒杀菌剂。

（2）药剂防治

用等量式波尔多液 200 倍液或 45% 特克多悬浮剂 3000～4000 倍液喷厢面，每隔 10 天喷施 1 次，防治 2～3 次。

2.2.10 三七黄锈病

三七黄锈病研究报道得很少，又名黄袍病。戴芳澜等在 1941 年曾进行过调查，当时未发现冬孢子。此后20多年里，一直无人报道该病菌的冬孢子阶段。1963年，余广元等在广西靖西首次发现冬孢子，1964年又多次发现。广西靖西龙名黄锈病发病率一般为15%，最高达26.5%。云南省文山地区砚山零星发生。

1）症状

三七黄锈病可终年危害三七。夏孢子堆在茎部、叶片、花梗、果实等部位出现，但以叶面布满铁锈色粉末为主。三七出苗期可见尚未展开的叶片背面，密布许多锈色小点。初在叶背产生针头大小、水青色至黄白色的疱斑，扩大后呈近圆形或放射状排列，边缘不整齐，叶片皱缩，叶缘向上卷曲，疱斑破裂后露出锈黄色花朵状的夏孢子堆，外围有褪绿晕圈。疱斑也可发生于叶面；成株三七4~5月锈菌孢子堆细小散生，俗称"碎米腻"，呈锈黄色，发病快而猛，造成病叶叶缘向上卷曲，严重时叶片不能展开终至枯萎脱落；6~8月发生的孢子堆较大，呈鲜黄色，梅花状排列（或放射状排列），俗称"梅花腻"；9~10月气温降低，锈菌孢子堆变细小，多密集叶背，颜色较深（黄褐色），有蜡状光泽，俗称"细黄腻"；11月以后，叶背产生大量冬孢子堆，往往占去半片甚至整片叶，孢子堆均匀密布紧密排列，呈细小的胶珠滴。锈病不仅危害叶片，还会危害花和果实，受害后花萎黄，果实干瘪或落果。

2）病原

三七黄锈病由人参夏孢锈菌（*Uredo panacis* Syd）引起。夏孢子堆散生或群生于叶面及叶背，近圆形或不定型，大小为1mm左右，有包膜，破裂后呈松散黄色粉末；夏孢子近球形至广卵形或梨形，大小（22.5~25.0）μm×（20.5~24.0）μm，壁厚1.8~2.2μm，孢子外膜满布刺状物，夏孢子通常萌发一芽管，也见有两芽管，芽孔未见。冬孢子堆散生或群生于叶背，初期淡黄色，后变橘黄色，冬孢子堆多为近圆形，直径280~360μm。冬孢子堆黏结在一起，呈胶质状小滴。冬孢子茄瓜形或短圆柱形。成熟的冬孢子大多数有3个隔膜，孢子顶端钝形，基柄处稍窄小，通常由4个细胞组成，两端细胞较长，中间细胞较小，隔膜很薄，厚0.9μm，孢壁厚1~1.2μm。冬孢子大小为（49~61）μm×（15.5~21.5）μm，孢壁光滑，浅黄色，孢柄无色，长25~35μm，柄中部宽6~7μm，柄基部稍膨大。

3）病害循环

三七黄锈病菌为活体营养生物，在自然条件下不能利用死体营养生活，主要依靠夏孢子完成多次病害循环。三七病株落棵后，菌丝潜伏休眠芽组织内部或冬孢子在病残体或当年受侵染的休眠芽（俗称羊肠头）上越冬，翌年3、4月三七抽芽展叶时，病叶背面密集夏孢子堆，叶面皱缩，卷曲，发病中心明显。在三七的整个生育期都被夏孢子反复侵染，风和雨水传播，气孔侵入，尤其是7、8月锈病加剧，夏孢子占满叶子的三分之一，叶片发黄，病斑痂化或湿腐破裂穿孔，受雨水和高温多湿影响，叶片更易脱落。11月后，气候恶劣，开始产生大量冬孢子越冬。

4）发病因素

休眠芽组织内部潜伏菌丝或在病残体或当年受侵染的休眠芽（俗称羊肠头）越冬的冬孢子，病种苗是病害的传播来源。气温在18～22℃、雨水多、相对湿度大或叶面有凝结露滴时，最适于发病。遮阳网盖得过密，棚内光线弱，空气不流通导致病害加重。

5）防治

（1）农业防治

选育健康种苗，及时清除病残体或发病中心株，并用石硫合剂处理发病中心株周围土壤。

（2）药剂防治

发病期喷200～300倍二硝散或0.3波美度的石硫合剂，或敌锈钠300倍液，20%三唑酮乳油2000～2500倍，25%粉锈宁200倍，7天1次，连续喷2～3次。

2.2.11 三七病毒病

三七病毒病是当前三七生产中主要的病害之一。虽不引起三七的整株死亡，但却会使三七减产，品质下降。长期以来，人们普遍关注三七真菌和细菌病害，尤其是导致连作障碍的根腐病和大面积发生的黑斑病、圆斑病，而忽视了病毒病及其传播介体的控制，最终导致三七病毒病的蔓延。历史上三七病毒病仅属零星发生的次要病害，发病株率一般不超过0.05%。虽然早在1956年李殿昆等已在文山三七产区采集到病样，1958～1972年间发病率不到0.01%，但进入20世纪80年代以后，三七病毒病有扩展蔓延的趋势。近年，随着三七种植规模的不断扩大，病毒危害也变得十分严重，自90年代开始，发病率逐年增加，至1997年已出现发病株率高达20%的七园，对生产构成明显的威胁。1999年该病暴发，在海拔 1400～2100m 的产区，发病株率高达 60% 以上的重病园已不少见。按 1999 年 4 月中旬的宏观调查资料估计，1999 年文山州的三七因病毒病危害的损失不少于总产的 5%，重病七园的损失可达 50% 以上。目前三七病毒病的发病率为 5%～15%，严重的七园发病率达 80% 以上，三七病毒病能危害各龄三七植株，且三七龄越大，受害越重。

1）症状

三七病毒病表现出多样化的症状类型，这与病毒病单独或复合侵染现象有关。在三七病毒病症状类型方面，张仲凯等描述了三七病毒病症状，认为三七病毒病目前主要有 3 种症状，即叶片皱缩，严重时皱缩成团；叶片皱缩叶脉间的叶肉发白，构成绿白相间的花叶；叶片皱缩叶脉黄化坏死。金羽将文山州三七病毒（病）描述为 4 种症状，即叶脉皱缩黄化、叶片皱缩畸形、叶片褪绿黄化和叶片皱缩白绿花叶；王勇等将其分为叶片皱缩、皱缩花叶复合及叶脉黄化坏死等三种类型；陈燕芳等将其分为叶脉皱缩畸形、叶片皱缩蕨叶、花叶和矮化、褪绿条纹和坏死斑等 4 种类型；包改丽将其分为叶片皱缩、花叶、黄化、斑驳、坏死、叶缘缺刻、卷曲和泡斑等 6 种类型；陈昱君等将其描述为皱缩型、褪绿型、花叶型、麻点叶斑型、驴耳型、丛顶型、复合型 7 种类型。症状类型及描述详见表 2-1。其中皱缩型又可细分为顶缩型、侧缩型、综合型；褪绿型分为叶肉褪绿、叶脉褪绿；花叶型分为叶片斑驳褪绿和叶片印花型；复合型分为皱缩/褪绿型、疱斑/黄化型、皱缩/花叶型、丛顶/斑驳花叶型等综合症状。综上所述，三七病毒病的症状表现不外乎以下几种类型（彩图 41～彩图 49）。

表 2-1　三七病毒病症状类型

症状类型		症状描述	已知病原
皱缩型	顶缩型	受害叶片从叶尖向叶中部呈弧形皱缩，严重者叶片和叶柄扭缩，植株矮小，基本丧失光合作用	三七Y病毒（PnVY）、番茄花叶病毒（ToMV）、中国番茄黄化曲叶病毒（TYLCC-NV）、TYLCCNV的卫星DNA（tomato yellow leaf curl China betasatellite，TYLCCNB）
	侧缩型	受害叶片从叶缘向叶中部皱缩，使叶缘不平整或有缺刻，类似蕨叶状；或整个叶片向一侧缩缩，伸展不开	
	综合型	在同一植株的不同叶片上或同一叶片上同时表现顶缩型、侧缩型症状	

续表

症状类型		症状描述	已知病原
褪绿型	叶脉褪绿型	受害株叶片以中脉为中心向各支脉扩展呈黄化或白化失绿，叶肉只是贴近中脉部分褪绿，其余部分仍保持绿色；严重者叶脉变成褐色，叶片随之黄化枯死。三七叶片发生皱缩，并且叶脉黄化坏死，但叶肉仍然为绿色	直径45nm左右球形病毒粒体
	叶肉褪绿型	叶片中脉及大部分支脉保持绿色，叶肉部分失绿、黄化或薄化，严重者叶肉略呈透明状	未知
花叶型	花叶斑驳型	叶片出现点状或块状失绿、白化斑点。严重者整个叶片失绿、白化	PnVY、TYLCCNV、TYLCCNB、一种有蕊线的线状病毒
	叶片印花型	叶片表现白绿相间的条纹或斑块，如印花一般	TYLCCNV、TYLCCNB
麻点叶斑型		叶片受害部位初期呈点状失绿，失绿点在叶背形成突起并布满整个叶面，状似麻点	番茄斑萎病毒（TSWV）
驴耳型		整株叶片的叶面因皱缩而凹凸不平，形成疱斑，叶缘上翘，叶尖锐细，叶形似驴耳	未知
丛顶型		在三七茎杆的顶部直接着生小叶柄，没有明显的复叶柄分化，形成丛顶状	TYLCCNV、TYLCCNB
复合型	皱缩/褪绿型	叶片顶缩或侧缩，同时叶色褪绿黄化	PnVY、TYLCCNV、TYLCCNB
	疱斑/黄化型	叶面因皱缩而凹凸不平，形成疱斑，同时叶色褪绿黄化	PnVY、TYLCCNV、TYLCCNB
	皱缩/花叶型	叶片皱缩，叶脉间的叶肉发白，三七叶片构成绿白相间的花叶	包括PnVY、TYLCCNV、TYLCCNB、黄瓜花叶病毒（CMV）在内的至少2种病毒
	丛顶/斑驳花叶型	三七茎杆的顶部直接着生多个小叶柄，同时叶片褪绿黄化，部分叶肉呈点状或块状残留于叶面，形成斑驳花叶	TYLCCNV、TYLCCNB

（1）皱缩

带病毒种子出苗较晚，出苗后植株矮小，叶片皱缩，严重时皱缩成团。部分感病植株生长一段时间后，可缓慢展开，但与健康植株相比，叶片普遍窄小，少部分叶片因生长失调而出现畸形。

（2）丛枝

在三七茎秆的顶部直接着生小叶柄，没有明显的复叶柄分化，形成丛枝状。

（3）花叶

有两种症状：

①初期叶脉黄白色，叶脉间叶肉呈淡黄色；后期叶脉呈黄褐色枯死，叶脉间叶肉呈黄色。三七叶片构成黄绿相间的花叶，严重时皱缩叶片不能展开。

②三七叶肉呈现不均匀褪绿斑块，病健组织无明显分界，但叶脉仍保持绿色，发病较轻的植株可以长期存活，且不影响植株结籽，但所收种子翌年出苗后明显表现花叶症状；发病严重的植株因不能正常进行光合作用，长势明显弱于其他植株。

2）病原

三七病毒病的病毒粒体分为线状、球状、杆状。宋丽敏等从云南采集的表现皱缩、蕨叶症状的三七样品，经血清学检测及分子生物学方法检测到番茄花叶病毒（tomato mosaic virus，ToMV）；金羽等从云南文山采集的表现明显花叶、畸形、皱缩症状的三七样品，经血清学检测，与黄瓜花叶病毒（cucumber mosaic virus，CMV）有弱阳性反应，根据 CMV 种的外壳蛋白同源性序列设计引物，对其进行 RT-PCR 扩增和序列分析，判定样品中含有 CMV，并且还发现了一种线状病毒，存在病毒混合侵染现象；燕照玲等在表现皱缩、黄化、花叶等症状的三七样品中检测出三七 Y 病毒（Panax virus Y，PnVY），并获得 PnVY 的全基因组序列；包改丽等通过设计 PnVY 的特异引物，在大部分三七病毒病样品中检测到 PnVY 的存在，并获得了 PnVY 的部分核苷酸序列；李晓静从表现出黄化、白化、皱缩、花叶及多种复合症状的三七样品中检测出中国番茄黄化曲叶病毒（tomato yellow leaf curl China virus，TYLCCNV）及 TYLCCNV 的卫星 DNA（tomato yellow leaf curl China betasatellite，TYLCCNB）。由此可见，三七病毒病的病原多样化以及症状表现的多样性，给病害识别和防治带来困难。

3）病害循环

病毒在病株、病残体、土壤、粪肥中都能存活，是翌年三七感染病毒病的初侵染源。带病种子、种苗是病毒远距离传播的主要途径之一,尤其应引起重视的是三七红籽脱种皮时的病毒传染。人为的农事操作如摘除花蕾、籽条移栽、植株下棵等再次传毒。蚜虫、介壳虫、蓟马、飞虱、粉虱、叶蝉等刺吸式口器昆虫吸食带毒植株的汁液后,迁移至健康植株上重新取食,病毒即传播到新的植株上,形成新的中心病株。因此,刺吸式口器昆虫是三七病毒病传播的主要媒介,可导致病毒病的进一步扩展蔓延。文山地区三七病毒病的发病高峰期主要集中在4~6月,春季若遇干旱天气持续时间过长,可因蚜虫、介壳虫、蓟马、飞虱、粉虱、叶蝉等的猖獗危害诱发三七病毒病的大发生。7月以后,随着雨季的来临,三七病毒病的危害也相应减轻。

4)发病因素

植物病毒的生存策略:一种或多种可供其增殖的寄主植物;一种有效的传播到植物新个体并加以侵染的途径;大量且适宜其侵染的健康寄主植物。在一个特定地点或全球范围内的任何一种病毒,它的实际存在状况都是多种物理和生物因子之间复杂相互作用的结果。

(1)生物因子

①病毒及其寄主植物的特性

病毒的物理稳定性和所达到的浓度。就机械传播的病毒而言,在植物体内外都稳定以及在组织内达到高浓度的病毒比高度不稳定的病毒更有可能存活和传播。某些病毒的存活和传播主要取决于其高度的稳定性和在侵染组织中的大量积累。三七中的黄瓜花叶病毒(CMV)低温时在寄主体内的浓度达到最高,是蚜虫在春季获取病毒的良好毒源。

寄主植物体内的移动速度和分布。在寄主体内从侵染点以移动慢的病毒(株系)与移动快的相比不易存活及有效扩散。

病毒可能同寄主植物存在协同进化。强毒株的病毒株系迅速引起系统性病害而杀死寄主植物,就不易存活而自然淘汰。而一种病毒通过突变能有效地应对环境,在一个地区存在稳定的自然群体,该株系可能会持续多个季节并在特定作物和地区占优势,如三七Y病毒就是云南三七病毒的优势群体。病毒株系存活并占优势的重要因素为:通过昆虫或其他方式进行有效传播;能在植物体内快速增殖和移动;产生轻微或仅为中度严重的病害。

多样性的寄主使一种病毒更有机会保存下来并广泛传播。番茄花叶病毒(ToMV)能侵染马铃薯、烟草、番茄等茄科植物。因此,尽量不要选用前作为马铃薯、烟草、番茄等茄科植物的地块种植三七，采取玉米等作物轮作来降低病毒病原。

②扩散

植物病毒借助于介体、种子、花粉、农事操作等长距离传播和扩散。季节早期介体昆虫的迁飞受气流影响较大。飞行、吸取汁液的昆虫介体由于生活习性、携毒特性（持久携毒、半持久携毒、非持久携毒）、种群数量、活跃时间、天气状况等原因，影响传毒效率。蚜虫、介壳虫、蓟马、飞虱、叶蝉、粉虱等作为三七病毒病的传毒介体的早期控制应当引起足够重视。三七上尚未发现真菌、线虫等其他传毒介体。三七病毒病的长距离传播主要是农事操作和携毒种子。

③栽培措施

有些植物病毒能在杂草和其他植物上越冬，作物轮作可以显著地影响植物病毒的发生。携毒蚜虫、蓟马可以在冬小麦上越冬，春季三七出苗后取食三七传毒。前作为马铃薯、烟草、番茄等茄科植物的地块用来种植三七，三七病害加重，一般都采取轮作玉米等禾本科植物5～8年后才能再次种植三七。

（2）物理因子

①降雨

降雨可能会影响气传和土传的病毒介体。降雨时间和强度都会影响介体的种群。如适当的降雨和高温对粉虱种群建立是必需的，而持续的大雨可能会降低种群的大小。同样地，强降雨也会使刚到达作物的蚜虫数量减少，从而减轻了病毒的危害。

②风

风作为一个重要因子不仅可以促进或抑制气传介体对病毒的传播，而且可以影响传播的主要方向。蚜虫、叶蝉、飞虱、粉虱等在很大程度上受风速和风向的影响。

③气温

气温对气传病毒介体的繁殖和运动有显著的影响。例如，有翅蚜只在比较温暖的条件下飞行，然而，高温对减少某些蚜虫的种群特别有效。

④天气的季节性变化

病毒能够以各种方式经受寒冷的冬季和干燥的夏季而存活。许多病毒可以在不同的季节存活在相同的寄主植物或繁殖材料中。寄主范围广的病毒生存能力更强，它们的寄主包括多年生植物、生长季节重叠的植物或者能够发生种子传播的植物。三七便是多年生的宿根植物，其块根、羊肠头、茎杆、柄、叶和种子都可携带和传播病毒。传播介体越冬场所和取食的更替，导致病害流行的季节性变化。

5）防治

（1）农业防治

①选地时，尽量不用前作为烤烟、马铃薯、番茄等茄科植物的地块做三七用地，因为产生三七病毒病的病原之一——番茄花叶病毒，也可引起烤烟、马铃薯、番茄花叶病毒病。

②选用无病种子、种苗，尤其注意不要留已感染病毒的植株果实做种。

③加强田间管理，及时防治蚜虫、介壳虫、蓟马、飞虱、粉虱、叶蝉，清除七园杂草及病残体，集中深埋处理。

④病害预报　对传毒介体进行监测，从而能有效施用杀虫剂来控制。弄清各种传播介体的越冬场所、活动规律，及时采取相应措施。

（2）抗病品种选育

目前，三七主要属混杂群体。但在三七栽培过程中，有意识地做些"提纯复壮"的工作。保留生长健壮，无病虫害，结籽率高且种皮红润饱满的植株作为留种株，并对所结的种子集中种植管理。来年继续选出健壮无病植株为留种株。长期坚持提纯复壮，就可获得性状优良，抗病性强的三七群体植株。由文山学院三七研究院与文山苗乡三七公司合作，历时6年，从病圃中连续优选抗病单株、繁育，经中国中医科学院中药研究所采用分子标记辅助育种加快育种进程，最终获得具备特异性、稳定性、一致性、抗病性强的首个三七抗病新品种"苗乡抗七1号"可用于重病区种植。

（3）培育脱毒种苗

培育脱毒种苗是三七种苗生产的发展方向，降低病毒对三七产量和品质带来的影响。但到目前为止，尚未获得大量有效的种苗。不过很多三七科研工作者为此做了很多基础性研究。郑光植用茎做外植体，诱导出愈伤组织；高先富认为幼嫩花蕾愈伤组织是诱导不定根的理想材料；段承俐用花药外植体诱导愈伤组织；刘瑞驹等首次报道了三七胚状体的发生，并成功诱导出不定芽进而形成完整植株；陈伟荣等对三七试管苗进行了详细的研究，获得了大量组培苗；许鸿源等使用灵发素诱导茎愈伤组织产生胚状体取得了较好效果，胚状体诱导率达90%左右，且约有30%以上的胚状体能发育成健壮的全苗，用三七叶片作为外植体也取得了与此相当的效果。

（4）药剂防治

目前，已知80%的植物病毒是依赖媒介昆虫传播的。因此，"防病先防虫"是防治三七病毒病，阻断昆虫介体传播病毒的根本措施。在此，仅提供防治病毒病的药剂如下：三七出苗和展叶期，用3.95%病毒必克400～600倍液；5%菌毒清水剂400～500倍液；1.5%植病灵乳液500倍液喷施。种子带病毒可在播种前用10%的磷酸三钠浸种15～20分钟。

（5）调节剂

芸薹素内酯（云大-120），植物基因活化剂（奇菌），植物细胞分裂素，几丁质（甲壳素），腐殖酸等，可增强光合作用，提高叶绿素含量，促进抗逆能力，施用后对病毒病也有部分缓解作用。

参 考 文 献

包改丽，2012.三七病毒病病原的初步鉴定［D］.昆明：云南农业大学

包改丽，朱静，王海宁，等，2012.三七病毒病病原的初步鉴定［C］.中国植物病理学会2012年学术年会论文集，258.

曹福祥，戚佩坤，1991.田七根腐病的病原菌鉴定［J］.植物病理学报，21（2）：89-93

陈克，陈树旋，余子畏，等，1997.三七新病害——圆斑病［J］.植物检疫，11（1）：43-44

陈树旋，1987.三七扭盘新病原研究简报［J］.云南植保，(2)：33-34

陈艳芳，金羽，李桂芬，等，2004.三七病毒病鉴定初报［J］.植物检疫，18（4）：212-213

陈昱君，刘云龙，王勇，等，2004.药剂控制三七圆斑病试验初探［J］.中药材，27(3):162

陈昱君，王勇，2006.三七病虫害防治［M］.昆明：云南科技出版社

陈昱君，王勇，冯光泉，等，2000.三七黑斑病病菌孢子萌发特性研究［J］.植物保护，26(5):24-25

陈昱君，王勇，冯光泉，等，2001.三七根腐病发生与生态因子的关系［J］.云南农业科技，(6):33-35

陈昱君，王勇，冯光泉，等，2003.三七黑斑病发生与生态因子关系调查初报［J］.云南农业科技，1:33-34

陈昱君，王勇，冯光泉，等，2005.三七病虫害防治［M］.昆明：云南科技出版社

陈昱君，王勇，冯光泉，等，2005.三七黑斑病病原生物学特性研究［J］.植物病理学报，(3):

267-269

陈昱君，王勇，柯金虎，等，2002.三七根结线虫病调查初报［J］.中国中药杂志，27(5):380-381

陈昱君，王勇，李晓静，等，2016.三七病毒病症状类型及分布调查［J］.云南农业大学（自然科学）31(1):178-184

陈昱君，王勇，刘云芝，等，2005.三七黑斑病发生规律调查研究［J］.中国中药杂志，(7):557-558

陈昱君，王勇，杨建忠，等，2014.三七皱缩型病毒病与环境因子的关系研究［J］.植物保护学，16:108-109

陈昱君，喻盛甫，余敏，等，2000.在文山地区发现三七根结线虫病［J］.云南农业大学学报，15(3):298

陈昱君，朱有勇，刘云芝，等，2003.生物菌剂控制三七根腐病试验研究［C］.全面建设小康社会中国科协 2003 年学术年会农林水论文精选:262-264

陈正李，1987.三七根腐病的初步研究［C］.全国植物线虫病害学术讨论会交流论文

崔秀明，王朝梁，王锐，等，1998.氨基酸金属螯合物防治三七根腐病试验［J］.中药材，21(5): 221-223

戴蕾，徐玉龙，龙月娟，等，2017.槭菌刺孢菌丝及分生孢子的生长习性研究［J］.云南农业大学学报（自然科学），32(1):27-35

董弗兆，1998.云南三七［M］.昆明：云南科技出版社

董弗兆，刘祖武，乐丽涛，1988.云南三七［M］.昆明：云南科技出版社

冯光泉，董丽英，陈昱君，等，2008.三七病原根结线虫的分子鉴定［J］.西南农业学报，21(1): 100-102

冯光泉，李忠义，王勇，等，2000.腐霉利、菌绝王对三七黑斑病的防治效果［J］.人参研究，12(1): 46-48

傅俊范，王崇仁，吴友三，1993.细辛叶枯病病原初报［J］.植物保护，19（4）: 24-25

傅俊范，王崇仁，吴友三，1994.槭菌刺孢研究的历史和现状［J］.沈阳农业大学学报，25(1): 92-99

傅俊范，王崇仁，吴友三，1995.药用植物新病害细辛叶枯病的研究［J］.沈阳农业大学学报，26(3): 241-248

傅俊范，王崇仁，吴友三，1995.中国菌刺孢属一新记录种——槭菌刺孢［J］.真菌学报，14(2):158

甘承海，2002.文山三七疫病的发生情况与防治措施［J］.植保技术与推广，22(5):22-23

郭宏波，张跃进，梁宗锁，等，2017.水旱轮作减轻三七连作障碍的潜势分析［J］.云南农业大学学报（自然科学），32(1):161-169

何振兴，罗丽飞，1988. 三七炭疽病的发生及防治［J］. 中药材，11(3):12-13

胡先奇，杨艳丽，喻盛甫，等，1997. 三七根结线虫病在云南发现［J］. 植物病理学报，21(5):360

胡先奇，喻盛甫，杨艳丽，1998. 三七根结线虫病病原研究［J］. 云南农业大学学报，13(4):375-379

黄宏强，范小燕，陶亚群，等，2016. 三七黑斑病病原菌的复核鉴定［J］. 长江大学学报（自科版），13(15):6-9

蒋妮，覃柳燕，叶云峰，等，2011. 三七病害研究进展［J］. 南方农业学报，42(9):1070-1074

金羽，2005. 三七病毒病病原的初步研究［D］. 哈尔滨：东北农业大学

金羽，张永江，陈燕芳，等，2005. 三七花叶症的检测与鉴定［J］. 中国植保导刊，25(6):10-11

李梅蓉，李晓静，包改丽，等，2016. 三七 Y 病毒部分 ci 基因和 cp 基因的克隆及序列分析［J］. 云南农业大学学报（自然科学），31(1):35-42

李晓静，2014. 三七病毒病病原种类鉴定及其相关病毒分子变异分析［D］. 昆明：云南农业大学

李忠义，喻盛甫，1998. 三七根腐病防治研究［J］. 中药材，21(4):163-165

廖寿南，1994. 三七炭疽病的发生及防治［J］. 广西植保，4:37

刘云龙，陈昱君，何永红，2002. 三圆斑病的初步研究［J］. 云南农业大学学报，17（3）:297-298

陆宁，2005. 三七圆斑病病原菌分生孢子的生物学特性［J］. 中药材，28(9):9

陆宁，陈昱君，鲁海菊，等，2005. 三七圆斑病病原菌生物学特性研究［J］. 云南农业大学学报，20（2）:193

罗文富，贺承福，1996. 三七细菌性根腐病及其防治［C］. 第三次全国农作物病虫害综合防治学术讨论会:330-333

罗文富，喻盛甫，等，1997. 三七根腐病病原及复合侵染的研究［J］. 植物病理学报，27(1):85-91

罗文富，喻盛甫，贺承福，等，1997. 三七根腐病病原及复合侵染的研究［J］. 植物病理学报，27（1）:85-91

罗文富，喻盛甫，黄琼，等，1999. 三七根腐病复合侵染中病原细菌的研究［J］. 云南农业大学学报，14:123-127

骆平西，许毅涛，等，1991. 三七根腐病病原鉴定及药剂防治研究［J］. 西南农业学报，4(2):77-80

毛忠顺，龙月娟，朱书生，等，2013. 三七根腐病研究进展［J］. 中药材，36(12):2051-2054

缪作清，李世东，刘杏忠，等，2006. 三七根腐病病原研究［J］. 中国农业科学，39（7）:1371-1378

戚佩坤，1994. 广东药用植物病害［M］. 广州：广东科技出版社:126

阮兴业，罗文富，1986. 云南省镰刀菌属（*Fusarium*）种类鉴定［J］. 云南农业大学学报，1(1):1-13

宋丽敏，2005. 三七病毒病害病原的初步鉴定［D］. 北京：中国农业大学

宋丽敏，梁文星，姜辛，等，2003.三七上番茄花叶病毒的初步鉴定［C］.第三次全国植物病毒与病毒病防治研究学术会议论文

宋丽敏，梁文星，姜辛，等，2003.三七上番茄花叶病毒的初步鉴定［J］.云南农业大学学报，18(4): 111-112

王朝梁，崔秀明，等，1990.三七病害与栽培条件的关系［J］.中药材，(6):15-16

王朝梁，崔秀明，等，1998.三七根腐病发生与环境条件关系的研究［J］.中国中药杂志，23(12): 714-716

王朝梁，崔秀明，李忠义，等，1998.三七黑斑病侵染与发病条件研究［J］.中药材，21(7): 328-330

王朝梁，崔秀明，罗文富，等，2000.三七黑斑病初侵染来源与传播途径研究［J］.中国中药杂志，25(10):597-599

王拱辰，陈鸿逵，等，1989.三七根腐病病原菌分离、接种和药剂试验［J］.植物病理学报，21(2):144

王淑琴，于洪军，陈仙华，等，1980.三七黑斑病的防治研究［J］.特产科学实验，4:9-16

王淑琴，于洪军，陈仙华，等．1981.三七黑斑病的综合防治研究［J］.植物病理学报，11(2):45-52

王淑琴，于洪军，官廷荆，等，1993.中国三七［M］.昆明：云南民族出版社

王勇，陈昱君，等，2003.三七锈腐病的发生规律调查研究［J］.现代中药研究与实践,（增刊）: 27-29

王勇，陈昱君，范昌，等，2003.三七圆斑病发生与环境关系［J］.中药材，26(8):541-542

王勇，陈昱君，冯光泉，等，2007.三七根腐病与施肥关系试验研究［J］.中药材，30(9):1063-1065

王勇，陈昱君，杨建忠，等，2013.几种杀菌剂对三七黑斑病防效及与三七质量关系研究［J］.文山学院学报，26(6):4-7

王勇，陈昱君，周家明，等，2000.三七黑斑病田间发生规律调查初报［J］.中药材，23(11): 671-672

王勇，刘云芝，陈昱君，2007.三七疫病发生相关因子调查［J］.中药材，30(2):134-136

王勇，刘云芝，陈昱君，等，2007.文山三七疫病病原菌的分离与鉴定［J］.文山师范专科学校学报，20(1):104-107

王勇，刘云芝，杨建忠，2008.三七疫病病菌生物学特性初步研究［J］.西南农业学报，21(3): 671-674

王志敏，皮自聪，罗万东，等，2016.三七圆斑病和黑斑病及其防治［J］.农业与技术，

36(1): 49-53

韦继光，陈育新，1992. 广西三七黑斑病调查初报［J］. 中药材，15(1):7-8

燕照玲，周涛，李怀方，等，2009. 三七 Y 病毒检测体系的初步建立［C］. 中国植物病理学会 2009 年学术年会论文集

杨建忠，王勇，陈昱君，等，2006. 三七麻点叶斑病发生危害调查报告［J］. 云南农业科技，(6):47-49

杨建忠，王勇，张葵，等，2008. 蓟马危害三七调查初报［J］. 中药材，31(5):636-638

杨绪旺，2015. 三七白粉病重寄生菌的鉴定［J］. 文山学院学报，28(3):4-7

余广元，冯仁芬，1978. 三七黄锈病菌冬孢子阶段的发现［J］. 微生物学报，18(3):263-264

喻盛甫，罗文富，胡先奇，等，1998. 三七根腐病中线虫病原问题的研究［J］. 云南农业大学学报，13(2): 277-280

张天宇，2003. 中国真菌志 (第十六卷) 链格孢属［M］. 北京：科学出版社

张永江，金羽，李桂芬，等，2005. 三七上一种新线状病毒的初步研究［J］. 西北农林科技大学学报，33（增刊）:263

张仲凯，李毅，2001. 云南植物病毒［M］. 北京：科学出版社

赵日丰，1994. 我国人参疫病的研究进展［J］. 植物保护，(4):33-35

赵日丰，陈伟群，1993. 我国人参西洋参黑斑病的研究进展［J］. 植物保护，1:31-32

赵日丰，吴连举，1993. 人参疫病病原菌的研究［J］. 植物病理学报，23(3):260

赵日丰，朱桂香，王疏，等，1987. 人参黑斑病菌生物学性状的研究［J］. 植物病理学报，17(2): 112-118

浙江省卫生局、科技局，1952. 浙江省栽培药用植物病虫害防治［M］.

Deighton F C, 1972. Mycocentrospora new name for *Centrospora* Neerg［J］. Taxon, 21:716

Ellis M B, 1971.More Dematiaceous Hyphomycetes. Surrey, England, CMI, Kew, 264-266

Neergaard P, Newhall A G, 1951.Notes on the physiology and pathogencyity of *Centrospora acerina* (Harting) Newhall［J］. Phytopathology, 41:1021-1033

Wang W, Zhao C, Chen Z, et al, 2015.Studies on the isolation, identification and in vitro growth rates of three pathogenic fungi from *Panax notiginseng* cultivated in Wenshan Eparchy［J］. Agricultural Science & Technology, 16:1165-1171, 1258

Yan Z L, Song L M, Zhou T, et al, 2010. Identification and molecular characterization of a new potyvirus from *Panax notoginseng*［J］. Arch Virol., (155): 949-957

第3章

三七常见生理性病害

　　植物生理性病害由非生物因素即不适宜的环境条件引起,这类病害没有病原物的侵染,不能在植物个体间互相传染,所以也称非传染性病害。植物生长和发育所需的理想条件是很难齐备的,但是,植物有一定的适应性,当生长条件的不适应或有害物质的浓度超过了它的适应范围,正常的生理活动就受到严重的干扰和破坏而发生病态。由于环境因素的变化是连续性的,病态表现的程度不同,生长正常或不正常也是相对的,它们的界线有时就很难划分。例如,作物的生长因氮肥供应不足受到一定的影响,到严重缺氮而发生缺氮症,中间有轻重不同的程度。其他非侵染性病害也有类似的情况。

　　鉴定一种植物病害为生理性病害必须满足三个条件:无生物性病原、无传染性、恢复性。无生物性病原就是检测整株发病作物,并不能发现有任何致病真菌、细菌、病毒等生物病原,这是鉴定病害是否为生理性病害的第一步。无传染性即发病植株不能将自身病害传染给健康植株,这也是鉴定病害的关键步骤。恢复性即找到致病因素后,将这种致病的非生物因素去除以后,发病较轻的作物症状减轻直至完全恢复健康,这是确定生理性病害的定锤之音。

　　植物生理性病害具有突发性、普遍性、散发性、无病征的特点,可由各种因素引起,检测植株是否为生理性病害可以通过这些特点帮助鉴定。突发性即病害在发生发展上,发病时间多数较为一致,往往有突然发生的现象。普遍性即作物发病是成片、成块普遍发生,常与温度、湿度、光照、土质、水、肥、废气、废液等特殊条件有关,因此无发病中心,相邻植株的病情差异不大,甚至附近某些不同的作物或杂草也会表现出类似的症状。散发性即多数是整个植株呈现病状，且在不同植株上的分布比较有规律，若采取相应的措施改变环境条件，植株一般可以恢复健康。无病征即生理性病害只有病状，没有病征。许多非侵染性病害往往是在田间大面积上同时发生，而且发病区域呈零散状，不像侵染性病害由病发点开始那样逐渐向外蔓延；同时，病株或病叶表现症状的部位有一定的规律性，如叶片的日灼症状始终表现在叶尖或叶缘。根据生理性病害的特点和发病规律，活学活用可以帮助鉴定植株病害种类进而制定合适的治理方法和措施。

引起非侵染性病害发生的环境因素很多，主要有温度、湿度、光照、土壤和空气的成分和栽培措施等。在自然界各个环境因素是有联系的，对发病因素要作全面的分析，例如，桃及其他核果类植物枝干的流胶病就可以由伤口、生理失调、地下水位过高、土壤黏重过酸等不适环境引起。

3.1 气候型生理性病害

当三七生长的外界环境条件发生某些不适宜变化或荫棚透光率过大超过了三七植株所能忍受的程度，或三七生理性衰老等所导致的三七植株一系列不正常的变化属于气候型生理性病害。常见的有干叶病、生理性黄叶、三七日灼症、灼叶症等。

1. 三七干叶病

三七干叶病是一种由气候干燥引起的生理性病害，在空气湿度不大、风大的地区容易发生，是三七产区普遍存在的一种生理性病害。据调查，部分七园发病率高达60%，在一定程度上影响了三七的正常生长。

1）症状表现

病害发生初期叶尖颜色变暗，逐渐变成枯白色，病健交界明显。随着高温干旱的时间延长，病部逐渐发展，导致多数叶片发黄干枯，向下卷曲，容易破碎；若叶片受害部达1/3以上时，容易脱落。该病在4～5月三七幼苗期发生较为严重。这段时期由于三七主产区气候比较干燥，空气湿度小，空气流动以干热风为主，若荫棚透光率较大，光线过强，则该病发生较严重。

2）防治方法

①选用背风、略有坡度的地块，避免选用陡坡、迎风的地块做七园。

②加强田间管理，适时抗旱浇水，注意调节七园气候。
③适当增加荫棚遮阴度；少开园门，尽量减少水分散失。
④适量喷施植物生长调节剂如旱地龙，促进三七生长，提高植株抗逆力。

2. 三七生理性黄叶

三七生理性黄叶又称"烧根"或"糟根"，由地下肥害或渍水所引起。是由施肥不均或者浇水不当引起。

1）症状表现

轻者叶片普遍褪绿淡黄色，重者叶片变黄微下垂，最后死亡，根茎部有时变黑变软。

2）防治方法

①属肥害"烧根"，可适量灌水，稀释地下肥料浓度，减轻危害，并注意在施用底肥时充分腐熟，尤其是用油枯作底肥的更应注意；用普钙或其他化肥作底肥时应充分拌匀施匀。

②属渍水"糟根"，可适当打开园门，降低园内湿度，加强排水。

3. 三七日灼症

1）症状表现

三七日灼症又名"火泡叶""叶烧病"等。是苗期常发的病害，在荫棚过稀，强烈阳光的照射下，叶片变为黄绿色，受害部位颜色变淡变薄，该病多由叶尖和叶缘开始，逐渐沿叶脉向内扩展，当支脉和主脉颜色变浅时，受害的叶尖或叶缘则干枯死亡。其次，还可表现为嫩叶从支脉处变黄褐色，有的叶缘略向内翻卷，呈"马耳朵"状。此时，三七植株开始出现早衰，表现为苍老，生长势弱，严重时植株出现早期落叶；但地下根部仍然存活，至次年仍可萌芽出苗。轻者茎秆变短变粗，叶片变厚，叶色变淡，凹凸不平，呈不均匀褪绿，重者叶片变黄，叶脉变淡下卷，叶片呈褐色斑，易穿孔。

2）防治方法

①调整天棚透光度，保持透光均匀适度。最好选用透光均匀一致的遮阳网进行栽培。建园时天棚透光要均匀适度。

②春季风大时要防止天棚被吹坏。若已发现日灼，应及时修补过稀天棚，使其稍密，及时浇水、追施嘉美金点、脑白金，促使叶色迅速转绿。

4. 三七灼叶症

1）症状表现

因根外喷施农药，化肥过量或浓度过大而引起，初期表现为局部叶片变为黄红色，随之扩展为褐色，最后枯萎，受害部分死亡，严重时叶片脱落。

2）防治方法

在施用化肥、农药时应严格按要求进行，不可随意提高施用浓度和增加施用量，喷施时要均匀，防止"偏心"。

3.2 营养型生理性病害

当三七栽培土壤中缺乏某种营养元素或该营养元素处于不能吸收的状态使缺乏超过三七忍耐的限度时，三七植株就会出现一系列不正常的变化。这一类病害称为三七营养型生理性病害，又称三七缺素症。研究显示，氮、钾、钙、镁4种元素缺乏的情况下三七不易存活；缺磷时虽能存活，但植株较瘦小。

1. 三七缺氮症

1）氮的生理作用

氮元素是作物生长所需要的大量元素之一，是作物生长过程中的重要元素。氮元素不仅是构成作物体内蛋白质和酶的主要成分，还是叶绿素的重要组成成分，是植物生长发育过程中必不可少的重要元素。当氮元素供应充足时，作物的叶面积增加，叶色浓绿，光合作用旺盛。缺乏氮元素时叶绿素的数量就会减少，叶色褪绿浅黄，光合作用减弱，光合产物减少。此外缺氮作物茎弱细，多木质；根则生长受抑制，较细小，且种子不正常地早熟，少而小，千粒重小。

2）三七缺氮症状和防治方法

植株生长缓慢，株型矮小，叶片较薄且发黄，根系生长较弱，继而整株叶片发黄干枯至死亡。

出现缺氮症状时，可以每周喷施0.4%～0.5%尿素溶液2～3次，该溶液喷施24小时后就可被作物吸收同化。此外，还可以将氮肥溶于水后再施于土壤中。

2. 三七缺钾症

1）钾的生理作用

钾是非植物结构组分元素，植物以钾离子形态吸收钾。钾在植物体内可以激活酶，据研究有60多种酶需要钾来激活。而且，钾还参与光合作用，参与中间产物的运输，并在各个环节都起到促进作用。另外，钾对植物水分平衡有调节作用，还参与了蛋白质的代谢等。这些作用都足以说明钾是植物细胞生活过程中的重要离子。

2）三七缺钾症状和防治方法

三七缺钾植株株高、株型弱小，叶尖、叶缘逐渐变为枯白色，继而叶脉发黄，叶片萎蔫、脱落，植株生长停滞、死亡，根系生长弱，不发新根。

作物一旦发生缺钾症，应立即叶面喷施0.3%磷酸二氢钾。或者采取土壤追肥，每亩每次用硫酸钾10~15kg。

3. 三七缺钙症

1）钙的生理作用

钙是植物中不可或缺的重要离子。作为植物结构的组成元素，钙主要构成果胶酸钙、钙调素蛋白、肌醇六磷酸钙镁等，在液泡中有大量的有机酸钙，如草酸钙、柠檬酸钙、苹果酸钙等。钙能稳定细胞膜、加固细胞壁，还参与第二信使传递，调节渗透作用，具有酶促作用等。

2）三七缺钙症状和防治方法

三七缺钙植株矮小，叶片从新叶开始，逐渐从叶尖、叶缘变黄，最后整片叶片枯黄、脱落，根系生长较弱，主根膨大及须根分化均不明显，且根腐严重，植株存活时间短，较快死亡。

三七缺钙症可以通过以下几种方法缓解。

①叶面喷施　出现缺钙症时可立即用0.3%~0.5%的氯化钙或0.3%磷酸亚钙溶液喷施于三七幼叶表面，连续用数次。

②追施石灰质肥料　每亩用50~80kg石灰质肥料，用水溶解后施于植株间。

③补充水分，少施氮、钾肥　土壤中含有钙，而当水分不足时，会显著阻碍钙的吸收。因此，在干旱年份高畦栽培或坡地栽培，要注意补充水分。此外，氮、钾过多容易造成缺钙。因此在易发生缺钙的地块要有计划地施肥，避免氮、

钾过多。在已经缺钙的地块，必须控制氮、钾的使用。

4. 三七缺镁症

1）镁的生理作用

作为叶绿素中唯一的金属离子，镁不仅是叶绿素的重要组成部分，还是多种酶的催化剂，参与植物的光合作用并促进植物的生长发育。此外，镁还参与了脂肪和蛋白的合成以及 DNA、RNA 的合成过程。所以被土肥研究者称为植物第四大必需营养元素。

2）三七缺镁症状和防治方法

三七缺镁首先会在老叶中表现，出现失绿症。整株观察会发现缺镁三七植株瘦小，茎杆紫红色，叶脉黄化严重，继而叶片发黄枯卷，根系不发达，并出现根腐症状。

三七出现缺镁症状时应及时进行防治以免造成更大的损失。

①叶面喷施　用 1%～2% 硫酸镁、碳酸镁或者硝酸镁溶液每隔 10 天叶面喷施一次，连续用 5～6 次。

②追施镁肥　如果为酸性土壤，则每亩用 80～100kg 氧化镁石灰或约 60kg 氢氧化镁，用适量水溶解后施于株间，就会迅速被作物吸收。也可以直接利用粉末撒施于厢面后再进行灌水。

当土壤 pH 值为 6.0 以上时，应施用硫酸镁或硫镁矾较好。

5. 三七缺磷症

1）磷的生理作用

磷是植物结构的组分元素，主要构成核酸、磷脂、腺苷磷酸、磷酸酯、肌醇六磷酸。磷常以一价和二价正磷酸盐形式被植物吸收。无机磷酸盐在液泡内对代谢有调节作用。叶中碳水化合物代谢和蔗糖运输也受磷的调节。磷参与能量代谢、遗传信息的储存和传递、细胞膜的构成和酶活动。

2）三七缺磷症状和防治方法

三七缺磷时会出现植株较瘦小，茎杆和叶柄均呈深紫色，叶片较小而厚，略呈僵缩状，叶色呈暗绿色，叶脉微黄，须根分化较少。

三七出现缺磷症状时可以实施以下措施。

①叶面喷施　采取叶面喷施 0.3%～0.5% 的磷酸二氢钾或磷酸亚钙溶液。

②施用磷肥 可以采取在含有厩肥或腐殖质的土壤改良剂中拌入过磷酸钙,再条施于作物根附近。

③施用镁 尽管土壤中存在磷,但缺镁时,磷的吸收同样受阻,出现缺磷症。作为防治措施,在追施磷肥时,应先调查土壤中是否缺镁,若缺镁,在施磷肥的同时,每亩施用硫酸镁钾肥 2.0～2.5kg。

参 考 文 献

冯光泉,金航,陈中坚,等,2003.不同营养元素对三七生长的影响研究[J].现代中药研究与实践,18-21

李品汉,2016.三七干叶病的发生与预防措施[J].科学种养,6:32

欧小宏,金航,郭兰萍,等,2011.三七营养生理与施肥的研究现状与展望[J].中国中药杂志,36(19):2620-2623

孙玉琴,韦美丽,韩进,等,2008.三七缺素症状初步研究[J].中药材,31(1):4-6

第4章 三七常见虫害

三七在生长发育过程中,常常遭受多种害虫的危害,不仅降低了三七产量,也影响了三七的品质,对三七产业的发展产生了一定的影响。但是,相对于三七病害而言,虫害的发生范围及其危害程度均明显较小。因此,本章仅对三七害虫发生种类及其防治方法作粗浅的介绍。

危害三七的害虫,大体分为地下部害虫和地上部害虫两大类。本章将从三七主要害虫的危害症状、形态特征、生活习性及防治方法等方面进行介绍。

4.1 地下害虫

地下害虫是指在土壤中为害植物的地下部分(如根、茎、种子等)或近地面根茎部分的昆虫,也称土壤害虫。

地下害虫发生、为害的特点如下。

(1) 种类多、分布广

目前我国已知的地下害虫的种类有320余种,隶属于8目38科,在三七种植区均有地下害虫的发生,其分布广,为害严重。主要包括鞘翅目金龟甲总科的蛴螬类、叩头甲科的金针虫类;鳞翅目夜蛾科的地老虎类;直翅目蝼蛄科的蝼蛄类;双翅目眼蕈蚊科的根蛆类等。

按地下害虫的为害方式可将其分为三个类型:①各虫态昼夜均栖息在土壤中,并为害三七的地下部分,仅成虫出土活动、交尾,如蛴螬类、金针虫类和根蛆类。②白天栖息在土壤中,夜间出来为害三七的近地面部分,如地老虎类。

③白天栖息在土壤中，夜间到地面活动，为害三七的地下和地上部分，如蝼蛄类。

（2）寄主范围广、食性复杂

地下害虫大多为多食性害虫，可为害各种农作物、中草药、蔬菜、果树、林木、花卉、牧草、草坪等。

（3）生活周期长

很多地下害虫如蛴螬、金针虫、蝼蛄等的生活周期都很长，一般1年发生1代或2～3年发生1代。

（4）为害时间长

从春季到秋季、播种到收获，三七的整个生育期都可遭受地下害虫的为害，一般以春、秋两季为害最重。

（5）发生与土壤和环境关系密切

土壤为地下害虫提供了栖息条件，其发生与土壤质地、连作年限、含水量、酸碱度、前茬作物及周围农作物、林果、杂灌木等都有密切关系。

（6）为害隐蔽，防治困难

地下害虫大多数生活在土壤中，发生为害具有隐蔽性，不易被及时发现，待发现作物受害后，常常已错过最佳防治时期。而且土壤还成了地下害虫的保护屏障，增加了防治上的难度，成为三七生产上的严重障碍。

1. 小地老虎

地老虎又名"地蚕""地根虫""黑土蚕"等，隶属鳞翅目（Lepidoptera）夜蛾科（Noctuidae）。陈一心（1986）记载我国的地老虎类有170多种，已知为害农作物的大约20种左右，危害三七的主要是小地老虎。

小地老虎［*Agrotis ypsilon*（Rottemberg）］在云南文山州三七各种植区均普遍发生，且危害严重。小地老虎食性非常复杂，除危害三七等中药材外，还可危害玉米、甘薯、向日葵、烟草、豆类、瓜类、番茄、辣椒等。在文山州小地老虎均以第一代幼虫危害三七幼苗和春播作物幼苗，严重时造成缺苗断垄，甚至毁种重播。在不同地区，秋播后还危害秋苗，一般蔬菜产地，春、秋两季均有危害，但以春季发生多，危害重。

1）为害特点

小地老虎危害三七时，主要以幼虫咬食为害，一般低龄幼虫咬食三七植株的茎叶，造成茎秆折断或叶片缺刻；3龄以后常从近地面处咬断幼苗的嫩茎，并将幼苗拖入土中继续咬食，造成缺苗断垄。

2）形态特征（图4-1）

成虫：体翅暗褐色，体长16～23mm，翅展42～54mm。触角雌蛾丝状，雄蛾双栉齿状，栉齿仅达触角之半，端半部为丝状。前翅前缘及外横线至中横线部分（有时可达内横线）呈黑褐色；肾状纹、环状纹及棒状纹位于其中，各斑均环以黑边；在肾状纹外侧有1个明显的尖端向外的楔形黑斑，在亚缘线上有2个尖端向内的楔形黑斑，3斑尖端相对，是主要识别特征。后翅色淡，灰白色，翅脉及边缘呈黑褐色。

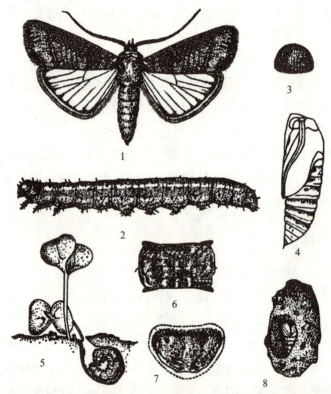

图4-1 小地老虎［引自《农业昆虫学》（李云瑞，2006）］

1.成虫；2.幼虫；3.卵；4.蛹；5.幼苗被害状；6.幼虫第4节背面观；7.幼虫腹部末节臀板；8.土室

卵：半球形，直径约0.61mm，高约0.5mm；表面具纵横交错的隆线；初产乳白色，渐变淡黄色，孵化前灰褐色。

幼虫：老熟幼虫体长约37～50mm，头宽3.2～3.5mm；黄褐色至黑褐色；体表粗糙，密布大小不等的颗粒。头部颅侧区有不规则的黑色网纹；唇基为等边三角形；颅中沟很短，额区直达颅顶，呈单峰。腹部各节背面具4个毛片，后2个比前2个大1倍以上；腹末臀板黄褐色，有2条深褐色纵带。

蛹：体长18～24mm，红褐色至暗褐色，腹部第4～7节基部有1圈刻点，在背面的大而色深；腹部末端具1对臀棘。

3）生活史和习性

（1）生活史

小地老虎全国各地年发生世代各异，自北向南发生世代逐渐增加，就全国范围看，除南岭以南地区有2代危害（冬季和春季）外，其他地区无论发生几个世代，都以最早一代危害最重，其后各代种群数量骤减，在生产上不造成灾害。在云南文山三七种植区小地老虎一年发生4～5代，一般多以老熟幼虫和蛹在土壤中越冬，越冬幼虫或蛹一般在翌年3月中下旬开始羽化，第一代幼虫发生期为4月中旬至5月中旬，为害三七新生幼苗，为害严重，造成严重缺苗，以后各代为害较轻。

（2）习性

成虫：小地老虎是一种迁飞性害虫，迁飞能力强，1次迁飞距离可达1000km以上；成虫昼伏夜出，白天潜伏在土缝、杂草丛或其他隐藏处，夜间出来活动、取食、交尾及产卵，以晚间19:00～22:00时活动最旺盛。具强烈的趋光性和趋化性，对黑光灯的趋性强；喜吸食糖蜜等带酸甜味的汁液，对糖、醋、酒混合液和萎蔫的杨树枝把有较强的趋性。成虫羽化后3～5天交尾，交尾后第2天产卵，雌蛾喜选择粗糙、多毛的表面产卵，卵产在土块上、土缝中、土面的枯草茎、须根、矮小的杂草叶片及作物幼苗叶片背面；卵多散产，单雌产卵量多为1000粒左右，多者在2000粒以上。在最适温度下（25℃），平均寿命雌蛾为10.5天，雄蛾为8天。

幼虫：幼虫共6龄，少数7～8龄；以春季第1代幼虫为害最严重。幼虫孵化后先食卵壳，1、2龄幼虫常栖息在表土、田间杂草、三七的叶背或心叶里，昼夜活动取食，并不入土，将叶片吃成小孔、缺刻或取食叶肉留下网状表皮，此时食量小，危害不大，是防治的最佳时期。3龄以后白天潜入2～3cm的表土中，夜间出土为害，以夜间21:00～24:00及清晨5:00活动最甚，在阴暗多云的白天也可出土为害。4龄后不仅咬食叶片，还可咬断幼苗，并将幼苗拖入穴中取食。4～6龄幼虫食量占幼虫期总食量的97%以上，每头幼虫一夜可咬食三七幼苗3～5株，最多可达10株以上，造成"断条"。幼虫有假死习性，受惊后缩成环形，饥饿或种群密度过大时，具自相残杀现象。

蛹：小地老虎幼虫老熟后，大都迁移到地边、杂草根际 6～10cm 土层中筑土室化蛹。

各虫态历期：在 25℃下，小地老虎卵、幼虫、蛹的历期分别为：4.65 天、20.46 天、15.69 天；产卵前期为 3.95 天；完成 1 个世代需 44.75 天。

4）发生与环境的关系

小地老虎发生数量和危害程度，受多种生态因素的综合影响。高温和低温均不利于小地老虎的生长发育和繁殖，高温致使小地老虎蛹重减轻，成虫羽化不健全，产卵量显著下降。冬季越寒冷，来年春季发蛾量越少。土壤含水量在 15%～20% 的地区，为害重。降雨量过多，土壤湿度过大，可增加小地老虎病原菌的流行，虫口密度大大减少。地势低洼，地下水位高，较疏松的沙质壤土，适宜地老虎繁殖。水旱轮作地区发生轻，旱作地区发生重。前茬为绿肥或套作绿肥的田块，受害重。

5）预测预报

准确地掌握小地老虎幼虫的 2 龄期是保证防治效果的关键。

（1）调查越冬代小地老虎成虫的盛发期，预测 2 龄幼虫的盛发期

从 3 月上、中旬至 6 月上旬，采用黑光灯（20W）或糖酒醋液（糖 6 份、醋 3 份、白酒 1 份、水 10 份、90% 敌百虫 1 份调匀）诱蛾器诱蛾，逐日记载雌蛾、雄蛾数量，发蛾高峰日加上当地小地老虎的产卵前期、卵期、1 龄幼虫期和 2 龄幼虫期的半数，即为小地老虎 1 代 2 龄幼虫的盛发期，也为防治适期。在云南文山州春季，如平均每天每台诱蛾器诱蛾 5～10 头以上，表示进入发蛾盛期，蛾量最多的一天即为发蛾高峰期，过后 20～25 天即为 2 龄幼虫盛期，为防治最佳时期；诱蛾器如连续两天诱蛾量在 30 头以上，预测将有大发生的可能。

（2）调查田间幼虫数量，确定防治田块

在第 1 代幼虫 1～2 龄盛期和定苗期调查，每块田按棋盘式 10 点取样，每点调查 20 株或 1m^2，记载被害株数及虫口数量，调查时应注意根际、地面和植株心叶内的幼虫，如定苗前有幼虫 0.5～1 头 / m^2，或定苗后有幼虫 0.1～0.3 头 / m^2（或百株三七上有幼虫 1～2 头）时，应立即防治。

6）防治方法

（1）农业防治

①铲除杂草　早春清除七园及周围杂草，是防止地老虎成虫产卵的关键环

节。如已被产卵,并发现 1～2 龄幼虫,则应先喷药后除草,以免个别幼虫入土隐藏。清除的杂草可在远离七园处沤粪处理。

②合理轮作　三七种植园最好选择前作非蔬菜、薯类等作物地块,并远离蔬菜地或薯类地。

（2）物理防治

①诱杀成虫　在成虫盛发期,利用黑光灯、糖酒醋液（糖 6 份、醋 3 份、白酒 1 份、水 10 份、90% 敌百虫 1 份调匀）、杨树枝把或性诱剂诱杀成虫。

②诱杀幼虫　在田间幼虫发生期,可用新鲜泡桐叶、莴苣叶或烟叶用水浸泡后,于幼虫盛发期的傍晚放入田间（1000～1200 片叶 /hm^2）,次日清晨翻开叶片,人工捕杀其中的幼虫。也可选择地老虎喜食的灰菜、刺儿菜、苦卖菜、小旋花、苜蓿、艾蒿等杂草堆放诱集地老虎幼虫,人工捕杀或拌入药剂毒杀诱集到的幼虫。

③人工捕杀　对高龄幼虫,每天清晨到田间检查,扒开新被害植株周围表土,捕杀其中的幼虫。

（3）化学防治

三七出苗后,注意经常检查,一旦发现幼虫或虫卵且达到防治指标时,及时用药防治,一般在第一次防治后,隔 7 天左右再防治一次,连续防治 2～3 次。对 1、2 龄幼虫可用喷雾、撒毒土防治,对高龄幼虫可撒施毒饵防治。

①喷雾　3 龄前的小地老虎幼虫抗药性差,且暴露在寄主植物或地面上,是药剂防治的最佳时期,可用药剂进行叶面喷雾防治。可选用的常用药剂有 10% 高效氯氰菊酯乳油 3000～4000 倍液、48% 乐斯本乳油 1000 倍液、50% 辛硫磷乳油 1000 倍液。

②撒毒土　用 50% 辛硫磷乳油、2.5% 溴氰菊酯乳油分别按 1∶1000、1∶2000 拌成毒土或毒砂,按 300～375kg/hm^2 于傍晚撒施于苗根附近,对低龄和高龄幼虫均有效。

③毒饵诱杀幼虫　在高龄幼虫为害期,一般把麦麸、豆饼等饵料炒香,每亩用饵料 4～5kg,加入 90% 晶体敌百虫,按饵料的 1% 药量和 10% 水稀释后拌入制成毒饵,于傍晚撒施于幼苗根际地面,用量 60～75kg/hm^2,施毒饵前能先灌水,保持地面湿润,效果尤好。也可用 90% 晶体敌百虫或 50% 辛硫磷乳油稀释 10 倍,喷拌在切碎的鲜草或小白菜上制成毒草;或用鲜蔬菜∶冷饭或蒸熟的苞谷面∶糖∶酒∶敌百虫按 10∶1∶0.5∶0.3∶0.3 比例混合而成,于傍晚成小堆撒

施在幼苗根际，用量 300～450kg/hm²。同时还可兼诱杀蝼蛄、蟋蟀等地下害虫。

2. 蛴螬

蛴螬是鞘翅目（Coleoptera）金龟甲总科（Scarabaeoidea）幼虫的总称，俗称"白土蚕""大头虫""核桃虫"等。其成虫统称金龟甲或金龟子，俗名"黑盖子虫""绒马挂""黄虫"等。蛴螬是地下害虫中种类最多、分布最广、为害最重的一大类群，我国已经记载的为害农、林、牧草的蛴螬有 100 余种，其中常见的有 30 余种。在文山地区危害作物的金龟子种类较多，其中在三七上发生危害较为普遍而严重的种类有大黑鳃金龟、铜绿丽金龟等。

1）为害特点

蛴螬是杂食性害虫，可为害粮食、油料、糖料、蔬菜、烟草、麻类、中草药、牧草、花卉、树苗、草坪等多种植物的种子、幼苗及根茎。蛴螬主要危害三七的根部，咬断三七幼苗的根茎，造成缺苗断垄，或咬食三七根部，咬成缺刻、孔洞，严重时植株枯萎死亡，而且容易引起病菌侵染。有些金龟子成虫，还取食三七叶片，被害叶片被咬食成孔洞缺刻。

2）形态特征

（1）大黑鳃金龟（图 4-2）

大黑鳃金龟隶属于鞘翅目（Coleoptera）鳃金龟科（Melolonthidae），是蛴螬中最常见的种类之一，在国内除西藏尚未报道外，全国各省（区）均有分布。本种是由几个近缘种组成，依其在我国主要分布区域命名为：东北大黑鳃金龟（*Holotrichia diomphalia* Bates）主要分布于东北三省；华北大黑鳃金龟［*Holotrichia oblita*（Faldermann）］主要分布于河北、山东、山西、河南、辽宁西部等省区；华南大黑鳃金龟（*Holotrichia sauteri* Moser）主要分布于福建、台湾、江西、浙江等东南沿海地区；江南大黑鳃金龟（*Holotrichia gebleri* Faldermann）主要分布于江苏、浙江、安徽等地；四川大黑鳃金龟（*Holotrichia szechuanensis* Chang）主要分布于四川、贵州和甘肃南部地区。

成虫：体长 16～22mm，体宽 8～11mm。黑色或黑褐色，具光泽。触角 10 节，鳃片部 3 节，呈黄褐或赤褐色。鞘翅呈长椭圆形，每侧有 4 条明显的纵肋。前足胫节外齿 3 个，内方距 2 根；中足和后足胫节末端距 2 根。臀节外露，背板向腹下包卷，与肛腹板相会于腹面。

卵：初产时长椭圆形，白色略带黄绿色光泽，长约 2.5mm，宽约 1.5mm。

发育后期呈近圆球形，洁白色，有光泽，长约 2.7mm，宽约 2.2mm。

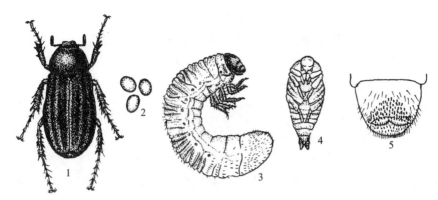

图 4-2　大黑鳃金龟 [引自《农业昆虫学》(袁锋，2011)]

1.成虫；2.卵；3.幼虫；4.蛹；5.幼虫臀节腹面观

幼虫：老熟幼虫体长 35～45mm，头宽 4.9～5.3mm，头部赤褐色，前顶刚毛每侧 3 根，其中冠缝旁 2 根，额缝上方近中部 1 根；肛腹片覆毛区无刺毛列，只有散生钩状刚毛 70～80 根，肛门孔呈三射裂缝状。

蛹：裸蛹。体长 21～23mm，体宽 11～12mm，蛹初期为白色，随发育变为黄色、黄褐色至红褐色。尾节瘦长三角形，端部具 1 对尾角，呈钝角向后岔开。

（2）铜绿丽金龟（图 4-3）

铜绿丽金龟（*Anomala corpulenta* Motschulsky）隶属于鞘翅目（Coleoptera）丽金龟科（Rutelidae），是蛴螬中最常见的种类之一，在国内除西藏、新疆未见报道外，全国各省（区）均有分布，以气候较湿润且多果树、林地的地区发生较多。

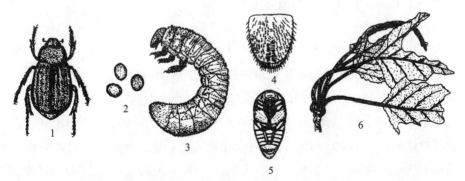

图 4-3　铜绿丽金龟 [引自《园艺植物保护学》(黄云、徐志宏，2015)]

1.成虫；2.卵；3.幼虫；4.幼虫臀节腹面观；5.蛹；6.被害状

成虫：体长 19～21mm，体宽 10～11.3mm。具金属光泽，头、前胸背板色较深，呈红铜绿色；小盾片和鞘翅呈铜绿色；前胸背板两侧缘、鞘翅侧缘、胸及腹部腹面为褐色和黄褐色。鞘翅每侧各具 4 条纵肋；前足胫节外齿 2 个，较钝。前足和中足大爪分叉，后足大爪不分叉。雄性臀板基部中央具 1 个三角形黑斑，新羽化雄虫腹部腹板白色，雌虫呈黄白色。

卵：初产时椭圆形或长椭圆形，乳白色，长 1.65～1.93mm，宽 1.30～1.45mm，孵化前近圆形，长 2.37～2.62mm，宽 2.06～2.28mm，表面光滑。

幼虫：老熟幼虫体长 30～33mm，头宽 4.9～5.3mm。头部前顶刚毛每侧 6～8 根，排成 1 纵列。肛腹片覆毛区具刺毛列，由长针状刺毛组成，每侧多为 15～18 根，两列毛尖大部分彼此相遇和交叉，刺毛列的前端远未达到钩毛区的前缘，肛门孔横裂。

蛹：体长 18～22mm，宽 9.6～10.3mm。长椭圆形，淡黄色，羽化前头部、复眼等色均变深。体微弯曲，腹部背面具 6 对发音器。尾节端部无尾角。

3）生活史和习性

金龟甲的生活史一般均较长，但不同种类在不同地区完成一个世代所需时间不完全相同，有的 1 年可发生 1 代，有的几年才完成 1 代。常以幼虫或成虫在土中越冬，土壤温度不仅影响蛴螬的存活，也影响其栖息深度。多数金龟甲昼伏夜出，尤以晚 20:00～23:00 时活动最盛，占整个夜间活动总虫量的 90% 以上。多数种类成虫具有趋光性，但不同种及雌雄虫之间差异很大。成虫有假死性。牲畜粪、腐烂的有机质有招引成虫产卵的作用，成虫还喜欢选择土壤比较湿润疏松、背风向阳的地方产卵。绝大多数种类卵为散产，但常以 5～7 粒或 10 粒相互靠近，在田间呈核心型分布。

（1）大黑鳃金龟

大黑鳃金龟仅在我国华南地区 1 年发生 1 代，以成虫在土壤中越冬。其他地区均为 2 年完成 1 代，分别以成虫和幼虫在土壤中越冬。越冬成虫春季 10cm 土层温度达 14～15℃时开始出土，取食为害作物、果树和林木叶片，10cm 土层温度达 17℃以上时，成虫盛发，5 月中下旬成虫开始产卵，6 月上旬至 7 月上旬为产卵盛期，卵期 10～15 天，6 月上旬卵开始孵化，卵的孵化盛期为 6 月下旬至 8 月中旬，10 月中、下旬，土温低于 10℃时，幼虫向深土层移动，土温 5℃以下时，全部进入越冬状态。越冬幼虫春季 10cm 土层温度上升到 5℃时开始活动，13～18℃是其最适宜活动温度，6 月初开始化蛹，6 月下旬为化蛹盛期，化蛹深度20cm左右，蛹期约20天，7月开始羽化，7月下旬至8月中旬为成虫羽化盛期，羽化成虫当年不出土，一直在土中潜伏越冬，直至次年4月下旬才开始出土活动。一般以幼虫越冬为主的年份，翌年春季作物和春播作物受害重，而夏秋作物受害轻；以成虫越冬为主的年份，翌年春季作物受害轻，夏秋作物受害重。对同一种作物而言，则出现隔年为害重的现象。

幼虫共3龄，1、2、3龄幼虫历期平均分别为29.2天、29.6天、30.7天，初孵幼虫先取食土中的腐殖质，然后取食各种作物、苗木、杂草的地下部分，3龄幼虫历期最长、食量最大、为害最重，且有转株为害的习性。成虫昼伏夜出，晚21:00时为出土、取食、交尾高峰，晚22:00时以后活动减弱；成虫具假死性，趋光性不强，成虫可多次交尾，分批产卵，散产于6～15cm土层中，每次产卵3～5粒，多者10余粒，相互靠近，在田间呈核心分布，每雌产卵量32～188粒，平均102粒。

（2）铜绿丽金龟

1年发生1代，以幼虫越冬，越冬幼虫通常在翌年春季10cm土温高于6℃时开始活动，3～5月有短时间为害，5月下旬始见成虫，成虫活动盛期为6月中旬至7月上旬，产卵盛期为6月下旬至7月上旬，7月中旬新一代幼虫出现，8～9月是幼虫为害盛期，10月上旬幼虫进入深层土壤准备越冬。

成虫通常昼伏夜出，但在湿润的果林区成虫盛发时白天也可取食危害。每晚黄昏出土，20:00～22:00时为活动高峰。多聚集在2～5m高或更高的篱笆上、杨、柳、苹果、梨等树上交尾和取食，午夜以后逐渐减少，天亮前潜回土中。成虫食量大，可食各种树木、果树和大豆、花生、甘薯等叶片。趋光性很强，对黑光灯尤为敏感。成虫交尾后3天产卵，平均每雌产卵40粒。

幼虫取食各种作物和幼树的地下部，花生、甘薯虫口密度大，受害重。大多地区在春、秋两季均为害，以春季为害较重。

4）发生与环境的关系

植被与虫口密度密切相关，一般非耕地的虫口密度明显高于耕地。背风向阳地虫量高于迎风背阳地，坡岗地虫量高于平地。土壤含水量为10%～20%适宜金龟子卵和幼虫的生长发育。土壤温度影响蛴螬的垂直活动，风和日暖适宜成虫出土活动。

5）预测预报

查明当地蛴螬种类、虫口数量和虫态，掌握其化蛹进度、成虫发生盛期和为害程度，预测成虫和幼虫防治适期。调查方法常采用挖土调查法、黑光灯诱集等，调查时间一般在早春至秋季。

①蛴螬种类和虫口密度调查　在早春和秋收后进行调查，采用挖土调查法，查明田间为害的蛴螬种类、数量和虫态、虫龄，准确掌握虫情。

②成虫发生期的调查与测报　从越冬成虫出土活动时开始调查，采用黑光灯、毒枝或性诱剂诱集成虫，每天统计诱集的成虫数量，预测成虫盛发高峰和1、2龄幼虫高峰期。

其预测式为：1龄幼虫高峰期＝成虫出土高峰期＋产卵前期＋卵期，

或1龄幼虫高峰期＝化蛹高峰期＋蛹期＋成虫蛰伏期＋产卵前期＋卵期

2龄幼虫高峰期＝1龄幼虫高峰期＋1龄幼虫期

③为害情况调查　掌握蛴螬的为害和作物受害情况。

6）防治方法

蛴螬的防治应贯彻"预防为主，综合防治"的植保方针，用各种防治手段，把药剂防治与农业防治以及其他防治方法协调起来，因地制宜地开展综合防治。

（1）农业防治

①深翻整地，压低越冬虫量　在三七播种或移栽前进行三犁三耙，可破坏蛴螬等地下害虫的越冬场所或将越冬害虫翻耙到土壤表面，遭受日晒、霜冻、天敌啄食等，能大大减少越冬虫量；其次，随犁拾虫，也可进一步减少虫口数量。

②合理施肥，减轻蛴螬危害　增施腐熟的有机肥，能改良土壤透水、通气性能，促进三七根系发育，幼苗生长健壮，增强三七的抗虫能力；合理使用化肥，如采用碳酸氢铵、腐殖酸铵、氨水、氨化过磷酸钙等作底肥，对蛴螬危害也有一定的控制作用。

③合理灌溉　即在蛴螬发生严重地块，合理控制灌溉，或及时灌溉，促使蛴螬向土层深处转移，避开幼苗最易受害时期。

（2）物理和人工防治

①灯光诱杀　在成虫发生期，在田间设置黑光灯诱杀具有趋光性的金龟子成虫。

②人工捕杀　利用金龟子成虫的假死性，在夜晚取食树叶时，震动树干，将假死坠地的成虫捕杀；结合播种和移栽前的翻犁，随犁拾虫。

（3）生物防治

自然界中蛴螬的天敌包括寄生性天敌和捕食性天敌，研究报道的捕食蛴螬的天敌有食虫虻、虎甲、蠼螋、鸟类、刺猬、黄鼠狼、青蛙、蟾蜍、蛇等；寄生蛴螬的天敌有盗蝇、黑土蜂、寄生蝇、寄生螨虫和线虫类等。此外，如白僵菌（*Beauveria* spp.）、绿僵菌（*Metarhiaium* sp.）、黏质沙雷氏杆菌（*Serratia marcescens*）等土壤中的病原微生物也是蛴螬常见的致病菌，目前乳状菌和卵孢白僵菌已用于田间蛴螬的防治。

（4）药剂防治

①土壤处理　用50%辛硫磷乳油每亩200～250g，加水10倍，喷于25～30kg细土上拌匀成毒土，顺垄条施，随即浅锄，或以同样用量的毒土撒于地面，随即耕翻，或混入厩肥中施用，或结合灌水施入；或用5%辛硫磷颗粒剂，或5%地亚农颗粒剂，每亩2.5～3kg处理土壤，都能收到良好效果，并兼治金针虫和蝼蛄。

②种子处理　在三七种子种苗处理时加入50%辛硫磷乳油，其用量一般为药剂∶种子或种苗=1∶400～500，兑成药液进行浸种。

③毒谷　每亩用25%辛硫磷胶囊剂150～200g，拌谷子等饵料5kg左右，或50%辛硫磷乳油50～100g，拌饵料3～4kg，撒于厢面，还可兼治蝼蛄、金针虫等地下害虫。

④毒饵诱杀　用苏子和秕谷1.5～2.0kg，煮半熟，晾半干，拌敌百虫或敌敌畏0.2kg做成毒饵，随种子播种。

3. 金针虫

金针虫隶属鞘翅目（Coleoptera）叩头甲科（Elateridae）。是叩头甲科幼虫的通称，俗称"铁丝虫""钢丝虫""银针虫"等，是地下害虫的重要类群之一，成虫地上活动，被捕捉时，头部和前胸上下摆动做叩头状运动，故称"叩头虫"。常见的种类有沟金针虫（*Pleonomus canaliculatus* Faldermann）、细胸金针虫（*Agriotes subvittatus* Motschulsky）、宽背金针虫［*Selatosomus latus*（Fabricius）］、褐纹金针虫（*Melanotus caudex* Lewis）等，在云南文山州危害三七的主要是沟金针虫、细胸金针虫。

1）为害特点

金针虫食性复杂，主要以幼虫危害三七、蔬菜、花卉及多种农作物和林木的地下部分，咬食刚播下的种子，食害胚乳使之不能发芽，咬食幼苗须根、主根或茎的地下部分，使幼苗生长不良甚至枯死。一般不咬断受害苗主根，被害部不整齐，呈丝状。幼虫也常钻入作物地下根茎、大粒种子等内部危害，有利于病原菌的侵入而引起腐烂。金针虫成虫在地上部分生活的时间不长，取食植物地上部分的嫩叶，不造成严重危害。

2）形态特征

（1）沟金针虫（图4-4）

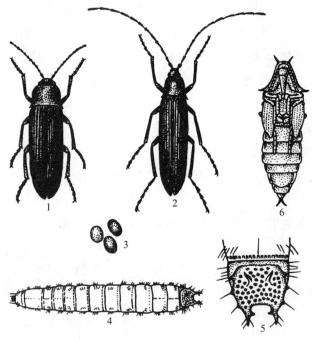

图4-4　沟金针虫［引自《农业昆虫学》（袁峰，2011）］

1. 雌成虫；2. 雄成虫；3. 卵；4. 幼虫；5. 幼虫腹部末端；6. 蛹

成虫：栗褐色，密被褐色细毛。雌虫体形较扁，体长14～17mm，宽4～5mm；触角11节，黑色锯齿形，长约为前胸的2倍；鞘翅长约为前胸的4倍，后翅退化。雄虫体形较细长，体长14～18mm，宽3.5mm；触角12节，丝状，长达鞘翅末端，鞘翅长约为前胸的5倍，有后翅。

卵：乳白色，椭圆形，长约0.7mm，宽约0.6mm。

幼虫：老熟幼虫呈金黄色，体长20～30mm，宽4mm，体形宽而略扁平，背面中央有一条细纵沟。尾节背面凹陷，密被较粗刻点，两侧缘隆起，具3对锯齿状突起，末端分叉，稍向上弯曲，各叉内则有1小齿。

蛹：纺锤形。雌蛹长16～22mm，宽约4.5mm，雄蛹长15～17mm，宽约3.5mm；末端瘦削，有刺状突起。

（2）细胸金针虫（图 4-5）

成虫：体长 8～9mm。体细长，密被暗褐色短毛，略具光泽。触角红褐色，第 2 节球形。前胸背板略呈圆形，鞘翅长约为前胸的 2 倍，上有 9 条纵列刻点。足红褐色。

卵：圆形，直径 0.5～1mm，乳白色。

幼虫：老熟幼虫体长 23mm，体细长，圆筒形，淡黄色，各节长大于宽；尾节圆锥形，背面有 4 条褐色纵向细纹，且近基部两侧各有 1 个褐色圆斑。

蛹：体长 8～9mm，纺锤形，化蛹初期乳白色，后渐变黄色。

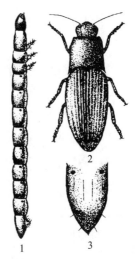

图 4-5　细胸金针虫［引自《园艺植物保护学》（黄云、徐志宏，2015）］

1.幼虫；2.成虫；3.幼虫腹部末端

3）生活史及习性

（1）沟金针虫

沟金针虫一般 3 年完成 1 代，以幼虫或成虫在土中越冬，越冬土层深度因地区和虫态不同而异，约为 20～85cm。越冬成虫春季 10cm 土层温度达 10℃左右时开始出土活动，4 月上旬为活动盛期，成虫昼伏夜出，白天潜伏在田间或田边杂草中或土块下，夜晚出来交配、产卵。雌虫不能飞翔，行动迟缓，没有趋光性，只能在幼苗上或地面爬行；雄虫不取食，飞翔力较强，有趋光性。3 月下旬至 6 月上旬为产卵期，卵散产于 3～7cm 土层中，平均单雌产卵量 200 余粒，卵期 35～42 天。在整个生活史中，以幼虫期最长，约 150 天左右，为害作物，3～5 月为害最重。老熟幼虫在 15～20cm 土层中做土室化蛹，蛹期 12～20 天。9 月初开始成虫羽化，当年羽化的成虫不出土，在土室中栖息越冬。

（2）细胸金针虫

细胸金针虫多 2 年完成 1 代，也有 3 年完成 1 代的。以成虫和幼虫在 20～40cm 土中越冬。越冬成虫 3 月上中旬开始出土活动，4 月中下旬为活动盛期，成虫昼伏夜出，白天潜伏在杂草或土缝中，夜晚出来活动。有弱趋光性，并对腐烂植物的气味有趋性，常群集于草堆下。5 月上旬为产卵盛期，卵期 26～32 天。5 月中旬幼虫孵化，并危害作物，3～5 月为幼虫危害盛期。6 月下旬老熟幼虫化蛹，7 月中、下旬为化蛹盛期。8 月为成虫羽化盛期，羽化成虫在土室栖息越冬。

4）发生与环境的关系

温度对金针虫幼虫在土壤中的活动危害影响较大，一般10cm土层温度达6℃时，幼虫和成虫开始活动，当地温升至12℃以上时，进入春季危害盛期，春季危害早晚和严重程度与该时期的气温变化有关，春季气温回升早、上升快，则幼虫上移危害早而重。幼虫适宜的土壤含水量为11.1%～16.3%。通常干旱时为害轻，多湿时为害加重；精耕细作地区发生轻，间、套、复种的地块发生较重；新开垦的荒地发生较重。

5）防治方法

（1）农业防治

①深翻整地，压低越冬虫量 在三七播种或移栽前进行三犁三耙，可机械杀死部分幼虫、蛹和初羽化成虫。

②增施腐熟的有机肥，减轻金针虫危害。

（2）物理防治

①灯光诱杀 在成虫发生期，在田间设置黑光灯诱杀具趋光性的金针虫成虫。

②草堆诱杀 在细胸金针虫成虫大量产卵前（4～5月），将杂草堆于田间，可大量诱杀其成虫。

（3）生物防治

充分发挥各种自然天敌如益鸟、蟾蜍、步甲等对金针虫的灭虫作用。

（4）化学防治

药剂防治时，应综合考虑地老虎、蛴螬、金针虫、蝼蛄等地下害虫的防治。参见蛴螬的防治方法。在测报调查时，每平方米金针虫数量达到1.5头时，即应采取防治措施。

4. 蝼蛄

蝼蛄俗称"小土狗""蜊蛄""拉拉蛄"等。隶属于直翅目（Orthoptera）蝼蛄科（Gryllotalpidae）。危害三七的蝼蛄主要是东方蝼蛄（*Gryllotalpa orientalis* Burmesiter），其次是华北蝼蛄（*Gryllotalpa unispina* Saussure）。

1）为害特点

蝼蛄以成虫和若虫在土中咬食作物的种子和幼苗，特别是刚发芽的种子，造成缺苗断垄，也咬食三七的幼根和嫩茎，将根部扒成乱麻状或丝状，使三七幼苗生长不良，萎蔫而死；蝼蛄在表土活动时，来往穿梭，形成许多纵横隧道，使幼苗和土壤分离，致使种子不能发芽、幼苗失水干枯而死。故俗话说："不怕蝼蛄咬，就怕蝼蛄跑"，就是此理。

2）形态特征（图4-6）

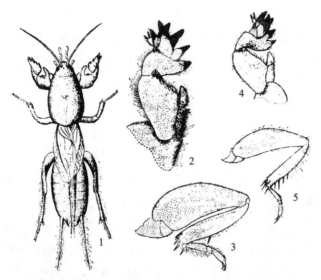

图4-6 华北蝼蛄和东方蝼蛄［引自《农业昆虫学》（袁锋，2011）］

1—3. 华北蝼蛄：1.成虫，2.前足，3.后足；4，5. 东方蝼蛄：4.前足，5.后足

（1）东方蝼蛄（图4-6）

成虫：体长30～35mm，黄褐色，密被细毛，腹部近纺锤形。前足腿节下缘平直，后足胫节内上方有刺3～4个（或4个以上）。

卵：椭圆形，初产时长约2.8mm，宽约1.5mm，孵化前长约4.0mm，宽约2.3mm。卵色初产时乳白色，后渐变为灰黄色或黄褐色，孵化前呈暗褐色或紫褐色。

若虫：8～9龄。初孵若虫乳白色，体长4mm左右，头胸特别细，腹部肥大，行动迟缓；2～3龄以后若虫体色接近成虫，末龄若虫体长25mm。

（2）华北蝼蛄（图4-6）

成虫：体长39～50mm，黑褐色，密被细毛，腹部近圆筒形。前足腿节下缘呈S形弯曲，后足胫节内上方有刺1～2个（或无刺）。

卵：椭圆形，初产时长约1.6～1.8mm，宽约1.3～1.4mm，孵化前长约2.4～3mm，宽约1.5～1.7mm。卵色初产时黄白色，后渐变为黄褐色，孵化前呈深灰色。

若虫：13龄。初孵若虫乳白色，体长3.6～4.0mm，头胸细，腹部大；以后体色逐渐加深，5～6龄以后若虫体色接近成虫，末龄若虫体长36～40mm。

3）生活史及习性

蝼蛄生活史一般较长，1～3年才能完成一代，均以成虫或若虫在土中越冬。华北蝼蛄各地均是3年左右完成1代。东方蝼蛄在华中、长江流域及其以南各地1年1代；在华北、东北及西北2年1代；在云南文山州大约2年完成1代。东方蝼蛄在2年1代区，越冬成虫5月开始产卵，6～7月为产卵盛期，卵期15～28天。秋季若虫发育至4～7龄，在40～60cm土层中越冬，第二年春季恢复活动，为害至8月羽化为成虫。若虫期长达400天以上。当年羽化的成虫少数可产卵，大部分越冬后至第三年才产卵。成虫寿命8～12个月。

蝼蛄昼伏夜出，以晚上21:00～23:00时为活动取食高峰。初孵若虫具有群集性，东方蝼蛄孵化3～6天后分散为害，华北蝼蛄3龄后才分散为害。蝼蛄具有强烈的趋光性和趋化性，在无月光、无风、闷热的夜晚，用黑光灯可诱集到大量的东方蝼蛄，且雌性多于雄性。华北蝼蛄飞翔能力弱，常落在灯下周围地面。蝼蛄对马粪、香甜味等具有较强的趋性。东方蝼蛄具有喜湿性，多集中在沿河两岸、池塘和沟渠附近产卵，产卵前雌虫先在5～20cm土层处做窝。窝中仅有1个长椭圆形的卵室，窝口用杂草堵塞，既能隐蔽，又能通气，且便于若虫破草而出。每雌平均产卵60～80粒，雌虫产完卵后就离开卵窝，在卵室周围约30cm处另做窝隐蔽。

4）发生与环境的关系

土壤类型影响蝼蛄的虫口密度和分布，盐碱地虫口密度最大，壤土地次之，黏土地最小；水浇地的虫口密度大于旱地。温度（特别是土温）和湿度的变化影响蝼蛄的活动和在土中垂直分布，春季气温达8℃时，开始活动，为害作物，温度升高，蝼蛄活动接近地表，当温度下降，又回到土壤深处，停止活动。蝼蛄喜欢比较湿润的土壤。

5）防治方法

蝼蛄的防治方法与金针虫、蛴螬的防治方法大致相同。

①夏季挖窝灭卵　深翻整地，精耕细作；夏季结合夏锄，挖窝灭卵，在蝼蛄盛发地块，蝼蛄产卵盛期，用锄头刮去表土，边锄边看，发现产卵洞口后，往下挖10～18cm，即可挖到卵，再往下挖8cm左右，还可把雌蝼蛄挖出消灭。

②合理施肥　施用充分腐熟的有机肥。

③毒饵诱杀　早春发现蝼蛄危害时，用0.5kg 90%晶体敌百虫等药剂兑5kg水，拌50kg炒至糊香的饵料（麦麸、豆饼、玉米碎粒等），配制成毒饵，傍晚

施于田间，用量为 22.5～37.5kg/hm^2，施用方法为每隔 3～4m 刨 1 个碗大的坑，内放入一撮毒饵后再用土覆上。

④灯光诱杀　在成虫盛发期，选晴朗无风闷热的夜晚，用黑光灯诱杀成虫。

⑤化学防治　药剂防治时，应综合考虑地老虎、蛴螬、金针虫、蝼蛄等地下害虫的防治，参见蛴螬的防治方法。

5. 根蛆

在土中为害植物种子或根茎的双翅目蝇、蚊幼虫通称根蛆或地蛆。主要的种类有花蝇科（Anthomyiidae）的种蝇 [*Delia platura*（Meigen）] 和眼蕈蚊科（Sciaridae）的韭菜迟眼蕈蚊（*Bradysia odoriphaga* Yang et Zhang）等。

1）为害特点

成虫不为害，主要以幼虫为害播种后的种子、地下的幼根和茎。种子受害后不能萌发，为害地下幼根和茎时，常钻入幼根或茎蛀食，致使三七芽、根腐烂，幼苗不能出土或整苗萎蔫、枯死，严重时造成成塘成片的缺苗。

2）形态特征

（1）种蝇（图 4-7）

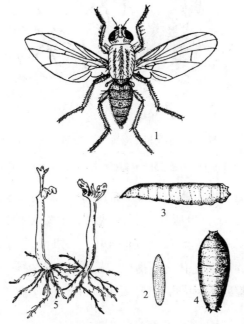

图 4-7　种蝇 [引自《农业昆虫学》（袁锋，2011）]

1. 雌成虫；2. 卵；3. 幼虫；4. 蛹；5. 被害状

成虫：雌成虫体长4～6mm，灰色或灰黄色。复眼间的距离约为头宽的1/3。胸部背面有3条明显的黑色纵纹；前翅基背毛极短小，不及盾间沟后的背中毛之半；中足胫节外上方具1根刚毛。雄成虫体型较雌虫略小，暗褐色。两复眼在单眼三角区的前方几乎相接；触角芒超过触角全长。胸部背面稍后方有3条黑色纵纹；后足胫节内下方生有稠密的钩状毛。腹部背面中央有1条黑色纵纹，各腹节均有1黑色横纹。

卵：长约1mm。长椭圆形，稍弯曲，乳白色。

幼虫：蛆状，老熟幼虫体长约8～10mm，乳白色略带黄色。腹部末端具7对肉质突起，第1、第2对突起位置等高，第5、第6对突起几乎等长。

蛹：体长约4～5mm，宽约1.8mm。略呈椭圆形，红褐色或黄褐色。前端稍扁平，后端圆形，可见7对突起。

（2）韭菜迟眼蕈蚊（图4-8）

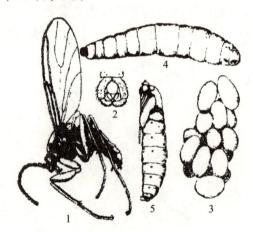

图4-8 韭菜迟眼蕈蚊（仿翟旭，1988）

1.成虫；2.雄性外生殖器；3.卵块；4.幼虫；5.蛹

成虫：雌雄二型，雄虫体长2.33～2.70mm；雌虫3.25～3.90mm。黑褐色，触角丝状，16节。头小，复眼黑色，半球形，上端突伸，两复眼在头顶连接成"桥"。单眼3个，胸部隆突，前翅淡烟色、透明，具缘毛；翅脉简单，前缘脉及亚前缘脉较粗，后翅退化为平衡棒。足细长，黄褐色，胫节端部有距2个（前足为1个）。腹部细长，可见8节，雄虫腹末有对抱握器，呈钳形；雌虫腹末有1对分节的尾须。

卵：长椭圆形，长约0.35mm，宽约0.18mm。初产时白色、稍带暗，后变暗米黄色，孵化前出现小黑点。卵块产，少数散产。

幼虫：体细长，圆筒形，长 5.1～7.0mm。全头无足型，头部黑色，体白色，半透明。

蛹：离蛹，长椭圆形，长约 3mm，宽 0.5～0.7mm。红褐色，羽化前为黑色。

3）生活习性

（1）种蝇

种蝇一年可发生 3～4 代，一般以蛹在土中越冬，在温室内各虫态都可越冬并能连续为害。种蝇主要在春季为害三七种子和种苗。成虫白天活动，早、晚多潜伏在土块缝隙中，以 10:00～14:00 活动最盛。成虫产卵前取食花蜜和蜜露，对腐败物、油枯、骨粉、厩肥等发酵的气味有强烈的趋性。常到这些场所产卵繁殖。所以靠近厕所、粪堆和菜地的七园，或者施用不腐熟肥料的七园，种蝇为害较重。

（2）韭菜迟眼蕈蚊

韭菜迟眼蕈蚊寄主范围广，生活周期短，不同地区发生代数不同，室内饲养超过 10 代，有世代重叠现象。成虫不取食，有趋光性，喜腐殖质和在阴湿弱光环境下活动，9:00～11:00 活动和交尾最盛，交尾后 1～2 天开始产卵，卵多产于土缝、植株基部与土缝间的缝隙，堆产，少数散产。幼虫喜潮湿，在施用未腐熟的有机肥和施肥水平高的地块，蕈蚊发生偏重。

4）防治方法

（1）农业防治

不施用未经腐熟的有机肥。

（2）诱杀成虫

根蛆诱蝇器采用大碗制成，在大碗中先放少量锯末，然后倒入诱剂（糖 1 份、醋 1 份、水 2.5 份，加入 10% 的敌百虫拌匀）。及时检查诱杀的虫口数量，并注意添补诱杀剂。当诱器内数量突增或雌雄比近 1：1 时，即为成虫盛期，应立即防治。

（3）化学防治

①肥料消毒　冬季和早春时节，用 70% 敌百虫或辛硫磷 1000 倍液喷洒在七园附近根蛆易于滋生、繁殖的粪堆及准备使用在三七上的干粪堆表面，以防止根蛆产卵。施用前拌肥料时，再喷药消毒一次。

②土壤处理　用 50% 辛硫磷乳油每亩 200～250g，加水 10 倍，喷于

25~30kg 细土上拌匀成毒土，须垄条施，随即浅锄，或以同样用量的毒土撒于地面，随即耕翻，或混入厩肥中施用，或结合灌水施入，并兼治金针虫和蝼蛄。

③三七播种后出苗前或成虫盛发期，用40%辛硫磷乳油1000倍液，或2.5%溴氰菊酯乳油2000倍液灭杀成虫，防止成虫产卵繁殖为害。用量25~30kg/667m²，畦面喷雾，每2~3天喷药1次，连续喷药2~3次。

④幼虫为害时可用48%乐斯本乳油250mL/667m²或50%辛硫磷乳油250mL/667m²，加水100~150kg喷淋浇施，一般每期喷淋1~2次即可。当地蛆已钻入幼苗根部时，可选用1.8%阿维菌素乳油，每667m²用30~60mL兑水50~60kg、50%噻虫胺水分散粒剂5000倍液、25%噻虫嗪水分散粒剂2500倍液灌根。

4.2 地上部害虫

在三七地上部分危害的害虫即为地上部害虫。地上部害虫主要取食为害三七植株的叶片、茎秆、花序和种子等，咬食三七叶片造成孔洞、缺刻甚至将叶片吃光；吸食叶片、茎秆、花薹等上的汁液，造成植株出现发黄、皱缩或畸形等症状。主要种类有蚜虫、介壳虫、蛞蝓、鼠妇、种蝇、尺蠖等。

1. 蚜虫

蚜虫俗称"腻虫"。属半翅目（Hemiptera）蚜科（Aphididae）。为害三七的蚜虫主要是桃蚜 [*Myzus persicae* (Sulzer)]。桃蚜是世界上分布最广的蚜虫之一，可为害的寄主范围广，除为害三七外，还取食为害果树、蔬菜、药用植物、杂草等多种植物，是典型的多食性昆虫。

1）为害特点

蚜虫对三七的直接为害是以成蚜和若蚜群集于嫩叶背面和嫩茎顶端，刺吸三七汁液，被害叶片皱缩或向背面卷曲，植株矮小，严重影响三七正常生长发育；抽薹开花后，除为害叶片外，还为害花序及花梗，受害轻者减少结果和籽实不饱满，重者变黄枯萎，不能结籽。蚜虫排泄的蜜露，污染叶片，引起霉菌滋生，阻碍三七叶片的光合作用。蚜虫还可传播多种植物病毒病，对三七造成严重的危害。

2）形态特征（图4-9）

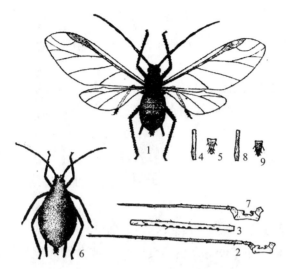

图4-9　桃蚜［引自《农业昆虫学》（袁锋，2011）］

1—5.有翅孤雌胎生雌蚜：1.成虫，2.触角，3.触角第3节，4.腹管，5.尾片；
6—9.无翅孤雌胎生雌蚜：6.成虫，7.触角，8.腹管，9.尾片

有翅孤雌胎生雌蚜：体长2mm左右。头胸部黑色，腹部淡暗绿色，腹部背面中央有1黑色大斑，两侧有小斑。复眼赤褐色。触角黑色，第3节上有1列感觉孔，9～17个。额瘤发达，向内倾斜。腹管长，端部黑色，圆柱形，中后部稍膨大，末端处明显缢缩。尾片黑色，较腹管短，圆锥形。

无翅孤雌胎生雌蚜：体长2mm左右，较肥大。体色有的绿色或黄绿色，有的橘红色或褐色。触角黑色，第3节上无感觉孔。额瘤和腹管同有翅蚜。

3）生活史和习性

蚜虫食性杂，分布广，发生普遍，繁殖力强。桃蚜年发生代数因不同的地区而异，可发生10余代至30余代。在温暖的地区，无严格的滞育现象，以孤雌生殖方式繁殖。在气温暖和时，4～5天就能繁殖一代。3、4月份，当三七出苗时，有翅蚜即可迁飞到三七苗上繁殖为害。晚秋时节，随着气温下降，三七植株渐老，不适宜蚜虫生活，又会产生大量有翅蚜，迁飞到其他寄主植物上繁殖为害。有翅桃蚜对黄色有趋性。

4）发生与环境的关系

桃蚜的发生与气候关系密切，温度为24～28℃，湿度适中时，宜于桃蚜的繁殖。时晴时雨的天气有利于桃蚜的繁殖，当春末夏初，久旱后遇雨初晴，桃

蚜可大量繁殖。当温度高于29℃以上或低于6℃以下，相对湿度为80%以上或40%以下时，对桃蚜繁殖不利。若遇暴雨，能使蚜量减少。蚜虫天敌种类很多，对桃蚜的种群数量有一定的控制作用。

5）防治方法

应充分发挥农业栽培技术措施的作用，积极保护和利用天敌，选用高效、低毒、低残留的农药，将蚜虫控制在点片发生阶段和传毒之前。

（1）农业防治

合理规划田园，三七种植地应选择远离十字花科菜地、油菜地、桃园的地块，以减少桃蚜的传入。彻底清除七园内外杂草，消灭中间寄主。

（2）保护利用天敌

蚜虫的天敌种类多，常见的天敌有异色瓢虫、七星瓢虫、龟纹瓢虫等瓢虫，中华草蛉、大草蛉、丽草蛉等草蛉，食蚜蝇等捕食性天敌和蚜茧蜂等寄生性天敌。保护利用天敌，特别是利用蚜茧蜂控制蚜害，对桃蚜的种群数量具有一定的控制作用。

（3）药剂防治

由于蚜虫繁殖快，蔓延迅速，药剂防治须及时、准确，施药时间应避开天敌发生期，可选用10%吡虫啉、48%乐斯本、2%阿维菌素、4.5%高效氯氰菊酯等药剂2500倍液喷雾防蚜。

2. 温室白粉虱

温室白粉虱［*Trialeurodes vaporariorum*（Westwood）］隶属于半翅目（Hemiptera）粉虱科（Aleyrodidae），是世界性害虫，寄主范围广，寄主多达82科281种。

1）为害特点

温室白粉虱以成虫和若虫吸食三七汁液，受害叶片皱缩，形成黄白色斑，同时分泌蜜露，诱发霉烟病，使三七叶片发黑脱落。

2）形态特征（图4-10）

成虫：体长约1.2mm，淡黄色。翅面有白色蜡粉。停息时两翅平坦合拢，前翅脉有分叉。

卵：椭圆形，长约0.2mm，有细小卵柄，初产时淡黄色，孵化前变黑。

若虫：长卵圆形，扁平，淡绿色，外表有白色长短不一的蜡丝，腹末有1对长尾须。

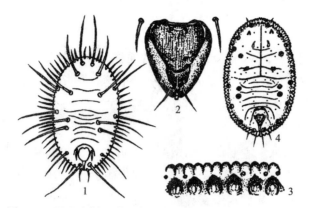

图 4-10　温室白粉虱［引自《农业昆虫学》（袁锋，2011）］

1. 若虫；2. 管状孔及第 8 节刺毛位置；3. 外缘锯齿及分泌突起；4. 伪蛹

伪蛹：椭圆形，扁平，中央略高，黄褐色，体背有 5～8 对长短不一的蜡丝，体侧有刺。

3）生活史和习性

温室白粉虱在温室内 1 年发生 10～20 代，过渐变态。成虫喜聚栖在三七叶片背面活动产卵，一般不飞翔，但受到惊扰后可迁移他处，对黄色有强烈的趋性，雌虫羽化后 1～3 天产卵，具有趋嫩叶产卵的习性。初孵若虫先在叶面爬行一段时间，寻找到适宜的取食场所，便将口针插入寄主组织吮吸汁液，1 龄若虫蜕皮后，足和触角退化，营固定生活，不再活动，3 龄若虫蜕皮后为伪蛹，成虫羽化时伪蛹壳呈"T"形裂开。

4）防治方法

（1）诱杀成虫

利用温室白粉虱的趋黄习性，用黄色粘虫板粘杀成虫。

（2）保护利用天敌

丽蚜小蜂是温室白粉虱的寄生性天敌，在国外利用丽蚜小蜂防治温室白粉虱取得了显著效果，我国于 1978 年从英国引进丽蚜小蜂，在北京进行防治试验，也取得良好的效果，但注意该蜂对农药较为敏感，在放蜂期间避免施农药和放置黄色粘虫板。

（3）药剂防治

常用 1.8% 的阿维菌素乳油 450～600mL/hm^2、10% 吡虫啉可湿性粉剂 37.5～75g/hm^2 等药剂进行喷雾，每隔 5～7 天喷雾 1 次，连续防治 3～4 次，可控制其危害。

3. 蓟马

蓟马是缨翅目（Thysanoptera）昆虫的通称，种类繁多，在文山为害三七的蓟马主要是棕榈蓟马（*Thrips palmi* Karny）和烟蓟马（*Thrips tabaci* Linderman），均隶属于蓟马科（Thripidae），为多食性刺吸害虫。

1）为害特点

蓟马在三七植株上主要危害幼嫩的三七叶片，为害初期受害叶片上出现多个淡绿色圆形斑，随着危害加重，逐步表现为淡黄色、黄色、枯黄色不规则形，受害部稍向上隆起，病健组织交界明显。后期，受害部位扩展相连，导致发病组织枯死或部分穿孔。同时蓟马还传播番茄斑萎病毒。蓟马在文山三七产区一般为害率为1.5%～20%，严重的可达100%。

2）形态特征

（1）棕榈蓟马（图4-11）

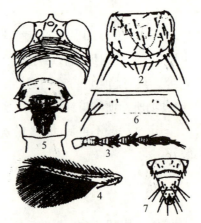

图4-11　棕榈蓟马［引自《园艺植物保护学》（黄云、徐志宏，2015）］

1.头；2.前胸；3.触角；4.前翅；5.中、后胸盾片；6.腹部Ⅴ节背片；7.雌虫腹部Ⅷ-Ⅹ节背片

成虫：雌虫体长1～1.1mm，全体黄色，头近方形。复眼稍突出，复眼后鬃围绕复眼呈单行排列于复眼后缘。单眼3个，红色，单眼间鬃位于前、后单眼中心连线上。触角7节，第3～5节端部大半部较暗，第6～7节暗棕色。前胸后角具2对长鬃；中间有短鬃28根。中胸盾片布满横纹，后胸盾片前中部为横纹，其后与两侧为纵纹。翅2对，前翅前脉基鬃7根，端鬃3根；后脉鬃14根。腹部第8节背板后缘梳完整。产卵器锯状，向下弯曲。雄成虫体略小，0.8～0.9mm，腹部各节有腺域。

卵：长 0.2mm，长椭圆形，淡黄色，大多散产于嫩叶组织中。

若虫：体白色或淡黄色，3龄，复眼红色。1～2龄无翅芽和单眼，触角第1节膨大并前伸，3龄长出鞘状翅芽，伸达第3、4腹节，行动缓慢；4龄为伪蛹，触角折于头背上，鞘状翅芽伸达腹部近末端。

（2）烟蓟马（图4-12）

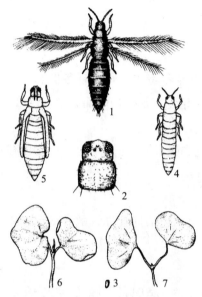

图4-12 烟蓟马［引自《农业昆虫学》（袁锋，2011）］

1.成虫；2.头及前胸背面；3.卵；4.若虫；5.伪蛹；6，7.被害状

成虫：雌虫体长1～1.1mm，体大部黄褐色，背面黑褐色。雄虫极少见，孤雌生殖。触角7节，黄褐色，第3、4节上有叉状感觉锥。复眼紫红色，单眼3个，褐色，单眼后两侧有1对短鬃，前胸后角具1对长鬃；中胸腹片内叉骨有刺，后胸无刺。前翅前脉基鬃7根，端鬃4～6根；后脉鬃13～14根。腹部第8节背板后缘梳完整，仅两侧缘缺，梳毛细。

卵：长 0.2mm，肾形，乳白色或黄绿色。

若虫：体淡黄色或深褐色，无翅，胸、腹各节有微细褐点，上生粗毛。4龄为伪蛹。

3）生活史和习性

蓟马生活周期短，1年发生10代以上，以成虫、幼虫和少数伪蛹在枯叶或土中越冬。成虫活跃，善飞，怕光，可借助风力作远距离迁飞，白天多在叶背取食为害，高龄三七叶表面积大，易于蓟马隐匿取食，故三年生三七受害重于二年生三七，二年生三七受害又重于一年生三七。蓟马对蓝色具有较强的趋性，卵多产于叶肉内。在文山三七种植区蓟马通常始见于3月下旬，终见于12月下旬。有2个发生高峰期，分别在4月上旬～5月中旬和8月上旬～9月上旬。其中以4月上旬～5月中旬正是三七的齐苗展叶期，叶质柔嫩多汁，因此也是蓟马危害三七的主要时期。

4）防治方法

（1）农业防治

清除田间杂草，处理越冬寄主，减少越冬虫源。或在七园附近种植一些早熟黄瓜等蓟马喜食的寄主植物，诱集蓟马而集中消灭虫源。

（2）物理防治

根据蓟马成虫对蓝色的趋性，在七园内悬挂蓝色粘虫板诱杀蓟马，减少田间虫口密度。

（3）生物防治

保护利用蓟马的天敌，包括捕食性天敌和病原微生物，如小花蝽、芽孢杆菌和球孢白僵菌等。

（4）化学防治

做好虫情预测，必要时，适时科学施药，控制危害。药剂选择高效低毒的药剂，如吡虫啉、印楝素、乙基多杀霉素等。

4. 介壳虫

为害三七的介壳虫主要有两类，即蜡蚧和粉蚧。隶属半翅目（Hemiptera）蚧科（Coccidae）和粉蚧科（Pseudococcidae）。

1）为害特点

（1）蜡蚧

蜡蚧常于6月上旬发生，8～11月为害较重。为害三七地上各部。初发时蜡蚧寄生在三七茎杆近地面处，严重时整个植株布满虫体，形如蜡棍。以成虫和若虫在近地面的三七茎杆处，吮吸汁液为害，使植株生长不良；蜡蚧沿着茎杆向上蔓延，侵害花梗、花序，影响开花结果，严重时造成"干花"。使植株提早落棵。

（2）粉蚧

粉蚧最早在4月份出现，5～6月为害三七叶片为主，主要在叶片背面的叶脉两侧，吸食汁液。被害叶片卷皱，三七叶片受害处显现黄色斑块，严重时使植株提早落叶。7~9月为害花序部位的花梗及小花，受害严重的花序淡褐色，不再结实生长。

2）防治方法

（1）杜绝虫源

凡购买的杂木杈杆，用波美5度石硫合剂刷涂杈杆，并在堆放杈杆处撒施石灰。新种七园，要防止购买种苗时将虫源带入。

（2）冬季管理

冬季结合清理七园，铲除四周杂草，剪去二年生三七地上部植株，连同枯枝落叶一起拾除干净。再在铺厢草面上喷波美2~3度石硫合剂一次，杀死潜伏的越冬虫源。

（3）生物防治

介壳虫天敌种类多，应加强保护、人工转移和繁殖释放。摘除的虫株应集中于园外空地，经一段时间后再行烧毁，以便让寄生蜂等天敌返回田间；秋季天敌增多，应不施或少施农药；或采取隔行、分片施药等保护性措施。

（4）化学防治

在介壳虫卵盛孵期喷药防治1龄若虫。药剂可选用48%乐斯本乳油、10%吡虫啉、1.2%苦烟乳油、松脂合剂、1%矿油乳剂等喷雾防治，每隔5~7天喷药一次，连续2~3次。

5. 尺蠖

为害三七的尺蠖主要是大造桥虫 [*Ascotis selenaria* (Schiffermüller et Denis)]，又名造桥虫、步曲虫。隶属鳞翅目（Lepidoptera）尺蛾科（Geometridae）。因其幼虫活动时拱背而行如拱桥，又如用手当尺量布一样而得名。

1）为害特点

主要以幼虫食害三七叶片，同时也为害叶柄、茎杆、花梗、花序及果实。低龄幼虫取食嫩叶叶肉，留下表皮；幼虫3龄后取食叶肉，造成孔洞缺刻，甚至食害全叶，被害三七被吃成光杆。

2）形态特征（图4-13）

成虫：体长15~16mm，翅展38~45mm。体色变异很大，一般为淡灰褐色，散有褐色或淡黄色鳞片。雌成虫触角丝状，雄虫羽状。前翅暗灰白色，杂以黑褐色及淡黄色鳞片，外缘线、亚缘线、外横线、内横线为黑褐色波纹状；内外横线间近翅的前缘处有 1 个灰白色斑，其周缘为黑褐色。后翅颜色、斑纹与前翅相同。

卵：长椭圆形，初产时青绿色，孵化前灰白色，卵壳表面具许多粒状突起。

幼虫：低龄幼虫灰褐色，后逐渐变为青白色，老熟多为灰黄色或黄绿色，体长约 40mm。体表光滑，背线淡青色，头、胸、足褐色，腹足仅 2 对，生于第 6、10 腹节，行走时身体呈桥状拱起。

蛹：体长 14mm 左右，纺锤形。深褐色有光泽，尾端尖，臀棘 2 根。

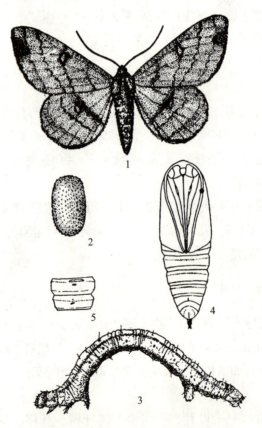

图 4-13　大造桥虫（仿浙江农业大学图）

1. 成虫；2. 卵；3. 幼虫；4. 蛹；5. 蛹第五、六腹节

3）生活史和习性

1 年发生 4～5 代，以蛹在土中越冬。成虫昼伏夜出，具趋光性，白天静伏在暗处或植物枝干间，夜晚活动，飞行能力弱，多集中在羽化地点 200～300m

范围内活动。成虫羽化后 1～3 天交尾、产卵。一般 3～4 月三七田即有尺蠖幼虫出现，为害三七幼苗叶片及叶柄；6～7 月除为害三七叶部外，还为害茎杆及花梗；8～9 月为害花序，对红籽产量影响较大。幼虫在寄主植株上常作拟态，呈嫩枝状。

4）防治方法

（1）农业防治

结合农事操作，在三七田间捕捉幼虫，集中烧毁或作家禽饲料。冬耕灭蛹，减少翌年虫源，冬季挖蛹，松土要深 10cm，5～8 月挖蛹松土约 6cm。在尺蠖化蛹前进行松土，引诱尺蠖在疏松的土层里化蛹，然后再覆土 6cm 并稍加踏实，可以防止其羽化为害。

（2）物理防治

利用成虫的趋光性，在成虫羽化期，采用杀虫灯诱杀成虫。

（3）化学防治

在尺蠖幼虫发生初期施药防治，控制在幼虫 3 龄前施药效果最好，可选择的药剂如 2.5% 溴氰菊酯乳油、10% 氯氰菊酯乳油等拟除虫菊酯类农药、1.8% 阿维菌素、25% 除虫脲可湿性粉剂、Bt 可湿性粉剂等。

6. 斜纹夜蛾

斜纹夜蛾 [*Prodenia litura* (Fabricius)]，隶属鳞翅目（Lepidoptera）夜蛾科（Noctuidae）。该虫为世界性分布害虫，我国各省区均有分布，间歇性暴发。

1）为害特点

该虫食性广，寄主植物多达 99 科 290 余种。以幼虫为害植物叶部，也为害花、果和嫩枝。1、2 龄幼虫啃食下表皮及叶肉，仅留下上表皮和叶脉成窗纱状；4 龄以后咬食叶片，仅留主脉。虫口密度高时，可将全田植株吃光，成群迁徙，造成大面积毁产。

2）形态特征（图 4-14）

成虫：体长 14～20mm，翅展 33～42mm。头、胸、腹均为深褐色，胸部有白色丛毛，腹部背面中央有暗褐色丛毛。前翅灰褐色，内横线和外横线灰白色，呈波浪状，有白色条纹，环纹不明显，肾纹前部为白色，后部呈黑色，环纹和肾纹之间由 3 条白线组成明显的较宽的斜纹，自基部向外缘有 1 条白纹。后翅白色，仅翅脉及外缘呈暗褐色。

卵：扁半球形，直径约 0.4～0.5mm。初产时黄白色，孵化前紫黑色。卵壳表面有细的网状花纹，纵肋自顶部直达底部。卵成块，数十粒至数百粒卵常不规则重叠成 2 层或 3 层的卵块，卵块上覆有黄白色绒毛。

幼虫：共 6 龄，老熟幼虫体长 30～40mm。头部淡褐至暗褐色，胸腹部颜色多变，虫口密度大时，体色较深，一般密度时，为土黄色、暗褐色或暗绿色等，但均散生白色斑点。幼龄期体色较淡，随龄期增长而加深，3 龄前幼虫体线隐约可见，腹部第 1 节的 1 对三角形黑斑明显可见，4 龄以后体线明显，背线和亚背线黄色，中胸至第 9 腹节沿亚背线内侧每体节各有一对三角形或新月形黑斑，其中腹部第 1、7、8 节的黑斑最大。

蛹：体长 15～20mm，赤褐色至暗褐色。腹部第 4～7 节背面近前缘密布小刻点，腹末有臀刺 1 对。

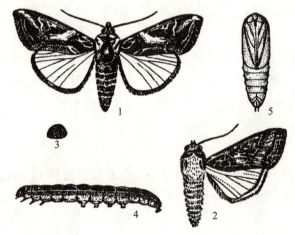

图 4-14　斜纹夜蛾 [引自《农业昆虫学》(李云瑞，2006)]

1. 雄成虫；2. 雌成虫；3. 卵；4. 幼虫；5. 蛹

3）生活史及习性

斜纹夜蛾在云南一年发生 8～9 代，世代重叠，在云南省文山州终年繁殖为害。

成虫白天不活动，躲藏于植株茂密处的叶丛中或土缝下及其他隐蔽处，夜间进行取食、交尾、产卵，其飞翔力强。具趋光性，趋化性强，对糖、酒、醋液及发酵的胡萝卜、豆饼等有很强的趋性，需补充营养，可多次交配。成虫多将卵产在生长高大茂密的植株上，单雌产卵 8～17 块，约 1000 粒，最多可达 3000 粒以上。

幼虫共有 6 龄，少数 7～8 龄。初龄幼虫群集在卵块附近取食，不怕光，遇惊扰爬散或吐丝下垂，1、2、3龄幼虫食量较小，4龄后进入暴食期，具背光性，晴天白天躲在阴暗处很少活动，傍晚出来取食，至黎明又躲起来，阴雨天也很少爬上植株取食，一般以晚上21:00～0:00时危害最重。幼虫老熟后，入土造一卵圆形蛹室化蛹。

4）防治方法

（1）农业防治

及时中耕除草，除尽田间及周围的杂草，减少产卵场所，消灭土中的幼虫和蛹。结合田间农事活动摘除卵块，3龄前的幼虫多群集在叶片为害，可实施人工捕捉。合理调整作物布局，尽量避免种植斜纹夜蛾嗜好的作物。

（2）物理防治

斜纹夜蛾成虫具趋光性和趋化性，利用黑光灯、频振式杀虫灯、性诱剂、糖醋液等进行诱杀。

（3）生物防治

在发生初期，可以喷施芽孢杆菌，如苏云金芽孢杆菌、枯草芽孢杆菌YZ-1和绿僵菌，也能起到很好的控制作用。

（4）化学防治

在化学防治时要注意以下几点：①确定防治对象田，通过田间调查，及时掌握斜纹夜蛾发生情况，确定防治对象田，对于点片发生田块，可结合田间管理，进行挑治，不必全田喷药。②适时用药：斜纹夜蛾的高龄幼虫耐药性强，用药适期应掌握在卵孵化盛期，一般产卵高峰期后5天左右即为卵孵高峰期，也是用药的适期；施药应在傍晚前后进行，以下午18:00以后用药为好。③选择高效、低毒、低残留的农药，轮换使用不同作用机制的药剂，并注意合理混用。药剂可选用6%乙基多杀菌素悬浮剂1500～2000倍液，5%氯虫苯甲酰胺悬浮剂1500倍液，1.8%阿维菌素乳油2500倍、3%楝素杀虫剂乳油300倍、1%苦参碱醇可溶性液剂800倍液、0.36%苦参碱水剂1500倍液、0.65%茼蒿素水剂500倍液、20%灭幼脲1号悬浮剂1000倍液、25%灭幼脲3号悬浮剂1000倍液等喷雾防治。

参 考 文 献

白富梅，李建玺，胡作栋，2015.食叶夜蛾类害虫在蔬菜田的为害与防治[J].西北园艺，

（9）：31-33

陈德牛，高家祥，1980. 几种危害农作物的蜗牛和蛞蝓的识别 [J]. 植物保护，（6）：27-30

陈一心，1999. 中国动物志（第十六卷）鳞翅目 夜蛾科 [M]. 北京：科学出版社

陈昱君，冯光泉，王勇，等，2003. 三七害虫及有害动物防治技术标准操作规程（草案）[J]. 现代中药研究与实践，（增刊）：49-50

陈昱君，王勇，2005. 三七病虫害防治 [M]. 昆明：云南科技出版社

陈昱君，王勇，刘云芝，等，2015. 三七蓟马发生规律调查研究 [J]. 文山学院学报，28（3）：1-3

陈昱君，王勇，杨建忠，等，2015. 三七病毒病媒介昆虫诱集试验研究 [J]. 现代农业科技，（2）：121-122，125

范昌，陈昱君，范俊君，2003. 三七病虫害综合治理是三七 GAP 种植的关键 [J]. 现代中药研究与实践，（增刊）：25-27

韩召军，2001. 植物保护学通论（面向 21 世纪课程教材）[M]. 北京：高等教育出版社

花蕾，2009. 植物保护学（普通高等教育"十一五"规划教材）[M]. 北京：科学出版社

华南农业大学，1981. 农业昆虫学 [M]. 北京：中国农业出版社

黄云，徐志宏，2015. 园艺植物保护学（普通高等教育"十二五"规划教材）[M]. 北京：中国农业出版社

昆明市科学技术协会，2001. 云南鲜切花病虫害防治 [M]. 昆明：云南科技出版社

李卫，邹万君，王立宏，2006. 昆明地区斜纹夜蛾生物学特性研究 [J]. 西南农业学报，19（1）：85-89

李文香，杨玉婷，吴青君，等，2015. 韭菜迟眼蕈蚊研究进展 [J]. 植物保护，41（5）：8-12

李贤贤，马晓丹，薛明，等，2014. 不同药剂对韭菜迟眼蕈蚊致毒的温度效应及田间药效 [J]. 北方园艺，（9）：125-128

李云瑞，2006. 农业昆虫学（全国高等学校农林规划教材）[M]. 北京：高等教育出版社

刘广瑞，章有为，王瑞，1997. 中国北方常见金龟子彩色图鉴 [M]. 北京：中国林业出版社

罗宗秀，李克斌，曹雅忠，等，2009. 河南部分地区花生田地下害虫发生情况调查 [J]. 植物保护，35（2）：104-108

吕佩珂，高振江，张宝棣，等，1999. 中国（粮食作物、经济作物、药用植物）病虫害原色图鉴 [M]. 呼和浩特：远方出版社

梅增霞，吴青君，张友军，等，2003. 韭菜迟眼蕈蚊的生物学、生态学及其防治 [J]. 昆虫知识，40（5）：396-398

农训学，2009. 三七病虫害的防治方法 [J]. 植物医生，22（1）：23-24

邱水林，陆致平，2011. 6% 乙基多杀菌素悬浮剂防治甘蓝夜蛾类害虫田间药效试验 [J]. 上海

蔬菜,（3）: 52-53

任同辉, 黄海, 徐燕, 2013. 几种药剂防治甜菜夜蛾和斜纹夜蛾的田间药效试验 [J]. 现代农业科技,（24）: 148,166

史树森, 崔娟, 齐灵子, 等, 2012. 大造桥虫幼虫生长发育及其取食规律的初步研究 [J]. 大豆科学, 31（6）: 972-975

司升云, 周利琳, 望勇, 等, 2007. 大造桥虫的识别与防治 [J]. 长江蔬菜,（8）: 30

孙兴全, 王新民, 叶黎红, 等, 2009. 大造桥虫生活习性及室外防治研究 [J]. 安徽农学通报, 15（24）: 81-82

唐加雨, 2014. 斜纹夜蛾发生规律及田间药效试验研究 [J]. 福建农业,（9）: 137-138

王朝雯, 2014. 云南文山三七的主要病虫害防治措施 [J]. 农业科技与信息,（17）:12-13

王玉东, 李克斌, 尹姣, 等, 2010. 昆虫病原线虫在蛴螬综合防治中的研究进展 [C]. 公共植保和绿色防控, 2010: 478-484

王玉新, 徐英凯, 李兆民, 2014. 大造桥虫的生活习性及防治措施 [J]. 吉林农业,（23）: 64

魏鸿钧, 张治良, 王荫长, 1989. 中国地下害虫 [M]. 上海：上海科学技术出版社

吴福桢, 管致和, 等, 1990. 中国农业百科全书（昆虫卷）[M]. 北京：中国农业出版社

仵均祥, 2002. 农业昆虫学（普通高等教育"十一五"国家级规划教材）[M]. 北京：中国农业出版社

向玉勇, 杨康林, 廖启荣, 等, 2009. 温度对小地老虎发育和繁殖的影响 [J]. 安徽农业大学学报, 36（3）: 365-368

向玉勇, 杨茂发, 李子忠, 2010. 交配对小地老虎成虫寿命和繁殖的影响 [J]. 四川动物, 29（1）: 85-86,104

杨建忠, 陈昱君, 刘云芝, 等, 2008. 蓟马危害三七调查初报 [J]. 中药材,（5）: 636-638

杨建忠, 王勇, 陈昱君, 等, 2007. 三七蓟马药剂防治试验 [J]. 现代农业科技,（24）: 65

袁锋, 2001. 农业昆虫学（面向21世纪课程材料）[M]. 北京：中国农业出版社

翟旭, 仲济学, 郭大鸣, 1988. 韭菜迟眼蕈蚊研究初报 [J]. 昆虫知识, 25（4）: 212-215

张广学, 钟铁森, 1983. 中国经济昆虫志（第二十五册）, 蚜虫类（一）[M]. 北京：科学出版社

张华敏, 尹守恒, 张明, 等, 2013. 韭菜迟眼蕈蚊防治技术研究进展 [J]. 河南农业科学, 42（3）: 6-9

张葵, 张宏瑞, 李正跃, 等, 2009. 三七果实棕榈蓟马的危害和药剂防治试验 [J]. 中药材, 32（4）: 483-485

张葵, 张宏瑞, 李正跃, 等, 2010. 三七蓟马消长规律初步研究 [J]. 河北农业科学院, 14（5）: 32-34

张葵, 张宏瑞, 李正跃, 等, 2010. 三七叶片烟蓟马的危害和药剂防治试验 [J]. 特产研究,

32（3）：43-45

张美翠，尹姣，李克斌，等，2014. 地下害虫蛴螬的发生与防治研究进展[J]. 中国植保导刊，34（10）：20-28

张思佳，许艳丽，潘凤娟，2013. 韭菜迟眼蕈蚊研究进展[J]. 安徽农学通报，19（1-2）：82-84

浙江农业大学植物保护系昆虫学教研组，1964. 农业昆虫图册[M]. 上海：上海科学技术出版社

第5章 三七其他常见有害动物

在三七上为害的动物除昆虫外，还有一些软体动物、鼠妇、螨类、鼠类等。

5.1 蛞 蝓

蛞蝓俗称"旱螺蛳""肉螺蛳""鼻涕虫""黏线虫""牛鼻子虫"等。属软体动物门（Mollusca），腹足纲（Gastropoda），肺螺亚纲（Pulmonaea），柄眼目（Stylommatophora），蛞蝓科（Limacidae）。在我国常见危害农作物的蛞蝓主要有黄蛞蝓（*Limax flavus* Linnaeus）、双线嗜黏液蛞蝓（*Philomycus bilineatus* Benson）和野蛞蝓（*Agriolimax agrestis* Linnaeus）等，为害三七的蛞蝓主要是野蛞蝓。

野蛞蝓分布广，国内分布于新疆、北京、河北、河南、湖北、湖南、江西、江苏、安徽、山东、浙江、福建、广东、广西、云南、贵州、四川等省（区）市。国外分布于欧洲、亚洲、美洲、大洋洲各地，以及印度洋、太平洋、大西洋诸岛，为世界性广泛分布种类。

1）为害特点

蛞蝓主要为害三七地上部。三七未出苗前为害休眠芽，致使三七不能出苗；出苗后，食害幼嫩茎叶，将叶片咬成孔洞或缺刻，甚至将叶片取食殆尽，还能咬断嫩茎和生长点，使整株枯死，造成缺苗断垄；植株长高后，还会为害近地茎杆表皮，茎杆被食害成疤痕，极易引发病害；当三七抽薹开花时，食害花序；结果时，食害绿果及红果；下棵以后，又为害休眠芽。其排泄的粪便和分泌的黏液会污染三七叶片。

2）形态特征（图5-1）

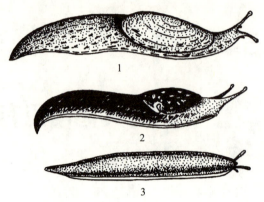

图5-1　三种蛞蝓［引自《农业昆虫学》（李云瑞，2006）］
1. 野蛞蝓；2. 黄蛞蝓；3. 双线嗜黏液蛞蝓

成体：体长25～28mm，爬行时体可伸长达30～36mm，身体柔软而无外壳，体表暗灰色、黄白色或灰棕色，少数有明显的暗带或斑点。头前端有触角两对，黑色，能伸缩，一对较短，约1mm，为前触角，具感觉作用，一对较长，约4mm，为后触角，其端部着生有眼。在右后触角的后侧方有一生殖孔；前触角的凹陷处是口腔，内生有一角质齿舌，可咀嚼植物叶片。体背前端具外套膜，为体长的1/3，其边缘卷起，内有一退化的贝壳（称盾板）。呼吸孔以细小的细带环绕，尾脊钝，黏液无色，爬过的地方会留下一条光亮的银灰色痕迹。

卵：椭圆形，直径2～2.5mm。韧而富有弹性，白色透明可见卵核，近孵化时颜色变深。

幼体：初孵幼体长2～2.5mm，体为淡褐色，体形与成体相同。

3）生活习性

蛞蝓食性杂，除为害三七外，还可为害多种蔬菜和杂草。蛞蝓喜湿、怕热、畏光。多生活在阴暗、潮湿、腐殖质丰富的地方。对香、甜、腥味有趋性，还有自残性。一般白天躲在荫湿的地方，如植株根部、各种覆盖物下面或土块下、缝隙中，傍晚、夜间及清晨8时前出来食害三七，阴雨天为害更为严重。在云南一年可发生2～6代，世代重叠。以成体、幼体在作物根部湿土下越冬，来年4月出土为害繁殖，一直可为害到11月，在温室内可周年发生。蛞蝓为雌雄同体，异体交配受精，也可同体受精繁殖，交配一般在黄昏、夜间进行，有多次产卵的习性，一次产卵6～15粒，卵多产在潮湿（湿度80%左右）、疏松土层2～4cm处，有的卵产在潮湿的砖石缝隙、腐熟的潮湿马粪堆底部，一般产卵前期约30天，产卵期平均约160天，产卵量一般为155～240粒/头。蛞蝓耐饥饿力强，在食物缺乏或不良条件下，能不吃不动休眠1～2年。

4）防治方法

（1）农业防治

应选择地势较高，排水良好，远离油菜、蚕豆等作物的地块育苗或栽植；建园前翻土晒垡降低土壤湿度；遇到田间湿度大时，适时打开园门，降低园内湿度；及时铲除田间、地边杂草，清除蛞蝓的滋生场所。

（2）作好预防工作

于播种（新七园）或下棵（老七园）后和三七出苗前，结合七园冬春管理，用1∶2∶200倍波尔多液均匀喷洒七园厢土2～3次，并将七园四周杂物铲除干净，撒施石灰粉防止蛞蝓进入园内，把蛞蝓消灭在越冬阶段。

（3）物理防治

在蛞蝓发生时，用白菜叶、莴苣、甘蓝等蔬菜叶于傍晚堆放在七园中，次日清晨日出前揭开菜叶捕杀诱集到的蛞蝓。

（4）人工捕杀

在植株生长期间，一旦发现害虫，可利用其在浇水后、清晨、晚间、阴天爬出取食活动的习性，人工用铁丝串捉。

（5）茶枯液或石灰防治

在蛞蝓发生时用20倍茶枯液喷洒，或在七园四周于傍晚撒石灰粉，形成石灰粉隔离带，阻止蛞蝓为害三七，每亩5～7.5kg。

（6）撒毒土

在傍晚每亩用6%密达杀螺颗粒剂0.5～0.6kg，拌细砂5kg，均匀撒施在根际附近。

（7）喷药防治

若蛞蝓为害面积不大，可用1%食盐水或硫酸铜1000倍液，在下午16:00以后或清晨蛞蝓未入土前，全株喷洒；为害严重的地块可用灭蛭灵900倍液或48%乐斯本乳油1500倍液喷雾。

5.2 非洲大蜗牛

非洲大蜗牛 [*Achatina fulica* (Ferussac)] 又名褐云玛瑙螺、非洲巨螺、菜螺、花螺等，隶属软体动物门 (Mollusca)，腹足纲 (Gastropoda)，柄眼目 (Stylommatophora)，玛瑙螺科 (Achatinidae)，为陆栖贝类。原产于非洲东部，现已广泛传播于世界各地，主要危害多种农作物、经济作物、园林植物、园艺花卉等 500 多种植物，人们常称之为"田园杀手"，是一种世界性农业有害动物。非洲大蜗牛 20 多年前传入云南，已在云南造成严重危害。

1）为害特点

非洲大蜗牛食性杂，幼螺多为腐食性，主要取食动植物残体、地衣、藻类和真菌，成螺一般取食各种绿色植物，主要以舌头上锉形组织磨碎植物的茎、叶、根等。饥饿时也可取食纸张和同类尸体，甚至能啃食和消化坚硬的物体。其摄食量很大，每日食量相当于自身重量的十分之一。因此严重影响农业、林业等的发展，造成严重的经济损失。

2）形态特征

成螺：大型贝壳长卵圆形或椭圆形，体长约 7～8cm，最大可达 20cm，壳质稍厚，有光泽，壳高 130mm，宽 54mm，具 6.6～8 个螺层，各螺层增长缓慢，螺旋部圆锥形，体螺层膨大，其高度约为壳高的 3/4。壳顶尖，缝合线深。壳面底色为黄或深黄色，带有焦褐色雾状花纹。胚壳呈玉白色。其他各螺层有断续的棕色条纹。生长线粗而明显，壳内为淡紫色或蓝白色，体螺层上的螺纹不明显，中部各螺层与生长线交错。壳口呈卵圆形，口缘简单、完整。外唇薄而锋利，易碎。内唇贴覆于体螺层上，形成"S"形蓝白色的胼胝部，轴缘外折，无脐孔。足部肌肉发达，背面呈暗棕黑色，黏液无色。

幼螺：刚孵化的螺具 2.5 个螺层，似成螺。

卵：圆形，乳白或淡青黄色。

3）生活习性

非洲大蜗牛昼伏夜出，具群居性、喜温怕冷、喜湿怕水、喜阴怕光等习性。白天栖息于杂草丛生、农作物繁茂的阴暗潮湿的环境或腐殖质丰富、疏松的土壤中或枯枝落叶下、土石块下、洞穴中，夜间 21:00 开始爬出活动、取食。畏光怕热，最怕阳光直射，对环境极为敏感，当环境温湿度不适宜时，会将身体缩回壳中并分泌黏液形成保护膜，封住壳口，以克服不良环境的干扰。非洲大蜗牛雌雄同体，异体交配，在云南每年可繁殖2～3次，4～9月为交配、产卵期，每对蜗牛平均每次产卵200～300粒，卵常产于腐殖质多，且潮湿的1～2cm的表土层，1对蜗牛1年可繁殖幼螺300～450头。幼螺5个月后进入性成熟期。

4）防治方法

（1）加强检疫，严控传播

非洲大蜗牛自然传播能力有限，主要靠人为传播，应加强口岸入境检验检疫工作，截断非洲大蜗牛再次传入途径，对检疫出的非洲大蜗牛，可用溴甲烷在21℃以下熏蒸24 h将其杀灭。

（2）农业防治

清除田间及周边杂草、垃圾堆、乱石堆等适宜非洲大蜗牛藏匿与繁衍的环境，减少虫源；根据非洲大蜗牛喜湿怕水的特性，在有条件的地方实行水旱轮作，使环境不利于其栖息。

（3）物理防治

在夜间、清晨或雷雨后蜗牛觅食时，尤其在其交配季节进行人工捕杀。或在非洲大蜗牛可能隐藏栖息的地方，投放其喜好食物如青菜等进行诱集捕杀。

（4）化学防治

目前常用于防治非洲大蜗牛的药剂有有机磷、拟除虫菊酯类杀虫剂；撒施石灰粉（500g/m^2），可有效杀死非洲大蜗牛的卵、幼螺及成螺。

5.3 同型巴蜗牛

同型巴蜗牛[*Bradybaena similaris*（Ferussac）]隶属软体动物门（Mollusca），腹足纲（Gastropoda），柄眼目（Stylommatophora），巴蜗牛科（Bradybaenidae），是重要的农作物有害动物，其发生量大，常造成缺苗断垄，严重影响农作物的产量和品质。

1）为害特点

食性杂，为害多种作物，初孵幼螺只取食作物叶肉，留下表皮，随着生长发育，则可用齿舌将作物叶、茎舐磨成空洞缺刻，为害严重时，能将叶片吃光，咬断主茎，造成缺苗断垄。其爬行遗留下的白色胶质和粪便，会影响幼苗的生长，严重时可造成死苗。

2）形态特征

成螺：贝壳中等大小，扁球形，壳质厚而坚实，个体之间形态变异较大。壳高 12mm、宽 16mm，有 5～6 个螺层，顶部几个螺层增长缓慢，略膨胀，螺旋部低矮，体螺层增长迅速、膨大。壳顶钝，缝合线深。壳面呈黄褐色或红褐色，具稠密而细致的生长线。壳口马蹄形，口缘锋利，轴缘外折，遮盖部分脐孔；脐孔小而深，呈洞穴状。

幼螺：初孵幼贝螺壳高 0.8～1.7mm，有 1～2 个螺层，5 个月后螺层增至 4～5 层，9 个月后增至 5～6 层。

卵：圆球形，直径 2mm，初产卵乳白色，有光泽，渐变淡黄色，近孵化时为土黄色。

3）生活史和习性

常与灰巴蜗牛混杂发生。生活于潮湿的灌木丛、草丛中、田埂上、乱石堆里、枯枝落叶下、作物根际土块和土缝中以及温室、畜圈附近的阴暗潮湿、多腐殖质的环境，适应性极广。1 年发生 1 代，以成螺或幼螺在作物根部、草堆、土缝里越冬，3 月下旬越冬蜗牛陆续恢复活动，5～6 月为交配产卵盛期，6～7 月为幼螺发生高峰，高温干旱可致部分幼螺死亡，9 月后气温下降，蜗牛又恢复活动，到 11 月中旬后，成螺或幼螺陆续潜于越冬场所越冬。

同型巴蜗牛为雌雄同体，异体受精，卵产在作物根际疏松湿润的土中、缝隙中、枯叶或石块下，卵成堆状。若土壤过分干燥，卵不孵化，若将卵翻到地面，接触空气易爆裂。蜗牛喜阴湿天气，如遇雨天，昼夜活动为害作物。而在干旱情况下，白天潜伏，夜间活动，21:00 时为蜗牛取食活动高峰，午夜后活动量逐渐减少，清晨 5:00 时前陆续潜入土中。蜗牛行动迟缓，借足部肌肉伸缩爬行，并分泌黏液，黏液遇空气干燥发亮，污染三七叶片，影响其光合作用。

4）防治方法

（1）人工捕杀

清晨或阴雨天人工捕捉，集中杀灭。

（2）土壤管理

在三七播种或移栽前，翻耕土壤，使蜗牛卵粒暴露在太阳光下暴晒破裂，或被鸟啄食，或将卵翻入深土，使其无法出土，降低蜗牛基数。

（3）化学防治

在蜗牛活动期，撒施 6% 密达颗粒剂，$1hm^2$ 用量 7500g，或 8% 灭蜗灵颗粒剂，1 hm² 施 15000g。一般施用一次即可控制，幼螺发生高峰期补施一次，效果更好。

5.4　灰巴蜗牛

灰巴蜗牛 [*Bradybaena ravida*（Benson）] 隶属软体动物门（Mollusca），腹足纲（Gastropoda），柄眼目（Stylommatophora），巴蜗牛科（Bradybaenidae），是重要的农作物有害动物，其食性杂，常造成缺苗断垄，严重影响农作物的产量和品质。

1）为害特点

食性杂，为害多种作物，主要取食植物的幼苗、嫩叶、嫩茎、地下块茎和果实。可将幼苗咬断，造成缺苗断垄；为害叶片，造成缺刻、孔洞，严重时可将叶片取食殆尽，仅剩叶脉，同时蜗牛排出的黑色粪便和黏液污染叶片。食物缺乏时也能取食树皮。

2）形态特征

成螺：体软滑，黄褐色，具触角 2 对，前短后长，顶端有眼。口位于头部腹面，口腔内有颚和长有很多细齿的齿舌。头部右后下侧的触角基部具生殖孔，体背中央右侧与贝壳连接处具呼吸孔，稍后方为排泄孔。腹面具扁平宽大、肌肉发达的足。贝壳为圆球形，有 5.5~6 个螺层，壳面黄褐色，具细而稠密的生长线和螺纹，壳顶尖，壳口椭圆形，壳高 19mm，宽 21mm。

幼螺：形态与成螺相似，但体较小。初孵化的幼螺壳薄，半透明，淡黄色，有光亮，可隐约看到壳内肉体，肉体乳白色，带斑纹。

卵：圆球形，直径 1~1.5mm，初产卵乳白色，有光泽，渐变淡黄色，近孵化时为土黄色。

3）生活史和习性

灰巴蜗牛一年发生 1~1.5 代，主要以成螺和幼螺在草堆、土块、堆肥、松土或枯枝落叶下越冬，越冬时常分泌一层白膜封住壳口。翌年开春，气温回升后开始活动、取食为害，蜗牛喜欢阴雨潮湿的环境，地势低湿及水池沟边的地块受害较重。灰巴蜗牛雌雄同体，须交配才能受精产卵。4~5 月和 8~9 月成螺交配产卵，卵多产于植物根际附近或松软湿润的土内，卵若暴露在日光下或空气中会爆裂，11 月蜗牛逐渐入土越冬。蜗牛初孵幼螺喜欢群集取食，以后逐渐分散为害，在阴雨天昼夜均能活动取食，晴天白天隐蔽在植物根部、落叶下、土缝中或茂密的植物叶片背面，夏季高温或干旱少雨时，仍会爬到隐蔽处，分泌白色薄膜封住壳口，以度过不良环境。

4）防治方法

（1）农业防治

在三七播种或移栽前，结合整地，进行三犁三耙，可使灰巴蜗牛卵块暴露在土面上，在阳光下暴晒死亡，减少虫源。清除田间枯枝落叶、植物残体、石头土块等杂物，并可撒上生石灰，减少蜗牛的隐藏地。

（2）人工捕杀

清晨或阴雨天人工捕捉，集中杀灭。

（3）堆草诱杀

在三七地边堆放青草和树叶，诱集蜗牛集中杀灭。

（4）生石灰防治

在三七地边四周撒施茶籽饼粉、石灰粉、草木灰、煤油或废机油浸湿的锯末等，蜗牛沾上石灰粉等物，会脱水而死。

（5）化学防治

在蜗牛活动期，撒施6%嘧达颗粒剂，$1hm^2$用量7500g，或8%灭蜗灵颗粒剂，$1hm^2$施15 000g。一般施用一次即可控制，幼螺发生高峰期补施一次，效果更好。

5.5 鼠 妇

为害三七的鼠妇为卷球鼠妇 [*Armadillidium vulgare*（Latreille）]，隶属节肢动物门（Arthropoda）、甲壳纲（Crustacea），等足目（Isopoda），鼠妇科（Armadillidiidae），俗称"西瓜虫""潮虫"。鼠妇食性很杂，可危害瓜果蔬菜、食用菌、花卉等植物，取食其幼嫩的根茎。近年发现鼠妇对三七苗床的危害较为严重，大大影响三七苗的生长发育。

1）为害特点

鼠妇主要取食三七叶片，危害轻时将叶片啃食成孔洞或缺刻，后期植株黄化，危害重时食光叶肉仅剩叶脉和幼茎，有时甚至直接将幼嫩的茎咬断，造成缺苗断垄。取食后造成的伤口，容易感染病害。

2）形态特征（图 5-2）

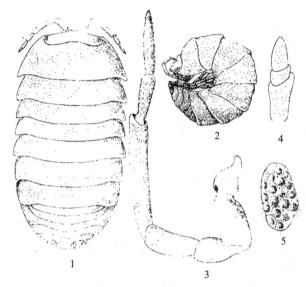

图 5-2　卷球鼠妇（仿蒋玉文等，1992）

1. 成体背面；2. 成体侧面；3. 大触角；4. 小触角；5. 复眼

成体：雌体长 9～12mm，雄体长 14～16mm。长椭圆形，宽而扁，体灰褐色或灰蓝色，稍有光泽。雄性成体较雌性大，体色也稍有差异。头较小，与第一胸节愈合，称头胸部。触角 2 对，第 1 对较小，又称小触角，乳白色，分 3 节；第 2 对触角较大，位于第 1 对外侧，分 7 节，其上密布刻点，各节末端色浅。口器有 1 对大颚和 2 对小颚，端部黑色，其余部分褐色。体共分 14 个体节，其中胸节 7 节，占身体的绝大部分，每节生有 1 对胸肢（足）。腹节小，7 节。成体体背有凹凸不平的刻纹，各节背板坚硬，边缘色淡。各节具弧形纵向条纹 7～9 条。

卵：淡黄色，近圆形，直径约 1mm，近孵化时色变为淡黄褐色。

幼体：初孵幼体体长约 1.5mm，体宽约 1mm，全体乳白色，略带淡黄色，体两侧及各节后缘有淡褐色斑纹。随着虫体长大，体色加深，最后呈灰褐色或灰蓝色。

3）生活习性

鼠妇喜阴湿的环境，有强烈的负趋光性。白天潜伏在大棚内及周围的石缝、土缝、杂草下等隐蔽处，傍晚鼠妇从隐蔽处爬出觅食，整夜危害三七幼苗，次日清晨爬回隐蔽场所，白天的阴天或光照弱时也可取食危害。鼠妇爬行很快，具有假死性，受惊后躯体会迅速蜷缩成球状。

4）防治方法

（1）农业防治

及时清除三七大棚内及其周围的砖石、杂草、垃圾、枯枝落叶、杂物等鼠妇的隐蔽场所，疏通排水沟，以防大棚内积水潮湿，减少虫源。

（2）人工捕杀

在砖石、杂草等鼠妇隐蔽场所进行人工捕杀。

（3）诱杀

利用鼠妇对新鲜菜叶有趋性的特点，傍晚将新鲜白菜叶（3～4片/堆）放置在三七苗床埂边，每隔10 m放置一堆，白菜叶上可喷洒2.5%溴氰菊酯乳油3 000倍液或10%吡虫啉可湿性粉剂2 500倍液等药剂，次日清晨，将白菜叶下诱集到的鼠妇集中杀死或清理白菜叶下诱杀致死的鼠妇。

（4）生石灰封锁带

在三七苗床周围及大棚周围，撒一道生石灰带，以防止鼠妇迁移扩散，防止棚外鼠妇继续进入棚内危害，具有较好的阻隔作用。

（5）药剂防治

5%毒死蜱颗粒剂，人工撒施于三七苗床土壤表面，每公顷用药15 kg，施药后浇适量清水。

5.6 短须螨

为害三七的害螨主要有短须螨（*Bruvipalpus* sp.）和二斑叶螨（*Tetranychus urticae* Koch），均隶属于节肢动物门（Arthropoda），蛛形纲（Arachnida），真螨目（Acriformes）。短须螨隶属细须螨科（Tenuipalpidae），因形态像蜘蛛、红色，故又名红蜘蛛。二斑叶螨隶属叶螨科（Tetranychidae），又名二点叶螨、叶锈螨、普通叶螨。

1）为害特点

害螨主要为害三七的叶片、花序、嫩芽和嫩茎，叶片受害时，主要以成螨、幼螨群集在叶背及花序中吮吸三七的汁液，三七被害部逐渐出现凹点，叶色变淡转黄，症状与白粉病相似，危害严重时，叶片整片变黄，甚至呈金黄、红黄色，随之脱叶落棵；花序受害，受害初期花色变浅黄至黄褐色，小花萎缩，不能结籽。红果被害，则籽粒干瘪，不能做种。

2）形态特征

（1）短须螨

成螨：体微小，体长 0.2～0.4mm，近椭圆形，锈红色至暗红色。体背有二排黑斑，着生刚毛，肛门后有毛 3 对。雄成螨较雌成螨身体略小。

卵：圆形，表面光滑，红色。

幼螨：体长 0.1～0.18mm，椭圆形，足 3 对。

若螨：椭圆形，较幼螨稍大，第一若螨体长 0.17～0.22mm，足 4 对。

（2）二斑叶螨

成螨：体微小，雌成螨呈卵圆形，体长 0.45～0.55mm，除越冬代滞育个体为橘红色外，均呈黄白色或浅绿色，足及颚体白色，体躯两侧各有一个褐斑，背毛 13 对。雄成螨身体略小。

卵：圆球形，有光泽，初产时无色，后变成淡黄色或红黄色。

幼螨：半球形，淡黄色或黄绿色，足 3 对，体背上无斑或斑不明显。

若螨：椭圆形，黄绿色或深绿色，足 4 对，体背两个斑点。

3）生活习性

短须螨在七园以卵或成螨在畦面裂缝中或园内外杂草上越冬，若气温转暖，越冬的成螨仍能活动取食，当气温上升到 10℃以上，越冬卵可孵化，先在杂草中取食，待三七出叶后陆续迁入园内为害三七，每年 3～4 月七园就有短须螨发生，在高温、干燥条件下成螨繁殖快，8～9 月发生量多，为害较重。在一年生三七及移栽的二年生三七上均可为害。一般在新种的七园发生较少，为害较轻，老七园则发生较多，为害较重。短须螨的传播可借助刮风、下雨、浇水，附着于建盖三七棚的草秆，以及人们的衣裤和农具等传播；靠自身的爬行也可短距离传播。

4）防治方法

①三七出苗前彻底打扫七园，铲除七园四周杂草，用波美 1～2 度石硫合剂喷洒铺厢草及园边，防治潜伏越冬的虫源。

②出苗后，加强检查（一般用放大镜或在叶子下垫一张白纸，再用手拍压叶片，如果有短须螨，纸上就会有红点），一旦发现，应及时防治，以防蔓延。

③药剂防治 点片发生时，及时进行挑治；普遍发生时，应立即进行全

面防治，药剂可选用 1.8% 阿维菌素乳油、1% 甲氨基阿维菌素苯甲酸盐乳油、73% 克螨特乳油、5% 噻螨酮乳油、15% 哒螨灵乳油、10% 虫螨腈悬浮剂等，注意轮换用药，喷药时要均匀、周到，重点应喷施叶片背面、植株上部的嫩叶、嫩茎、花器和幼果等部位。

5.7 鼠 类

鼠类是啮齿动物，隶属哺乳纲（Mammalia），啮齿目（Rodentia），鼠科（muridae）。对三七的危害十分严重，是三七生产的一大隐患。为害三七的鼠类主要有褐家鼠（*Rattus norvegicus* Rerkonhout）、黄胸鼠（*Rattus flavipectus* Milne-Edwards）及其他野鼠等。

1）为害特点

老鼠不仅危害三七的根、茎、果实，还在地里串洞拱土，破坏厢面，造成缺苗。当二年生三七、三年生三七进入绿果期后，老鼠开始偷食红籽，直至种子采收结束，是造成种子产量减少的主要因素之一；在种子储藏期间，老鼠仍会偷食种子；三七播种后老鼠又开始活动，将种子成塘、成片吃光。三七出苗后，还会咬断幼苗，是造成三七缺苗的影响因素之一。在三七生长发育期间，特别是块根膨大后，老鼠又开始掏食三七块根，影响三七产量及品质；三七采挖后及加工过程中，老鼠也会偷吃块根，甚至不断把三七块根拖入鼠洞内慢慢取食。

2）主要种类的形态特征（图 5-3）

图 5-3　褐家鼠和黄胸鼠 ［引自《植物保护学通论》（韩召军，2001）］

1. 褐家鼠；2. 黄胸鼠

（1）褐家鼠

体型大，体长 110～120mm。背毛棕褐色或灰褐色，间有黑色长毛；腹毛污灰白色；尾二色，上面灰褐色，下面灰白色；尾上环状鳞片清晰可见，前后足背面毛白色。尾长明显短于体长。耳短而厚。后足长于 28mm。雌鼠乳头 6 对。

(2)黄胸鼠

体细长，体长约130～190mm。背毛棕褐或黄褐色，腹毛青灰色，前足背毛灰褐色，四周灰白色，尾部鳞片发达，呈环状，细毛较长。尾长等于或大于体长。耳长而薄。后足长于30mm。雌性乳头5对。

3）生活习性

老鼠昼伏夜出，能在七园内及其周围可隐藏的地方打洞做窝，傍晚以后活动危害。

褐家鼠食性杂，栖息地广泛，为家野两栖的人类伴生种。有群居习性，喜欢在水源附近栖息，在乱石堆、墙根、沟边、田埂、渠边等处打洞穴居。黄胸鼠杂食性，但主要以植物性食物为生。在农田栖息时，洞穴简单。

4）防治方法

①春季，清除七园内及四周的杂草或堆放物，破坏老鼠栖息场所；采用地膜覆盖栽培形成屏障，有效降低鼠害，同时地膜覆盖栽培具有保温、保湿的作用，能显著提高三七的出苗率。

②夏季，在七园周边和厢面两端安放鼠夹，每天检查，取出鼠夹夹住的老鼠，并将其杀死深埋。

③秋季，以捕鼠器诱杀为主，毒饵、鼠夹诱杀为辅。在三七结果之前，重点预防老鼠进入七园偷食红籽，可在七园四周制作防鼠屏障，可有效控制鼠害。

参 考 文 献

陈德牛，高家祥，1980. 几种危害农作物的蜗牛和蛞蝓的识别 [J]. 植物保护，(6)：27-30

陈昱君，冯光泉，王勇，等，2003. 三七害虫及有害动物防治技术标准操作规程（草案）[J]. 现代中药研究与实践，(增刊)：49-50

陈昱君，王勇，2005. 三七病虫害防治 [M]. 昆明：云南科技出版社

董晨晖，戚洪伟，陈国华，等，2015. 三七苗床鼠妇的为害特点与防治 [J]. 云南农业科技，(6)：50-51

关文刚，1989. 大庆温室野蛞蝓的发生规律与化学防治 [J]. 动物学杂志，24（5）：6-9

郭靖，章家恩，吴睿珊，等，2015. 非洲大蜗牛在中国的研究现状及展望 [J]. 南方农业学报，46（4）：626-630

韩召军，2001. 植物保护学通论（面向21世纪课程教材）[M]. 北京：高等教育出版社

何振兴，罗丽飞，1986. 三七短须螨初步防治 [J]. 中药材，（5）：6

侯柏林，2005. 同型巴蜗牛在枣园的发生规律与防治方法 [J]. 山西林业科技，（3）：29-30

花蕾，2009. 植物保护学（普通高等教育"十一五"规划教材）[M]. 北京：科学出版社

黄云，徐志宏，2015. 园艺植物保护学（普通高等教育"十二五"规划教材）[M]. 北京：中国农业出版社

姬秀枝，杨麦生，谢麦香，2007. 蔬菜二斑叶螨的危害及其防治 [J]. 中国果菜，（5）：36

蒋玉文，贾岚，何振昌，等，1992. 卷球鼠妇的生物学特性及防治 [J]. 沈阳农业大学学报，23（2）：88-92

李萍，黄新动，李燕，等，2008. 非洲大蜗牛在云南的发生规律及防治方法 [J]. 植物检疫，22（3）：189-190

李萍，李燕，2008. 云南省非洲大蜗牛发生及防治研究 [J]. 云南大学学报，30（S1）：203-205

李云瑞，2006. 农业昆虫学（全国高等学校农林规划教材）[M]. 北京：高等教育出版社

李忠义，陈中坚，王勇，等，2000. 三七园蛞蝓发生危害及防治 [J]. 植物保护，26（3）：45

刘芳，吴陆山，2011. 灰巴蜗牛的危害与防治 [J]. 湖北植保，（4）：41-42

刘虹伶，刘旭，2013. 四川烟田野蛞蝓的发生与防治 [J]. 四川农业科技，（9）：39

刘月英，陈德牛，1966. 蛞蝓的形态习性及其对农业上的危害 [J]. 生物学通报，（1）：23-27

吕佩珂，高振江，张宝隶，等，1999. 中国（粮食作物、经济作物、药用植物）病虫害原色图鉴 [M]. 呼和浩特：远方出版社

孟庆雷，1992. 烟田野蛞蝓的发生危害与防治 [J]. 烟草科技，（1）：42-44

农训学，2009. 三七病虫害的防治方法 [J]. 植物医生，22（1）：23-24

彭雪峰，2014. 野蛞蝓对叶菜类蔬菜的为害及防治 [J]. 东南园艺，（1）：55-57

宋明龙，刘喻敏，吴翠娥，等，2002. 蔬菜田同型巴蜗牛发生及防治研究 [J]. 莱阳农学院学报，19（1）：60-61

田宗立，黄新动，李文跃，2014. 非洲大蜗牛发生特点及防治方法探索 [J]. 农民致富之友，（2）：58

王彩波，2011. 非洲大蜗牛研究进展 [J]. 上海农业科技，（2）：22-23

王朝梁，1992. 三一七鼠害的防治 [J]. 云南农业科技，（4）：44

王少丽，戴宇婷，张友军，等，2011. 北京地区蔬菜害螨的发生于综合防治 [J]. 中国蔬菜，（9）：22-24

吴福桢，管致和，等，1990. 中国农业百科全书（昆虫卷）[M]. 北京：中国农业出版社

夏海波，2014. 寿光温室野蛞蝓的发生与防治 [J]. 长江蔬菜，（1）：59

游意，2016. 非洲大蜗牛的分布、传播、为害及防治现状 [J]. 广西农学报，31（1）：46-48

于永文，2015.蛞蝓繁殖习性研究综述[J].辽宁农业科学,（2）：66-69

张汉明，宁锋娟，王晓莉，等，2008.卷球鼠妇在蔬菜地的发生与防治[J].西北园艺,（9）：41-42

张宏远，张秀玲，可欣，等，2013.蔬菜保护地蛞蝓发生的规律与防治技术探讨[J].现代农业,（1）：25

赵虎，胡长效，张艳秋，2004.灰巴蜗牛生物学特性及药剂防治研究[J].农业与技术，24（4）：73-76

朱富春，2013.保护地蔬菜鼠妇发生规律及综合防治[J].中国蔬菜,（3）：29-30

第6章 三七常见杂草

根据三七田杂草调查结果，本章编写26科90种三七田常见杂草，其中蕨类杂草1科1属2种，双子叶杂草22科57属70种，单子叶杂草3科14属18种。

6.1 木贼科杂草

木贼科属于蕨类植物门，仅1属约30种；我国有12种，杂草有6种；三七田中分布有2种。

1. 问荆（*Equisetum arvense* L.）

【别名】马草，土麻黄，笔头草等。

【形态特征】多年生草本（彩图50），根状茎长而横走；地上茎有不育枝和能育枝之分，当年枯萎。不育枝绿色，于每年春末夏初当生殖枝枯萎时从根状茎抽出，高15～60cm，具6～12条纵棱；主枝中部直径1.5～3.0mm，节间长2～3cm，空心；中部以下多轮生分枝；叶轮生，退化连接成筒状鞘，鞘齿披针形，黑色，边缘灰白色，膜质。能育枝早春先发，高5～20cm，褐色，肉质，粗壮，不分枝；轮生叶的鞘筒栗棕色或淡黄色，长约0.8cm，鞘齿9～12枚，栗棕色，长4～7mm，狭三角形；孢子叶穗顶生，椭圆形；孢子叶盾状，下面生6～8个孢子囊；孢子同型。

【生物学特性】以根状茎和孢子来繁殖。

【分布与危害】广布全国各地，喜生阴湿处。在三七田中发生量小，危害轻，可人工铲除。

2. 节节草（*Equisetum ramosissimum* Desf.）

【别名】木贼草，笔管草，土麻黄，草麻黄等。

【形态特征】多年生草本（彩图51），根状茎黑色。地上茎一型，直立，单生或丛生，高达70cm，灰绿色，肋棱6～20条，粗糙。叶轮生，退化连接成筒状鞘，鞘长为鞘宽的2倍，鞘齿三角形、黑色。孢子叶穗顶生，矩圆形，无柄，长0.5～2cm，有小尖头；孢子叶六角形，中央凹入；孢子同型，具2条丝状弹丝。

【生物学特性】以根状茎和孢子来繁殖。

【分布与危害】广布全国各地，喜生阴湿处。在三七田中发生量小，危害轻，可人工铲除。

6.2 毛茛科杂草

毛茛科属于被子植物门的双子叶植物纲，约50属1900多种；我国有40属736种，其中杂草有9属21种；三七田分布的杂草有2属3种。

1. 虎掌草（*Anemone rivularis* Buch.–Ham. ex DC.）

【别名】溪畔银莲花，草玉梅，见风青、见风蓝等。

【形态特征】多年生草本（彩图52），高15～65cm。根状茎木质，垂直或稍斜，粗8～14mm。基生叶3～5枚，有长柄；叶片肾状五角形，长2.5～7.5cm，宽4.5～14cm，三全裂；中全裂片宽菱形或菱状卵形，宽2.2～7cm，三深裂；侧全裂片不等二深裂，两面都有糙伏毛；叶柄长5～22cm，有白色柔毛，基部有短鞘。花葶1～3，直立；聚伞花序长10～30cm，2～3回分枝；苞片3，有柄，近等大，长3.2～9cm，似基生叶，宽菱形，三裂近基部，一回裂片多，少细裂，柄扁平，膜质，长7～15mm，宽4～6mm。花直径2～3cm；萼片6～10枚，白色，倒卵形或椭圆状倒卵形，长6～14mm，宽3～10mm，外面有疏柔毛，顶端密被短柔毛；雄蕊长约为萼片之半，花药椭圆形；心皮30～60，无毛，子房狭长圆形，有拳卷的花柱。瘦果狭卵球形，稍扁，长7～8mm，宿存花柱钩状弯曲。

【生物学特性】以种子和根状茎繁殖。花期5～8月，果期7～10月。

【分布与危害】广布云南各地，生草坡、沟边或疏林中。在三七田中零星发生，可人工铲除。

2. 茴茴蒜（*Ranunculus chinensis* Bunge）

【别名】小虎掌草，野桑葚，鸭脚板，山辣椒等。

【形态特征】多年生直立草本（彩图53），高15～50cm，茎和叶柄均密被伸展的淡黄色糙毛；叶为三出复叶，叶片宽卵形，长2.5～7.5cm，宽2.5～8cm，基生叶和下部叶具长柄；中央小叶具长柄，3深裂，裂片狭长，上部生少数不规则锯齿；侧生小叶具短柄，不等地2或3裂；茎上部叶渐变小。单歧聚伞花序，具疏花；花梗贴生糙毛，花直径6～12mm；萼片5枚，淡绿色，船形，长约4mm，外面疏被柔毛；花瓣5枚，黄色，宽倒卵形，长约3.2mm，基部具蜜槽；雄蕊和心皮均多数，心皮密生白短毛。聚合瘦果椭圆形，长约1cm，直径6～8mm；瘦果扁平，长约3.2mm，无毛，喙极短，呈点状。

【生物学特性】种子繁殖。花期4～6月，果期7～9月。

【分布与危害】广布云南各地，生湿草地、溪边或田边。在三七田中零星发生，可人工铲除。

3. 毛茛（*Ranunculus japonicus* Thunb.）

【别名】老虎脚迹，毛脚鸡，五虎草等。

【形态特征】一年生或二年生草本（彩图54），须根多数簇生；茎直立，高30～70cm，有伸展的白色柔毛；基生叶和茎下部叶相似，有长达15cm的叶柄，叶片五角形，长3.5～6cm，宽5～8cm，掌状3深裂，中裂片宽菱形或倒卵形且3浅裂，侧裂片不等2裂，两面贴生柔毛；茎中部叶有短柄，上部叶无柄，叶片较小，3深裂。聚伞花序疏散，多花，花梗长8cm，花直径1.5～2cm；萼片椭圆形，外被白柔毛；花瓣5枚，倒卵状圆形，长6～11mm，宽4～8mm，基部蜜腺有鳞片；雌雄蕊均多数分离。聚合果近球形，直径6～8mm；瘦果扁平，长约2～2.5mm，边缘有宽约0.2mm的棱，无毛，喙短直或外弯，长约0.5mm。

【生物学特性】种子繁殖。花期4～7月，果期6～9月。

【分布与危害】分布于全国各地，生低湿地、沟边及路旁。在三七田中零星发生，可人工铲除。

6.3 十字花科杂草

十字花科属于被子植物门的双子叶植物纲，约300属3200种；我国有95

属 425 种，其中杂草有 29 属 47 种；三七田分布的杂草有 5 属 5 种。

1. 荠菜（*Capsella bursa-pastoris*（L.）Medic.）

【别名】荠荠菜，地丁菜等。

【形态特征】一年生或二年生草本（彩图 55），高 20～50cm；茎直立，单一或基部分枝。基生叶莲座状，大头羽状分裂，长 10～12cm，宽约 2.5cm，顶生裂片较大，侧生裂片较小；茎生叶狭披针形或披针形，长 1～2cm，宽约 2mm，两面有细毛或无毛，基部箭形抱茎，边缘有缺刻或锯齿。总状花序顶生或腋生，果期伸长达 20cm；萼片 4 枚，长圆形，长 1.5～2mm，绿色；花白色，直径约 2mm，十字花冠，花瓣卵形，长 2～3mm，有短爪；雄蕊 6 枚，四强雄蕊。短角果呈倒三角形或倒心形，长 5～8mm，宽 4～7mm，扁平，无毛，先端稍凹，有极短的宿存花柱。种子 2 行，呈椭圆形，淡褐色。

【生物学特性】种子繁殖，花果期 3～7 月。

【分布与危害】分布于全国各地，生于山坡、荒地、路边。在三七田中发生量大，可人工铲除。

2. 弯曲碎米荠（*Cardamine flexuosa* With.）

【别名】地甘豆，蔴菜，惊解姜等。

【形态特征】一年生或二年生草本（彩图 56），高 10～30cm，根纤维状；茎自基部多分枝，斜升呈铺散状，上部略呈之字形弯曲，表面疏生柔毛。叶为奇数羽状复叶；基生叶有叶柄和小叶柄，小叶 3～7 对；茎生叶长 2.5～9cm，有小叶 3～5 对，小叶多为长卵形或线形，1～3 裂或全缘，小叶柄有或无，全部小叶近于无毛。总状花序有花 10～20 朵，花后伸长；花小，花梗纤细，长 3～4mm；萼片长椭圆形，长约 1～2mm，边缘膜质；花瓣白色，倒卵状楔形，长约 3.5～4mm；雄蕊长 2.5～5mm，花丝不扩大；雌蕊柱状，花柱极短，柱头扁球状。长角果线形，扁平，长 12～20mm，宽约 1mm，与果序轴近于平行排列，果序轴左右弯曲，果梗直立开展，长 3～9mm。种子长圆形而扁，长约 1mm，黄绿色，顶端有极窄的翅。

【生物学特性】种子繁殖，花期 3～5 月，果期 4～6 月。

【分布与危害】分布几遍全国，生于田边、路旁及草地。在三七田中零星发生，可人工铲除。

3. 独行菜（*Lepidium apetalum* Willd.）

【别名】辣辣菜，腺茎独行菜，葶苈子，北葶苈，苦葶苈等。

【形态特征】一年生或二年生草本（彩图57），高5～30cm；茎直立，有分枝，无毛或具微小头状毛。基生叶莲座状，平铺地面，叶片窄匙形，一回羽状浅裂或深裂，长4～8cm，宽1～1.5cm，叶柄长1～2cm；茎生叶无柄，狭披针形至线形，长2～7cm，宽1～5mm，有疏齿或全缘。总状花序在果期可延长至5～10cm，花小，白色；萼片早落，卵形，长约0.8mm，外面有柔毛；花瓣缺或退化成丝状，比萼片短；雄蕊2枚或4枚。短角果近圆形或宽椭圆形，扁平，长2～3mm，宽约2mm，顶端微缺，上部有短翅，隔膜宽不到1mm；果梗弧形，长约3mm。种子椭圆形，长约1mm，平滑，红棕色。

【生物学特性】种子繁殖，花果期5～7月。

【分布与危害】分布于东北、华北、华东、西北、西南，生于山坡、山沟、路旁及村庄附近。在三七田中零星发生，可人工铲除。

4. 风花菜［*Rorippa palustris*(Leyss.) Bess.］

【别名】沼生蔊菜，沼泽蔊菜。

【形态特征】二年生或多年生草本（彩图58），高15～90cm；茎斜上，无毛或稍有毛，有分枝；基生叶和下部叶羽状分裂，长达12cm，顶生裂片较大，卵形，侧生裂片较小，5～8对，边缘有钝齿。总状花序顶生或腋生，无苞片，果期伸长；花梗长2～3mm；萼片长圆形，长2mm，宽1mm；花瓣黄色，倒卵形；雄蕊长1.5～2mm；雌蕊长约2mm。长角果椭圆形，长3～6mm，宽约2mm，两端钝或近圆形，顶端有长约1mm的花柱，果瓣无脉；果梗长5～7mm。种子多数，2行，红棕色，长约0.5mm，表面有细网纹。

【生物学特性】种子繁殖，花期5～6月，果期7～8月。

【分布与危害】分布于东北、华北、西北和西南，在云南各地都有分布，生山坡草地、水沟边、田边、路旁。在三七田中发生量小，危害轻，可人工铲除。

5. 菥蓂（*Thalaspi arvense* L.）

【别名】遏蓝菜，败酱草等。

【形态特征】一年生草本（彩图59），全株无毛，高15～40cm，茎不分枝或少分枝。基生叶倒卵状矩圆形，长3～5cm，宽1～1.5cm，叶柄长1～3cm；茎生叶无柄，倒披针形或矩圆状披针形，长 2.5～5cm，宽 1～1.5cm，先端圆钝，基部箭形抱茎，两面无毛。总状花序顶生或腋生，伞房状，果期伸长；花小，白色；萼片 4 枚，近椭圆形；花瓣 4 枚，长约 3mm，宽约 1mm，瓣片矩圆形，下部渐狭成爪。短角果近圆形或倒宽卵形，长 8～16mm，扁平，周围有宽翅，顶端深凹缺并长有极短的花柱，每室有种子 2～8 粒。种子宽卵形，棕褐色，表面有颗粒状环纹。

【生物学特性】种子繁殖，花期 3～4 月，果期 5～6 月。

【分布与危害】广布全国各地，生路旁、沟边或山坡。在三七田中零星发生，可人工拔除。

6.4 石竹科杂草

石竹科属于被子植物门的双子叶植物纲，约 70 属 1750 种；我国有 31 属 372 种，其中杂草有 14 属 23 种；三七田分布的杂草有 2 属 2 种。

1. 牛繁缕 [*Myosoton aquaticum* (L.) Moench]

【别名】抽筋菜，鹅肠菜，鹅儿肠等。

【形态特征】多年生或二年生草本（彩图 60），高 10～40cm；全株光滑，仅花序上有白色短软毛；茎多分枝，柔弱，常伏生地面；叶卵形或宽卵形，长 2～5.5cm，宽 1～3cm，顶端渐尖，基部心形，全缘或波状，上部叶无柄，基部略抱茎，下部叶有柄。花梗细长，花后下垂；萼片 5 枚，宿存，果期增大，外面有短柔毛；花瓣 5 枚，白色，远长于萼片，顶端 2 深裂达基部；雄蕊 10 枚，比花瓣稍短；子房短圆形，花柱 5 枚，丝状。蒴果卵形，5 瓣裂，每瓣顶端再 2 裂。种子多数，近圆形，稍扁，褐色。

【生物学特性】种子繁殖，花期 4～5 月，果期 5～6 月。

【分布与危害】广布全国各地，生于荒地、路旁及较阴湿的草地。在三七田中发生量大，可人工铲除。

2. 石生繁缕（ *Stellaria vestita* Kurz ）

【别名】星毛繁缕。

【形态特征】多年生草本（彩图 61），株高 60～90cm；茎匍匐，光亮，上部密生短柔毛；叶卵状椭圆形，长 2～3.5cm，宽 8～12mm，两面有星状绒毛，下面毛较密。二歧聚伞花序顶生和腋生，细弱，有细长总花梗，全部密生星状绒毛；萼片5枚，披针形，长约4mm；花瓣5枚，比萼片短，白色，顶端2深裂达基部；雄蕊10枚；花柱3枚或4枚。蒴果和宿存萼近等长；种子多数，黑色。

【生物学特性】种子繁殖，几乎全年都能开花结实。

【分布与危害】主要分布于我国黄河、长江流域和珠江流域，多生长在井旁、地边、菜地中，适应性很强，耐寒、耐热、耐湿。在三七田中发生量大，可人工铲除。

6.5 蓼科杂草

蓼科属于被子植物门的双子叶植物纲，约40属800种；我国有14属228种，其中杂草有3属53种；三七田分布的杂草有3属6种。

1. 野荞麦 [*Fagopyrum gracilipes* (Hemsl.) Dammr]

【别名】细梗荞麦，细柄野荞麦等。

【形态特征】一年生草本（彩图62），高20~70cm；茎直立，自基部分枝，具纵棱，疏被短糙伏毛；叶片卵状三角形，长2~4cm，宽1.5~3cm，顶端渐尖，基部心形，两面疏生短糙伏毛；下部叶叶柄长1.5~3cm，具短糙伏毛；上部叶叶柄较短或近无梗；托叶鞘膜质，偏斜，具短糙伏毛，长4~5mm，顶端尖。花序总状，腋生或顶生，极稀疏，间断，长2~4cm，花序梗细弱，俯垂；苞片漏斗状，上部膜质，中下部草质，绿色，每苞内具2~3朵花，花梗细弱，长2~3mm，比苞片长，顶部具关节；花被5深裂，淡红色，花被片椭圆形，长2~2.5mm，背部具绿色脉，果时花被稍增大；雄蕊8枚，比花被短；花柱3枚，柱头头状。瘦果宽卵形，长约3mm，具3锐棱，有时沿棱生狭翅，有光泽，突出花被之外。

【生物学特性】种子繁殖，花期6~8月，果期8~10月。

【分布与危害】分布于西南地区及河南、陕西等省，在云南主要分布在滇中、滇南、滇西和滇西北，生山坡草地、山谷湿地、田埂、路旁。在三七田中发生量大，可人工拔除。

2. 酸模叶蓼（*Polygonum lapathifolium* L.）

【别名】旱苗蓼，大马蓼，马蓼等。

【形态特征】一年生草本（彩图63），高30～100cm；茎直立，有分枝；叶互生，叶柄有短刺毛；叶片披针形至宽披针形，长5～15cm，宽1～3cm，顶端渐尖或急尖，基部楔形，腹面无毛，背面沿主脉有贴生粗硬毛，全缘，边缘具粗硬毛，腹面上常具新月形黑褐色斑块；托叶鞘筒状，长1.5～3cm，膜质，淡褐色，无毛。总状花序呈穗状，顶生或腋生，数个排列成圆锥状，花序梗被腺体；花被淡红色或白色，通常4深裂，裂片椭圆形；雄蕊6枚；花柱2枚，向外弯曲。瘦果卵圆形，扁平，两面微凹，黑褐色，光亮，全部包于宿存的花被内。

【生物学特性】种子繁殖，花期7～9月，果期8～10月。

【分布与危害】广布全国各地，生于低湿地或水边。在三七田中零星发生，可人工拔除。

3. 尼泊尔蓼（*Polygonum nepalense* Meisn.）

【别名】头状蓼，野荞麦草。

【形态特征】一年生草本（彩图64），高20～60cm；茎外倾或斜上，自基部多分枝，无毛或在节部疏生腺毛；托叶鞘筒状，长5～10mm，膜质，淡褐色，顶端斜截形，无缘毛，基部具刺毛；叶卵形或三角状卵形，长3～5cm，宽2～4cm，顶端急尖，基部宽楔形，沿叶柄下延成翅，两面无毛或疏被刺毛，疏生黄色透明腺点；下部叶有长柄，上部叶片无叶柄或柄极短，基部常扩大为耳状。头状花序顶生或腋生，花序轴被腺毛；花被4裂，裂片长圆形，淡紫红色或白色；雄蕊5～6枚，与花被等长；花柱2枚，柱头头状。瘦果扁卵圆形，两面突起，直径约2mm，先端微尖，黑色，无光泽，包于宿存花被内。

【生物学特性】种子繁殖，花果期5～9月。

【分布与危害】分布于东北、华北、西北、华东和西南等地区，生潮湿草坝及沟边。在三七田中发生量大，可人工拔除。

4. 酸模（*Rumex acetosa* L.）

【别名】山大黄，当药，山羊蹄，酸母，南连等。

【形态特征】多年生草本（彩图65），根状茎粗短，须根多数；茎直立，高40～100cm，细弱，不分枝；单叶互生，椭圆形或披针状长圆形，长2.5～12cm，宽1.5～4cm，先端急尖或圆钝，基部箭形，全缘或微波状，两面均有粒状细点；基生叶具长柄，茎生叶由下向上叶柄渐短至无柄；托叶鞘膜质，斜截形，顶端有睫毛，易破裂而早落。花单性，雌雄异株；圆锥花序顶生，长达 40cm，分枝疏而纤细，花簇间断着生，每一花簇有花数朵，生于短小鞘状苞片内，苞片膜质，长三角状卵形，花梗短，中部具关节；花被片 6 枚，排成 2 轮，淡红色。雄花：内轮 3 枚花被片宽椭圆形，长约 3mm，外轮 3 枚花被片稍小，直立；雄蕊 6 枚，花丝极短，花药长。雌花：内轮 3 枚花被片近圆形，长约 2.5mm，直立，果时显著增大呈翅状，圆心形，膜质，长宽各约 4mm，淡紫红色，脉纹明显，背面中脉基部仅有不明显的小瘤状突起；外轮 3 枚花被片较小，反曲；花柱 3 枚，柱头流苏状分裂呈画笔状。瘦果椭圆形，长约 2mm，有 3 锐棱，两端尖，黑褐色，有光泽。

【生物学特性】种子繁殖和营养繁殖；花期 5～8 月，果期 6～9 月。

【分布与危害】广布我国南北各省区，生山坡、林缘、沟边、路旁。在三七田中零星发生，可人工铲除。

5. 齿果酸模（*Rumex dentatus* L.）

【别名】羊蹄，齿果羊蹄，羊蹄大黄，土大黄，牛舌棵子，牛耳大黄等。

【形态特征】一年生草本（彩图 66），高 30～70cm；茎直立，自基部分枝，表面具沟槽；基生叶长圆形，长 5～10cm，先端钝或急尖，基部圆形或心形，边缘波状或微皱波状，两面均无毛；叶柄长 1～8cm；茎生叶渐小，具短柄，基部多为圆形；托叶鞘膜质，筒状。花序圆锥状，顶生，具叶；花两性，簇生于叶腋，花梗长 3～5mm，呈轮状排列，无毛，果时稍伸长且下弯，基部具关节；花被片 6 枚，黄绿色，排成 2 轮，外花被片长圆形，长 1～1.5mm，内花被片果期增大，卵形，先端急尖，长约 4mm，具明显的网脉，各具一卵状长圆形小疣，边缘具 3～4 对不整齐的针状牙齿；小瘤长约 1.5～2mm，先端急尖；雄蕊 6 枚，排列成 3 对，花丝细弱，花药基部着生；子房具棱，1 室，花柱 3 枚，柱头细裂，毛刷状。瘦果卵状三棱形，具尖锐角棱，长约 2mm，褐色，平滑。

【生物学特性】种子繁殖，花期 2～12 月，果期 2～12 月。

【分布与危害】分布于华北、西北、华东、华中及四川、贵州、云南等省，生沟边湿地、山坡路旁。在三七田中零星发生，可人工拔除。

6. 尼泊尔酸模（*Rumex nepalensis* Spreng）

【别名】土大黄，羊蹄根等。

【形态特征】多年生草本（彩图67），根粗壮；茎直立，高50～100cm，具沟槽，无毛，上部分枝；基生叶长圆状卵形，长10～15cm，宽4～8cm，顶端急尖，基部心形，边缘全缘，两面无毛或下面沿叶脉具小突起；茎生叶卵状披针形；叶柄长3～10cm；托叶鞘膜质，易破裂。花序圆锥状，花两性，花梗中下部具关节；花被片6枚，排成2轮，外轮花被片椭圆形，长约1.5mm，内轮花被片果时增大，宽卵形，长5～6mm，顶端急尖，基部截形，边缘每侧具7～8个刺状齿，齿长2～3mm，顶端成钩状，一部分或全部具小瘤。瘦果卵形，具3锐棱，顶端急尖，长约3mm，褐色，有光泽。

【生物学特性】种子繁殖和营养繁殖；花期3～10月，果期5～12月。

【分布与危害】分布于陕西南部、甘肃南部、青海西南部、湖南、湖北、江西、四川、广西、贵州、云南及西藏，生山坡路旁、山谷草地。在三七田中零星发生，可人工铲除。

6.6　藜科杂草

藜科属于被子植物门的双子叶植物纲，约100属1400种；我国有39属188种，其中杂草有14属36种；三七田分布的杂草有2属4种。

1. 千针苋 [*Acroglochin persicarioides* (Poir.) Moq.]

【别名】野麻。

【形态特征】一年生草本（彩图68），高10～80cm；茎直立，通常单一，具绿色条棱及条纹，上部多分枝，枝斜伸；叶片卵形至狭卵形，长2～8cm，宽2～6cm，先端急尖，基部楔形，边缘具不规则粗锯齿，齿尖针状；叶柄长1～5cm。二歧聚伞花序遍生叶腋，基部分枝或不分枝，长1～6cm，直立或斜上，末端针刺状的分枝不生花；花被裂片4～5枚，长卵形至矩圆形，先端钝或急尖，边缘膜质，背部稍肥厚并具微隆脊；雄蕊通常1～3枚，与花被片对生，花药细小，开花时稍伸出花被外，不具附属物；子房上位，球形，花柱短，柱头2浅裂。盖果半球形，直径约1.5mm，顶面具宿存的花柱，果皮与种皮分离，成熟时盖裂。种子1枚，横生，双凸透镜状，圆形或肾形，黑色，有光泽。

【生物学特性】种子繁殖，花果期9～11月。

【分布与危害】分布于湖南、湖北、河南南部、陕西南部、甘肃东南部、贵州、云南、四川至西藏，多生于田边、路旁、河边、荒地等处。在三七田中发生量大，可人工拔除或铲除。

2. 藜（*Chenopodium album* L.）

【别名】灰条菜，灰灰菜等。

【形态特征】一年生草本（彩图69），高60～120cm；茎直立，粗壮，有棱和绿色或紫红色的条纹，多分枝，枝上升或开展；叶片菱状卵形至宽卵状披针形，长3～6cm，宽2.5～5cm，顶端急尖或钝，基部楔形，叶缘有不整齐锯齿，下面有粉粒，灰绿色。花两性，数个集成团伞形花簇，多数花簇再排成顶生或腋生的圆锥状花序；花被片5枚，宽卵形至椭圆形，具纵隆脊和膜质的边缘，先端钝或微凹；雄蕊5枚，花药伸出花被外；柱头2枚。胞果完全包于花被内，果皮薄，与种子紧贴；种子横生，双凸透镜状，直径1.2～1.5mm，光亮，表面有不明显的沟纹和点洼。

【生物学特性】种子繁殖，花果期4～10月。

【分布与危害】广布全国各地，生于田野、荒地、草原、路边。在三七田中发生量大，可人工拔除。

3. 小藜（*Chenopodium serotinum* L.）

【别名】灰苋菜，水落藜等。

【形态特征】一年生草本（彩图70），高20～60cm；茎直立，分枝，具红色或绿色条纹；叶片长卵形或矩圆形，长2.5～5cm，宽1～3cm，通常三浅裂；中裂片两边近平行，先端钝或急尖，并具短尖头，边缘具深波状锯齿；侧裂片位于中部以下，通常各具2个浅裂齿。花两性，数朵团聚于枝的上部，排列成开展的顶生圆锥状花序；花被近球形，5深裂，裂片宽卵形，不开展，背面具微纵隆脊并有密粉；雄蕊5枚，开花时外伸；柱头2枚，丝形。胞果包在花被内，果皮与种子贴生。种子双凸镜状，黑色，有光泽，直径约1mm，边缘微钝，表面具六角形细洼；胚环形。

【生物学特性】种子繁殖，花期4～5月，果期6～7月。

【分布与危害】分布于除西藏外的各个省区，生于荒地、道旁、垃圾堆等处。在三七田中发生量大，可人工拔除。

4. 土荆芥（*Chenopodium ambrosioides* L.）

【别名】臭草。

【形态特征】一年生或多年生草本（彩图71），高50～80cm，揉之有强烈臭气。茎直立，多分枝，具条纹，近无毛。叶互生，披针形或狭披针形，下部叶较大，长达15cm，宽达5cm，先端渐尖，基部渐狭成短柄，边缘有不整齐的钝齿，上部叶渐小而近全缘，上面光滑无毛，下面有黄色腺点，沿脉上疏生柔毛。花绿色，两性或部分雌性，组成腋生的穗状花序或圆锥花序；花被裂片5片，结果时常闭合；雄蕊5枚，突出，花药长约0.5mm；子房球形，两端稍压扁，花柱不明显，柱头3裂或4裂，线形，伸出于花被外。胞果扁球形，完全包藏于花被内；种子肾形，直径约0.7mm，黑色或暗红色，光亮。

【生物学特性】种子繁殖，花果期6～10月。

【分布与危害】分布于华南、华东、西南等地，生路边及荒芜场所。在三七田中发生量大，可人工拔除。

6.7　苋科杂草

苋科属于被子植物门的双子叶植物纲，约65属850种；我国有13属50种，其中杂草有5属17种；三七田分布的杂草有3属4种。

1. 牛膝（*Achyranthes bidentata* Bl.）

【别名】怀牛膝，牛髁膝，山苋菜，对节草等。

【形态特征】多年生草本（彩图72），高70～120cm；根圆柱形，直径5～10mm，土黄色；茎有棱角或四方形，绿色或带紫色，节部膝状膨大，分枝对生；叶片对生，椭圆形或椭圆披针形，长5～15cm，宽2～11cm，顶端渐尖，基部楔形或宽楔形，两面有贴生或开展柔毛；叶柄长5～30mm，有柔毛。穗状花序顶生或腋生，花后总花梗伸长，长18～20cm；花多数，密生，长5mm，花后下折而贴近总花梗；苞片宽卵形，长2～3mm，顶端长渐尖；小苞片刺状，长2.5～3mm，顶端弯曲，基部两侧各有1卵形膜质小裂片，长约1mm；花被片披针形，长3～5mm，光亮，顶端急尖，有1中脉；雄蕊长2～2.5mm；退化雄蕊顶端平圆，稍有缺刻状细锯齿；子房卵形，花柱1～2mm。胞果矩圆形，长2～2.5mm，黄褐色，光滑；种子矩圆形，长1mm，黄褐色。

【生物学特性】种子繁殖，花期 7～9 月，果期 9～10 月。

【分布与危害】广布全国，生山坡林下。在三七田中发生量大，可人工拔除。

2. 空心莲子草 [*Alternanthera philoxeroides* (Mart.) Griseb.]

【别名】喜旱莲子草，空心苋，水蕹菜，革命草，水花生等。

【形态特征】多年生宿根性草本（彩图 73）；茎基部匍匐，上部上升，节间中空，长 55～120cm，具分枝；叶片对生，矩圆形、矩圆状倒卵形或倒卵状披针形，长 2.5～5cm，宽 7～20mm，顶端急尖或圆钝，基部渐狭，全缘，两面无毛或上面有贴生毛及缘毛，下面有颗粒状突起；叶柄长 3～10mm，无毛或微有柔毛。花密生成具总花梗的头状花序，单生在叶腋，球形，直径 8～15mm；苞片及小苞片白色，顶端渐尖，具 1 脉；苞片卵形，长 2～2.5mm，小苞片披针形，长 2mm；花被片矩圆形，长 5～6mm，白色，光亮，无毛，顶端急尖，背部侧扁；雄蕊花丝长 2.5～3mm，基部连合成杯状，花药 1 室；退化雄蕊矩圆状条形，与雄蕊约等长，顶端裂成窄条；子房倒卵形，具短柄，背面侧扁，顶端圆形。果实不发育。

【生物学特性】营养繁殖。花期 4～10 月。

【分布与危害】原产巴西，我国引种后逸为野生，现在华东、华中、华南和西南地区皆有分布，生于池沼、水沟边或旱地上。在三七田中发生量大，可人工铲除。

3. 刺苋（*Amaranthus spinosus* L.）

【别名】苋菜，勒苋菜，刺酒米等。

【形态特征】一年生草本（彩图 74），高 30～100cm；茎直立，多分枝，几乎无毛；叶片菱状卵形或卵状披针形，长 3～12cm，宽 1～5.5cm，顶端圆钝，基部楔形，全缘，无毛或幼时沿叶脉稍有柔毛；叶柄长 1～8cm，无毛，在其旁有 2 个刺，刺长 5～10mm。圆锥花序腋生和顶生，长 3～25cm，下部顶生花穗常全部为雄花；苞片在腋生花簇及顶生花穗的基部者变成尖锐直刺，长 5～15mm，在顶生花穗的上部者狭披针形，长 1.5mm，顶端急尖，具凸尖，中脉绿色；小苞片狭披针形，长约 1.5mm；花被片绿色，顶端急尖，边缘透明，中脉绿色或带紫色，在雄花者矩圆形，长 2～2.5mm，在雌花者矩圆状匙形，长 1.5mm；雄蕊花丝与花被片等长或较短；柱头 3 枚，有时 2 枚。胞果矩圆形，长约1～1.2mm，在中部以下不规则横裂，包裹在宿存花被片内；种子近球形，直径约1mm，黑色。

【生物学特性】种子繁殖，花果期7～11月。

【分布与危害】分布于华东、华南和西南地区及陕西、河南等省，喜生于草丛、荒地、山坡等。在三七田中零星发生，可人工铲除。

4. 野苋菜（*Amaranthus viridis* L.）

【别名】绿苋，皱果苋等。

【形态特征】一年生草本（彩图75），高40～80cm，全株无毛；茎直立，少分枝；叶互生，叶柄长3～6cm；叶片卵形或卵状矩圆形，长2～9cm，宽2～6cm，先端微缺，基部宽楔形，边缘全缘或波状。花单性或杂性，排成腋生穗状花序或顶生的大型圆锥状花序；苞片和小苞片干膜质，披针形，小；花被片3枚，膜质，矩圆形或倒披针形；雄蕊3枚。胞果扁球形，不开裂，极皱缩，超出宿存花被片。

【生物学特性】种子繁殖，花期7～8月，果期8～10月。

【分布与危害】全国各地多有分布，生于较湿润而肥沃的农田、路旁和宅畔。在三七田中零星发生，可人工拔除。

6.8 牻牛儿苗科杂草

牻牛儿苗科属于被子植物门的双子叶植物纲，约11属780种；我国有4属76种，其中杂草有2属6种；三七田分布的杂草有1属1种。

尼泊尔老鹳草（*Geranium nepalense* Sweet）

【别名】五叶草，老鹳草，短嘴老鹳草等。

【形态特征】多年生草本（彩图76），高30～50cm；根多分枝，纤维状；茎多数，细弱，多分枝，仰卧而斜向上，被倒生柔毛；叶对生或偶为互生；托叶披针形，棕褐色，干膜质，长5～8mm，外被柔毛；基生叶和茎下部叶具长柄，柄长为叶片的2～3倍，被开展的倒向柔毛；叶片五角状肾形，长2～4cm，宽3～5cm，掌状5深裂，裂片菱形或菱状卵形，先端锐尖或钝圆，基部楔形，中部以上边缘齿状浅裂或缺刻状，表面被疏伏毛，背面被疏柔毛，沿脉被毛较密；上部叶具短柄，叶片较小，通常3裂。总花梗腋生，长于叶，被倒向柔毛，每梗2朵花，少有1朵花；苞片披针状钻形，棕褐色干膜质；萼片卵状披针形或卵状椭圆形，长4～5mm，被疏柔毛，先端锐尖，具短尖头，边缘膜质；花瓣紫红色或淡紫红色，倒卵形，等于或稍长于萼片，先端截平或圆形，基部楔形；雄蕊下部扩大成披针形，具缘毛；花柱不明显，柱头分枝长约1mm。蒴果长1.5～1.7cm，果瓣被长柔毛，喙被短柔毛。

【生物学特性】种子繁殖，花期4～9月，果期5～10月。

【分布与危害】分布于西南、西北、华中和华东等地，生长于山坡、草地、路边和荒地。在三七田中发生量大，可人工铲除。

6.9 酢浆草科杂草

酢浆草科属于被子植物门的双子叶植物纲，约8属950种；我国有3属13种，其中杂草有1属3种；三七田分布的杂草有1属2种。

1. 酢浆草（*Oxalis corniculata* L.）

【别名】酸浆草，酸酸草，酸溜溜等。

【形态特征】一年生草本（彩图77），高10～35cm，全株被柔毛。茎柔弱，多分枝，直立或匍匐，匍匐茎节上生根。三出复叶互生，叶柄长2～6.5cm，基部具关节；托叶小，长圆形或卵形，边缘密被长柔毛，基部与叶柄合生；小叶无柄，倒心形，长5～10mm，宽4～20mm，先端凹入，基部宽楔形，两面被柔毛，边缘具贴伏缘毛。花单生或数朵集为伞形花序，腋生，总花梗与叶近等长；花梗长4～15mm，果后延伸；小苞片2枚，披针形，长2.5～4mm，膜质；萼片5枚，披针形或长圆状披针形，长3～5mm，背面和边缘被柔毛，宿存；花瓣5枚，黄色，长圆状倒卵形，长6～8mm，宽4～5mm；雄蕊10枚，5枚长5枚短，花丝基部合生成筒，长者花药较大且早熟；子房长圆形，5室，被短伏毛，花柱5枚，柱头头状。蒴果长圆柱形，长1～2.5cm，5条棱；种子长卵形，长1～1.5mm，褐色或红棕色，具横向肋状网纹。

【生物学特性】种子繁殖，花期5～9月，果期6～10月。

【分布与危害】分布于全国各地，生于阴湿处。在三七田中发生量大，可人工铲除。

2. 红花酢浆草（*Oxalis corymbosa* DC.）

【别名】大酸味草，铜锤草，大叶酢浆草等。

【形态特征】多年生直立草本（彩图78），无地上茎，高度可达35cm。地下有球状鳞茎，外层鳞片膜质，褐色，背面具3条肋状纵脉，被长缘毛；内层鳞片呈三角形，无毛。三出复叶基生，叶柄长15～24cm，被毛；小叶倒心形，长2～3.5cm，宽1.5～6cm，先端凹入，基部宽楔形，被毛，两面有红棕色瘤状小腺体；托叶长圆形，顶部狭尖，与叶柄基部合生。总花梗基生，二歧聚伞花序，通常排列成伞形花序状，总花梗长10～40cm或更长，被毛；花梗、苞片、萼片均被毛；花梗长5～25mm，每花梗有披针形干膜质苞片2枚；萼片5枚，披针形，长约4～7mm，先端有暗红色长圆形的小腺体2枚，顶部腹面被疏柔毛；花瓣5枚，倒心形，长1.5～2cm，为萼长的2～4倍，淡紫色至紫红色，基部颜色较深；雄蕊10枚，长的5枚超出花柱，另5枚长至子房中部，花丝被长柔毛；子房5室，花柱5枚，被锈色长柔毛，柱头浅2裂。蒴果短条形，长1.7～2cm，有毛。

【生物学特性】鳞茎繁殖和种子繁殖，花果期6～9月。

【分布与危害】分布于华东、华中、华南、四川、云南、湖南、云南和河北等地，适生于潮湿、疏松的土壤。在三七田中发生量大，可人工铲除。

6.10　柳叶菜科杂草

柳叶菜科属于被子植物门的双子叶植物纲，约20属650种；我国有8属70种，其中杂草有6属10种；三七田分布的杂草有1属1种。

红花月见草（*Oenothera rosea* Ait.）

【别名】红花柳叶菜等。

【形态特征】多年生宿根草本（彩图79），高20～120cm；主根圆柱形，木质，长达20cm，直径1cm以上；茎直立或匍匐，密被短柔毛，紫红色；基生叶多数，倒披针形，羽状深裂，长1.4～4cm，宽1～1.5cm，先端钝圆或急尖，中部以下渐狭，叶柄淡红色，花时基生叶全部枯落；茎生叶互生，叶片披针形，长3～4cm，宽1～1.4cm，先端长渐尖，基部渐狭下延，两面被短毛。花两性，单生于叶腋或枝顶；萼片4枚，镊合状，反折；花瓣4枚，红色，近圆形，有4～5对羽状脉；雄蕊8枚，花丝白色，花药红色；子房下位，花柱白色，柱头红色，4裂。蒴果棍棒状，长8～10mm，粗4mm，具8条纵棱，其中4条明显隆起成翅状，4室，室背开裂。种子多数，狭卵形，光滑，淡褐色。

【生物学特性】种子繁殖，花果期5～10月。

【分布与危害】分布于云南、贵州和江西等地，常见于路旁、荒地和田野。在三七田中零星发生，可人工铲除。

6.11 锦葵科杂草

锦葵科属于被子植物门的双子叶植物纲，约50属1000种；我国有17属76种，其中杂草有6属12种；三七田分布的杂草有2属2种。

1. 野西瓜苗（*Hibiscus trionum* L.）

【别名】香铃草，野萎秧子，灯笼泡等。

【形态特征】一年生草本（彩图80），高30～60cm；茎柔软，常横卧或斜生，被白色星状粗毛；叶互生，下部叶圆形，不分裂或5浅裂，上部叶掌状3～5全裂，裂片倒卵形，通常羽状分裂，中裂片最长，边缘具齿，两面有星状粗刺毛。花单生叶腋，花梗果时延长达4cm；小苞片12枚，条形，长约8mm；花萼钟形，淡绿色，长1.5～2cm，裂片5枚，膜质，三角形，有紫色条纹；花瓣5枚，基部连合，淡黄色，内面基部紫色，直径约2～3cm；花柱顶端5裂，柱头头状。蒴果长圆状球形，直径约1cm，有粗毛，果瓣5枚；种子肾形，长约2mm，宽1.6～1.8mm，表面灰褐色。

【生物学特性】种子繁殖，花果期6～8月。

【分布与危害】广布全国各地，生于山野、丘陵、荒坡或田埂。在三七田中零星发生，可人工铲除。

2. 野葵（*Malva verticillata* L.）

【别名】冬葵，野葵苗，冬苋菜，巴巴叶，棋盘叶等。

【形态特征】二年生草本（彩图81），高60～90cm，茎被星状长桑毛；叶肾形至圆形，直径5～11cm，常掌状5～7裂，裂片短，三角形，具钝尖头，边缘有钝齿，两面被极疏糙伏毛或几无毛；叶柄长2～8cm，几无毛，仅上面槽内被绒毛；托叶卵状披针形，被星状柔毛。花3朵至多朵簇生于叶腋间，几无柄至有极短柄；小苞片3枚，线状披针形，长5~6mm，被纤毛；萼杯状，直径5~8mm，5裂，裂片广三角形，疏被星状长硬毛；花冠长约为萼长的2倍，白色至淡红色，花瓣5枚，长6~8mm，先端凹入，爪无毛或有少数细弱毛；雄蕊柱长4mm，被毛；花柱丝状，白色，分枝10~11枝。果扁圆形，直径5~7mm，分果爿10~11个，背面平滑，厚约1mm，两侧具网纹；种子肾形，直径1.5mm，紫褐色，秃净。

【生物学特性】种子繁殖，花期7~9月，果期8~10月。

【分布与危害】分布于全国各地，常生于旷野、山坡、草地和路旁。在三七田中发生量大，可人工拔除。

6.12 大戟科杂草

大戟科属于被子植物门的双子叶植物纲，约300属800种；我国有66属364种，其中杂草有3属15种；三七田分布的杂草有2属3种。

1. 铁苋菜（*Acalypha australis* L.）

【别名】海蚌含珠，蚌壳草等。

【形态特征】一年生草本（彩图82），高20~50cm；茎细长，被柔毛。单叶互生，叶片椭圆状披针形，长3~9cm，宽1~5cm，先端渐尖，基部楔形，边缘具圆锯齿，上面无毛，下面沿中脉具柔毛；基出脉3条，侧脉3对；叶柄长1~3cm，具短柔毛；托叶披针形，长1.5~2mm，具短柔毛。穗状花序腋生，雌雄花同序，雌花位于下部而雄花位于上部，长1.5~5cm，花序梗长0.5~3cm，花序轴具短毛。雌花苞片1~2枚，卵状心形，花后增大，靠合时形如蚌，长1.4~2.5cm，宽1~2cm，边缘具三角形齿，外面沿掌状脉具疏柔毛，苞腋具雌花1~3朵，无花梗；雄花苞片卵形，长约0.5mm，苞腋具雄花5~7朵，花梗长0.5mm。雄花花萼裂片4枚，卵形，长约0.5mm；雄蕊7~8枚。雌花萼片3枚，长卵形，长0.5~1mm，具疏毛；子房具疏毛，花柱3枚，长约2mm。蒴果直径4mm，具3个分果爿，果皮具疏生毛和毛基变厚的小瘤体；种子近卵状，长1.5~2mm，种皮平滑，假种阜细长。

【生物学特性】种子繁殖，花期7~8月，果期8~10月。

【分布与危害】广布全国各地，生于山坡、沟边、路旁、田野。在三七田中零星发生，可人工拔除。

2. 裂苞铁苋菜（*Acalypha brachystachya* Horn.）

【别名】短穗铁苋菜

【形态特征】一年生草本（彩图83），高15～50cm，全株被短柔毛；茎直立或铺散，有棱纹；单叶互生，叶片阔卵形或菱形，长2～5.5cm，宽1.5～3.5cm，先端急尖或短渐尖，基部浅心形或楔形，上半部边缘具圆锯齿；基出脉3～5条；叶柄细长，长2～6cm，具短柔毛；托叶披针形，长约5mm。雌雄花同序，花序1～3个腋生，长5～9mm，花序梗几无。雌花苞片3～5枚，长约5mm，掌状深裂，裂片长圆形，宽1～2mm，苞腋具1朵雌花。雄花密生于花序上部，呈头状或短穗状，花梗长0.5mm；雄蕊7～8枚；苞片卵形，长0.2mm。雌花萼片3枚，近长圆形，长0.4mm，具缘毛；子房疏生长毛和柔毛，花柱3枚，长约1.5mm，撕裂3～5条；花梗短。蒴果直径2mm，具3个分果片，果皮具疏生柔毛和毛基变厚的小瘤体；种子卵状，长约1.2mm，种皮稍粗糙；假种阜细小。

【生物学特性】种子繁殖，花期6～8月，果期7～9月。

【分布与危害】分布于河北、陕西、湖北、江西、浙江、四川和云南等省，生于山坡、路旁湿润草地或溪畔。在三七田中零星发生，可人工拔除。

3. 泽漆（*Euphorbia helioscopia* L.）

【别名】五朵云，猫眼草，五凤草等。

【形态特征】一年生或二年生草本（彩图84），高10～30cm，全株含乳汁；茎基部分枝，带紫红色，多而斜升；叶互生，倒卵形或匙形，长1～3cm，宽0.5～1.8cm，先端钝圆或微凹，边缘中部以上有细锯齿，基部宽楔形，无柄。茎顶有5枚轮生的叶状苞，与下部叶相似但较大；多歧聚伞花序顶生，有5个伞梗，每伞梗生3个小伞梗，每小伞梗又第3回分为2杈；杯状聚伞花序钟形，总苞顶端4裂，裂间腺体4个，肾形；子房3室，花柱3枚。蒴果无毛；种子卵形，表面有凸起的网纹。

【生物学特性】种子繁殖，花期4～5月，果期6～7月。

【分布与危害】分布于除新疆、西藏以外的全国各省区，生于沟边、路旁、田野。在三七田中发生量大，可人工铲除。

6.13 蔷薇科杂草

蔷薇科属于被子植物门的双子叶植物纲，约 124 属 3300 种；我国有 47 属 854 种，其中杂草有 7 属 24 种；三七田分布的杂草有 1 属 1 种。

蛇莓 [*Duchesnea indica* (Andrews) Focke]

【别名】长蛇泡，红顶果，雪丁草，蛇盘草，米汤果等。

【形态特征】多年生草本（彩图 85），高 3～4.5cm；根茎短，粗壮；匍匐茎多数，长 30～100cm，有柔毛。三出复叶互生或基生，叶柄长 1～5cm，有柔毛；小叶片倒卵形至菱状长圆形，长 1.5～3cm，宽 1.2～2cm，先端圆钝，边缘有钝锯齿，两面皆有柔毛，具小叶柄；托叶窄卵形至宽披针形，长 5～8mm。花单生于叶腋，直径 1.5～2.5cm；花梗长 3～6cm，有柔毛；萼片卵形，长 4～6mm，先端锐尖，外面有散生柔毛；副萼片 5 枚，倒卵形，长 5～8mm，先端常具 3～5 个锯齿；花瓣倒卵形，长 5～10mm，黄色，先端圆钝；雄蕊 20～30 枚；心皮多数，离生；花托在果期膨大，海绵质，鲜红色，有光泽，直径 1～2cm，外面有长柔毛。瘦果卵形，长约 1.5mm，光滑或具不明显突起，鲜时有光泽，多枚瘦果共同着生在半球形的花托上。

【生物学特性】匍匐茎营养繁殖、种子繁殖，花期 4～7 月，果期 5～10 月。

【分布与危害】分布于全国各地，适生潮湿环境。在三七田中发生量大，可人工铲除。

6.14 豆科杂草

豆科属于被子植物门的双子叶植物纲，约 650 属 18000 种；我国有 172 属 1485 种，其中杂草有 34 属 87 种；三七田分布的杂草有 1 属 1 种。

苕子（ *Vicia cracca* L. ）

【别名】广布野豌豆，草藤，肥田草等。

【形态特征】多年生蔓性草本（彩图 86）；茎攀援或蔓生，有棱，被柔毛；偶数羽状复叶，叶轴顶端卷须有 2～3 分枝；托叶披针形，上部 2 深裂；小叶

5~12对互生，线形、长圆或披针状线形，长10~30mm，宽2~8mm，先端锐尖或圆形，具短尖头，基部近圆或近楔形，全缘。总状花序与叶轴近等长，花多数，7~20朵单向密集着生于总花序轴上部；花萼钟状，萼齿5个，近三角状披针形；花冠紫色、蓝紫色或紫红色，长约8~11mm；旗瓣长圆形，中部缢缩呈提琴形，先端微缺，瓣柄与瓣片近等长；翼瓣与旗瓣近等长，明显长于龙骨瓣，先端钝；子房有柄，胚珠4~7粒。荚果长圆形或长圆菱形，长2~2.5cm，宽约5mm，先端有喙，果梗长约3mm；种子3~6粒，扁圆球形，直径约2mm，种皮黑褐色。

【生物学特性】种子繁殖，花期6~8月，果期8~10月。

【分布与危害】分布于东北、华北、华东、华南、西南等地，常见于山坡草地。在三七田中发生量大，可人工铲除。

6.15 伞形科杂草

伞形科属于被子植物门的双子叶植物纲，约270属2800种；我国有95属525种，其中杂草有15属19种；三七田分布的杂草有3属3种。

1. 积雪草 [*Centella asiatica* (L.) Urban]

【别名】崩大碗，马蹄草，铜钱草，草如意等。

【形态特征】多年生草本（彩图87）；茎匍匐，长30~80cm，节部生根；叶片圆形、肾形或马蹄形，膜质至草质，直径1~5cm，基部阔心形，边缘有钝锯齿，两面无毛或在背面脉上疏生柔毛，具掌状脉5~7条；叶柄长1.5~8cm，无毛或上部有柔毛，基部叶鞘透明，膜质。伞形花序单生或2~3个腋生，每花序有3~6朵花，总花梗长2~8mm；总苞片2枚，卵形，膜质，长3~4mm，宽2~3mm；花萼截形，暗紫红色；花瓣5枚，卵形，紫红色，膜质，长1.2~1.5mm，宽1.1~1.2mm；花柱长约0.6mm；花丝短于花瓣，与花柱等长。双悬果扁球形，长2~2.5mm，主棱和次棱明显，主棱间有隆起的网纹相连。

【生物学特性】种子繁殖，花期6~8月，果期8~9月。

【分布与危害】分布于西南、华南和华东等地，常见于路旁、荒地和田野。在三七田中发生量大，可人工铲除。

2. 水芹 [*Oenanthe javanica* (Bl.) DC.]

【别名】水芹菜，野芹菜等。

【形态特征】多年生草本（彩图88），高15～80cm；茎直立或基部匍匐。基生叶叶柄长3～7cm，基部鞘状抱茎；叶片三角形，1～3回羽状分裂，末回裂片卵形至菱状披针形，长2～5cm，宽1～2cm，边缘有牙齿或圆齿状锯齿。茎上部叶无柄，裂片和基生叶的相似，较小。复伞形花序顶生，花序梗长2～16cm，无总苞；伞辐6～16枚，不等长，长1～3cm，直立和展开；小总苞片2～8枚，线形，长约2～4mm；小伞形花序有花20余朵，花柄长2～4mm；萼齿线状披针形，长与花柱基相等；花瓣白色，倒卵形，长1mm，宽0.7mm，有一长而内折的小舌片；花柱基圆锥形，花柱直立或两侧分开，长2mm。果实近于四角状椭圆形或筒状长圆形，长2.5～3mm，宽2mm，侧棱较背棱和中棱隆起，木栓质，分生果横剖面近于五边状的半圆形；每棱槽内油管1条，合生面油管2条。

【生物学特性】种子及匍匐根状茎繁殖。花期6～7月，果期8～9月。

【分布与危害】分布于中国长江流域，生低湿地和浅水中。在三七田中零星发生，可人工拔除。

3. 窃衣 [*Torillis scabra* (Thunb.) DC.]

【别名】水防风，紫花窃衣等。

【形态特征】一年生或多年生草本（彩图89），高10～70cm，全株有贴生短硬毛；茎单生，有分枝，有细直纹和刺毛；叶卵形，一至二回羽状分裂，小叶片披针状卵形，羽状深裂，末回裂片披针形至长圆形，长2～10mm，宽2～5mm，边缘有条裂状粗齿至缺刻或分裂。复伞形花序顶生和腋生，花序梗长2～8cm，通常无总苞片；伞辐2～4枚，长1～5cm，粗壮，有纵棱及向上紧贴的硬毛；小总苞片5～8枚，钻形或线形；小伞形花序有花4～12朵；萼齿细小，三角状披针形；花瓣白色，倒圆卵形，先端内折；花柱基圆锥状，花柱向外反曲。果实长圆形，长4～7mm，宽2～3mm，有内弯或呈钩状的皮刺，粗糙，每棱槽下方有1条油管。

【生物学特性】种子繁殖，花果期4～11月。

【分布与危害】分布于西北、华东、华中、华南和西南等地，生于山坡、林下、河边、荒地及草丛中。在三七田中零星发生，可人工铲除。

6.16 菊科杂草

菊科属于被子植物门的双子叶植物纲，约 1100 属 20000 多种；我国有 230 属 2300 种，其中杂草有 72 属 165 种；三七田分布的杂草有 15 属 17 种。

1. 胜红蓟（*Ageratum conyzoides* L.）

【别名】藿香蓟，重阳草，水丁药等。

【形态特征】一年生草本（彩图 90），高 50~100cm；茎直立、粗壮，有分枝，淡红色，被粗毛；单叶对生，有时上部互生，具纤细长柄；叶片卵形或三角形，长 5~13cm，宽 3~6cm，顶端钝，基部渐狭或楔形，边缘有钝齿，两面被疏柔毛，具三出脉。头状花序小，直径可达 5mm，钟状，在茎顶排成紧密的伞房状花序；总苞片 2~3 层，长圆形或披针状长圆形，长 3~4mm，外面无毛，边缘撕裂；花冠长 1.5~2.5mm，外面无毛或顶端有尘状微柔毛，檐部 5 裂，淡紫色。瘦果黑褐色，具 5 棱，长 1.2~1.7mm，被白色稀疏细柔毛，顶端有 5 枚芒状的鳞片，鳞片中部以下稍宽，边缘有小锯齿。

【生物学特性】种子（瘦果）繁殖，几乎全年都能开花结果。

【分布与危害】分布于广东、广西、云南、贵州、四川、江西、福建等地，生山谷、山坡林下或林缘、河边或山坡草地、田边或荒地上。在三七田中发生量大，建议人工拔除。

2. 鬼针草（*Bidens bipinnata* L.）

【别名】婆婆针，刺针草，鬼骨针等。

【形态特征】一年生草本（彩图 91），高 30~100cm。茎直立，钝四棱形，基部直径 2~8mm，无毛或上部被极稀疏的柔毛。中部和下部的叶对生，叶片轮廓卵形、宽卵形或长卵形，长 5~16cm，宽 3~17cm，二回羽状分裂，裂片顶端渐尖，边缘有不规则细齿或钝齿，叶柄长 1.5~6cm；上部叶互生，羽状分裂。头状花序直径 5~10mm，有长 2~10cm 的花序梗；总苞 2 层，基部被短柔毛；外层苞片 6~8 枚，条形，长 4~5mm，宽 0.5~1mm，草质，边缘疏被短柔毛或几无毛；内层苞片椭圆形，长 4~6mm，宽 1.5~2mm，干膜质，具黄色边缘；舌状花黄色，1~3 朵，通常不发育；筒状花黄色，长 4~5mm，冠檐

5齿裂。瘦果黑色，条形，略扁，具棱，长 8～15mm，宽约 1mm，上部具稀疏瘤状突起及刚毛；顶端芒刺 3～4 枚，长 2～4mm，具倒刺毛。

【生物学特性】种子繁殖，花期 8～9 月，果期 9～11 月。

【分布与危害】分布于华东、华中、华南、西南各省区，生于村旁、路边及荒地中。在三七田中发生量大，可人工铲除。

3. 三叶鬼针草（*Bidens pilosa* L.）

【别名】鬼针草，黏人草等。

【形态特征】一年生草本（彩图 92），高 20～150cm；茎直立，钝四棱形，基部粗 2～6mm，无毛或上部被极稀疏的柔毛。上部叶和下部叶较小，3 小叶或 3 深裂或不分裂；中部叶对生，具长 1.5～5cm 的无翅叶柄，三出复叶；顶生小叶宽卵形、长卵形或卵状长圆形，长 3～7cm，宽 2～4cm，先端渐尖，基部渐狭或近圆形，边缘有锯齿，无毛或被极稀疏的短柔毛，具长 1～2cm 的柄；两侧小叶椭圆形或卵状椭圆形，长 2～4.5cm，宽 1.5～2.5cm，先端锐尖，基部近圆形或阔楔形，有时偏斜不对称，边缘有锯齿，具短柄。头状花序直径 8～10mm，有长 1～10cm 的花序梗；总苞钟形，下部和基部被白色柔毛；总苞片 2 层，6～8 枚，条状匙形，长 3～5mm；舌状花白色或黄色，有数个不发育；管状花黄色，长 4～5mm，冠檐 5 齿裂。瘦果黑色，条形，长 6～13mm，宽约 1mm，具细棱；顶端芒刺 3～4 枚，长 1.5～2mm，具倒刺毛。

【生物学特性】种子繁殖，花期 8～9 月，果期 9～11 月。

【分布与危害】分布于华东、华中、华南、西南各省区，生于路边荒地、山坡及田间。在三七田中发生量大，可人工铲除。

4. 飞廉（*Carduus crispus* L.）

【别名】丝毛飞廉，小蓟，红马羊刺等。

【形态特征】二年生草本（彩图 93），高 50～120cm。主根肥厚，伸直或偏斜。茎直立，具纵棱，棱有绿色间歇的三角形刺齿状翼。叶互生，通常无柄而抱茎；下部叶椭圆状披针形，长 5～20cm，羽状深裂，裂片常大小相对而生，边缘有刺，上面绿色，具细毛或近乎光滑，下面初具蛛丝状毛，后渐变光滑；上部叶渐小。头状花序 2～3 个簇生枝端，直径 1.5～2.5cm；总苞钟状，长约 2cm，宽 1.5～3cm；总苞片多层，外层较内层逐渐变短，中层条状披针形，先端长尖，成刺状，向外反曲，内层条形膜质，稍带紫色；花全为管状花，两性，紫红色，长15～16mm。瘦果长椭圆形，长约3mm，先端平截，基部收缩；冠毛白色或灰白色，长约15mm，呈刺毛状，稍粗糙。

【生物学特性】种子繁殖，花期5～7月，果期8～10月。

【分布与危害】广布全国各地，生于山地、山坡、田野、路旁。在三七田中零星发生，可人工铲除。

5. 野塘蒿 [*Conyza bonariensis* (L.) Cronq.]

【别名】香丝草，小白菊，灰绿白酒草，蓬草等。

【形态特征】一年生或二年生草本（彩图94）。茎直立或斜升，高20～50cm，中部以上常分枝，密被短毛，杂有开展的疏长毛。叶密集，基部叶花期常枯萎；下部叶倒披针形或长圆状披针形，长3～5cm，宽3～10mm，先端尖或稍钝，基部渐狭成长柄，通常具粗齿或羽状浅裂；中部和上部叶具短柄或无柄，狭披针形或线形，长3～7cm，宽3～5mm，中部叶具齿，上部叶全缘，两面均密被糙毛。头状花序直径8～10mm，多数花序在茎端排列成总状或圆锥花序，花序梗长10～15mm；总苞椭圆状卵形，长约5mm，宽约8mm；总苞片2～3层，线形，顶端尖，背面密被灰白色短糙毛，外层稍短或短于内层之半，内层长约4mm，宽0.7mm，具干膜质边缘；花托稍平，有明显的蜂窝孔，直径3～4mm；雌花多层，白色，花冠细管状，长3～3.5mm，无舌片或顶端仅有3～4个细齿；两性花淡黄色，花冠管状，长约3mm，管部上部被疏微毛，上端具5齿裂。瘦果线状披针形，长1.5mm，压扁，被疏短毛；冠毛1层，淡红褐色，长约4mm。

【生物学特性】种子繁殖，花果期5～10月。

【分布与危害】分布于我国中部、东部、南部至西南部各省区，常生于荒地、田边、路旁。在三七田中发生量大，可人工铲除。

6. 野茼蒿 [*Crassocephalum crepidioides* (Benth.) S. Moore.]

【别名】革命菜，民国菜，野木耳菜，山茼蒿，洋胖草等。

【形态特征】直立草本（彩图95），高20～120cm；茎有纵条棱，无毛；单叶互生，膜质，椭圆形或长圆状椭圆形，长7～12cm，宽4～5cm，先端渐尖，基部楔形，边缘有不规则锯齿或重锯齿，或有时基部羽状分裂，两面无毛；叶柄长 2～2.5cm。头状花序直径约 2cm，数个在茎端排成伞房状；总苞圆柱形，苞片 2 层，条状披针形，长约 1cm，具狭膜质边缘，顶端有簇状毛；小花全部管状，两性，花冠红褐色或橙红色，檐部 5 齿裂，花柱基部呈小球状，分枝，顶端尖，被乳头状毛。瘦果狭圆柱形，赤红色，有棱，被毛；冠毛极多数，白色。

【生物学特性】种子繁殖，花期 6～8 月，果期 8～9 月。

【分布与危害】分布于西南、华南、华东、华中和西北等地，常见于路旁、荒地和田野。在三七田中发生量大，可人工铲除。

7. 小鱼眼草（*Dichrocephala benthamii* C.B. Clarke）

【别名】星宿草，小馒头草，蛆头草，地胡椒，地细辛等。

【形态特征】一年生草本（彩图 96），高 6～35cm。茎单生，稀簇生，直立或铺散，常自基部分枝，被白色开展的具节长柔毛，绿色或有时带紫红色。叶片倒卵形、长倒卵形或匙形，长 1～6.5cm，宽 0.5～3.5cm，羽状深裂或浅裂，裂片 1～3 对，先端钝，边缘具锯齿；叶柄长 5～20mm，具狭或宽的翅，基部扩大，耳状抱茎。头状花序小，扁球形，直径约 5mm，少数或多数头状花序在茎顶和枝端排成疏松或紧密的伞房花序或圆锥状伞房花序；花序梗稍粗，被尘状微柔毛或几无毛；总苞片 1～2 层，长圆形，稍不等长，长约 1mm，边缘锯齿状微裂；花托半圆球形突起，顶端平。外围雌花多层，白色，花冠卵形或坛形，基部膨大，上端收窄，长 0.6～0.7mm，顶端 2～3 个微齿；中央两性花少数，黄绿色，花冠管状，长 0.8～0.9mm，管部短，狭细，檐部长钟状，有 4～5 个裂齿。瘦果压扁，光滑，长倒卵形，边缘脉状加厚。无冠毛，或两性花瘦果的顶端有 1～2 个细毛状冠毛。

【生物学特性】种子繁殖，花果期几乎全年。

【分布与危害】分布于云南、四川、贵州、广西、湖北西部，生于山坡、草地、河岸、溪旁、路旁或田边荒地。在三七田中零星发生，可人工铲除。

8. 一年蓬 [*Erigeron annuus* (L.) Pers.]

【别名】千层塔，治疟草，野蒿等。

【形态特征】一年生或二年生草本（彩图 97），高 30～100cm。茎单一，直立、粗壮，基部粗达 7mm，上部有分枝，绿色，下部被开展的长硬毛，上部被较密的上弯的短硬毛。基生叶莲座状，花期枯萎，卵形或卵状披针形，长

4～17cm，宽 1.3～6.5cm，先端急尖或钝，基部狭成具翅的长柄，边缘具粗齿；下部叶与基生叶同形，但叶柄较短；中部和上部叶较小，长圆状披针形或披针形，长 1～9cm，宽 0.5～2cm，先端尖，具短柄或无柄，边缘有不规则的齿或近全缘；最上部叶线形；全部叶边缘被短硬毛，两面被疏短硬毛。头状花序直径 1.2～1.5cm，多个排列成疏松的圆锥花序；总苞半球形，直径 7～10mm；总苞片 3 层，草质，披针形，长 3～5mm，宽 0.5～1mm，近等长或外层稍短，淡绿色或多少褐色，背面密被腺毛和疏长节毛。外围的雌花舌状，2 层，长 6～8mm，管部长 1～1.5mm，上部被疏微毛，舌片平展，白色，或有时淡天蓝色，线形，宽 0.6mm，顶端具 2 个小齿，花柱分枝线形；中央的两性花管状，黄色，管部长约 0.5mm，檐部近倒锥形，裂片无毛。瘦果披针形，长约 1.2mm，压扁，被疏柔毛。冠毛异形：雌花的冠毛 1 层，极短，膜片状并连成小冠；两性花的冠毛 2 层，外层极短，鳞片状，内层为 10～15 条长约 2mm 的刚毛。

【生物学特性】种子繁殖。6～8 月开花，8～10 月结果。

【分布与危害】分布于东北、华北、华中、华东、华南及西南等地，生于草原、牧场及苗圃等处。在三七田中零星发生，可人工拔除。

9. 紫茎泽兰（*Eupatorium coelestrium* L.）

【别名】飞机草，解放草，马鹿草，破坏草，黑头草，大泽兰等。

【形态特征】多年生草本，有时成半灌木状（彩图 98）。茎直立，粗壮，紫红色，高 20～200cm，分枝对生、斜上，被白色或锈色短柔毛。叶对生，叶片质薄，卵形、三角形或菱状卵形，长 4～10cm，宽 2～7cm，腹面绿色，背面色浅，边缘有稀疏粗大而不规则的锯齿，在花序下方则为波状浅锯齿或近全缘。头状花序直径 4～6mm，内含 40～50 朵小花，数个头状花序在枝端排列成伞房或复伞房花序，花序梗长 5～10mm，密被短腺毛；总苞宽钟形，直径 4～5mm；总苞片 2 层，近等长，条形或披针状条形，长 4～5mm，宽 0.7～1mm，先端渐尖，背面有 2 条隆起的纵肋；管状花两性，白色，花冠长 3.5～4mm，冠檐钟形，具 5 个三角形裂片。瘦果圆柱状，长约 1.5mm，具 5 肋，成熟时黑褐色；冠毛 1 层，白色，细刚毛状，长 3.5～4mm，先端稍增粗。

【生物学特性】种子繁殖，花期 11 月～翌年 4 月，结果期 3～4 月。每株可年产瘦果 1 万粒左右，借冠毛随风传播。

【分布与危害】原产美洲的墨西哥至哥斯达黎加一带，大约 20 世纪 40 年代由中缅边境传入中国云南南部，现云南 80% 面积的土地都有紫茎泽兰分布，西南地区的贵州、四川、广西、西藏等地都有分布，大约以每年 10～30km 的速度向北和向东扩散。在三七田中发生量大，可人工铲除。

10. 粗毛牛膝菊（*Galinsoga quadriradiata* Ruiz et Pav.）

【形态特征】一年生草本（彩图 99），高 10～80cm。茎有分枝，密被开展的长柔毛，茎顶和花序轴被少量腺毛。叶对生，卵形或长椭圆状卵形，长 2.5～5.5cm，宽 1.2～3.5cm，基部圆形或楔形，先端渐尖或钝，具基出三脉或不明显的出五脉，叶两面被长柔毛，边缘有粗锯齿或犬齿。头状花序半球形，花序梗的毛长约 0.5mm，多数在茎枝顶端排成疏松的伞房花序；总苞半球形或宽钟状；总苞片 2 层，外层苞片绿色，长椭圆形，背面密被腺毛，内层苞片近膜质。舌状花 5 朵，雌性，舌片白色，顶端 3 齿裂，筒部细管状，外面被稠密的白色短毛。管状花黄色，两性，顶端 5 齿裂，冠毛先端具钻形尖头，短于花冠筒。花托圆锥形，托片膜质，披针形，边缘具不等长纤毛。瘦果黑色或黑褐色，常压扁，被白色微毛。

【生物学特性】种子繁殖和营养繁殖。花果期 5～10 月。

【分布与危害】原产南美洲，现分布于江西、安徽、江苏、上海、浙江、山东、四川、陕西、北京、台湾、贵州、云南、辽宁、黑龙江等省市，入侵性强，是旱地作物的主要危害性杂草，常与辣子草、萹蓄、野荞麦、繁缕、铁苋菜、马唐等杂草混合发生。在三七田中发生量大，可人工拔除。

11. 辣子草（*Galinsoga parviflora* Cav.）

【别名】牛膝菊，向阳花，珍珠草，铜锤草等。

【形态特征】一年生草本，高 10～80cm（彩图 100）。茎自基部分枝，分枝斜升，无毛或略被毛。叶对生，卵形或长椭圆状卵形，长 1.5～5.5cm，宽 0.6～3.5cm，基部圆形或楔形，先端渐尖或钝，基出三脉或不明显出五脉，在叶下面稍突起，在上面平，叶柄长 1～2cm；向上及花序下部的叶渐小，通常披针形；全部茎叶两面粗涩，被白色稀疏贴伏的短柔毛，沿脉和叶柄上的毛较密，边缘浅或钝锯齿或波状浅锯齿，在花序下部的叶有时全缘或近全缘。头状花序半球形，直径 3～4mm，有长花梗，多数在茎枝顶端排成疏松的伞房花序；总苞半球形或宽钟状，宽 3～6mm；总苞片 1～2 层，约 5 枚，外层短，内层卵形或卵圆形，长3mm，顶端圆钝，白色，膜质。舌状花4～5朵，舌片白色，顶端3齿裂，筒部细管状，外面被稠密的白色短柔毛。管状花黄色，花冠长约1mm，顶端5齿裂，下部被稠密的白色短柔毛；冠毛膜片状，白色，披针形，边缘流苏状，固结于冠毛环上，正体脱落。瘦果长1～1.5mm，黑褐色，有3～5棱，顶端具睫毛状鳞片。

【生物学特性】种子繁殖，花果期7～10月。

【分布与危害】分布在四川、云南、贵州、西藏等省区，生林下、河谷地、荒野、河边、田间、溪边或市郊路旁。在三七田中发生量大，可人工铲除。

12. 鼠曲草（*Gnaphalium affine* D.Don）

【别名】清明菜，面蒿，佛耳草，鼠耳草，田艾等。

【形态特征】一年生草本（彩图101），高10～50cm。茎直立，簇生，不分枝或少分枝，密生白色绵毛。叶互生，无柄，叶片匙状倒披针形或倒卵状匙形，长5～7cm，宽11～14mm，全缘，基部渐狭稍下延，先端圆而具刺尖头，两面被白色绵毛。头状花序直径2～3mm，近无柄，多个在枝顶密集成伞房花序，花黄色至淡黄色；总苞钟形，直径约2～3mm。总苞片2～3层，金黄色或柠檬黄色，膜质，有光泽；外层倒卵形或匙状倒卵形，背面基部被绵毛，顶端圆，基部渐狭，长约2mm；内层长匙形，背面通常无毛，顶端钝，长2.5～3mm；花托中央稍凹入，无毛。雌花多数，花冠细管状，长约2mm，花冠顶端扩大，3齿裂，裂片无毛。两性花较少，管状，长约3mm，向上逐渐扩大，檐部5浅裂，裂片三角状渐尖，无毛。瘦果倒卵形或倒卵状圆柱形，长约0.5mm，有乳头状突起；冠毛粗糙，污白色，易脱落，长约1.5mm，基部联合成2束。

【生物学特性】种子繁殖，花期1～4月，果期8～11月。

【分布与危害】分布于华北、西北、华东、中南、华南和西南地区及台湾等地，生于湿润的丘陵和山坡草地、河湖滩地、溪沟岸边、路旁、田埂。在三七田中发生量大，可人工拔除。

13. 多头苦荬（*Ixeris polycephala* Cass.）

【别名】多头苦菜，苦荬菜，还魂草，剪子股，花鹳菜等。

【形态特征】一年生草本（彩图102），高8～60cm，全株无毛。基生叶条状披针形，长8～22cm，宽6～13mm，先端渐尖，基部狭窄成柄，全缘，稀羽状分裂；茎生叶椭圆状披针形或披针形，长6～14cm，宽8～14mm，无柄，先端渐尖，基部耳状抱茎。头状花序密集成伞房状，花序梗纤细，长5～30mm；总苞片长6～8mm；外层总苞片小，卵形，内层总苞片8枚，卵状披针形，长5～8mm。舌状花黄色，长8～9mm，舌片条形，先端5齿裂。瘦果纺锤形，长3～4mm，褐色，具10条尖翅状纵肋，先端有短尖头，喙长约1mm；冠毛2层，白色，纤细，长3～4mm。

【生物学特性】种子繁殖，花果期1～4月。

【分布与危害】分布于华东、华中、华南及西南地区，生于田间、路旁及山坡草地。在三七田中发生量大，可人工铲除。

14. 滇苦菜（*Picris dlivaricata* Vant.）

【别名】苦马菜，滇苦苣菜等。

【形态特征】二年生草本（彩图103），高8～50cm。主根垂直，长达25cm，有分枝，生多数须根。茎直立，自基部或下部多次不等二叉状长分枝，有纵棱，基部或下部被稠密或稀疏的淡白色且顶端分叉的钩状硬毛，向上毛稀疏或无硬毛。基生叶花期生存，倒披针状长椭圆形、长椭圆形或线状长椭圆形，长3～14cm，宽5～20mm，先端急尖、钝或圆形，基部楔形且渐狭成翼柄，柄长可达4cm，叶两面特别沿中脉及叶缘有长或短的硬单毛并兼有钩状硬毛，边缘浅波状微尖齿或浅波状或全缘；茎生叶少且小，宽线形、线状长椭圆形、倒披针状长椭圆形或椭圆形，边缘有稀疏微尖齿或小锯齿或全缘，基部无柄，半抱茎，两面特别是下面沿中脉有稀疏的长或短硬单毛；最上部枝杈处的叶最小，有时呈钻状。头状花序多数或少数，单生于二叉分枝顶端；总苞钟状，长1cm；总苞片3层，绿色，中外层小，线形、长三角形或披针形，长2～4mm，宽约0.4mm，先端急尖，内层线状披针形，长1cm，宽约2mm，先端急尖，全部总苞片外面沿中脉有1行短硬毛。舌状花多数，舌片黄色，长10～12mm，顶端5齿裂。瘦果长椭圆形，红褐色，长4～5mm，弯曲，有14条稍高起的纵肋，向顶收窄，但无喙，肋上有横皱纹；冠毛2层，外层短，糙毛状，内层长6～7mm，羽毛状，白色。

【生物学特性】种子繁殖，花果期4～11月。

【分布与危害】分布于西藏的亚东和云南的昆明、会泽、大姚、大理、丽江、维西、兰坪、文山等地，生于山坡草地、林缘及灌丛中。在三七田中发生量大，可人工铲除。

15. 豨莶（*Siegesbeckia orientalis* L.）

【别名】豨莶草，狗膏，猪膏草，虾柑草，黏糊菜等。

【形态特征】一年生草本（彩图104），高30～100cm。茎直立，分枝斜升，上部的分枝常成复二歧状，全部分枝被灰白色短柔毛。基部叶花期枯萎；中部叶三角状卵圆形或卵状披针形，长4～10cm，宽1.8～6.5cm，基部阔楔形，下延成具翼的柄，先端渐尖，边缘有规则的浅裂或粗齿，纸质，上面绿色，下面淡绿色，具腺点，两面被毛，基部三出脉，侧脉及网脉明显；上部叶渐小，卵状长圆形，边缘浅波状或全缘，近无柄。头状花序直径15～20mm，多数聚生于枝顶，排列成具叶的圆锥花序，密被柔毛；总苞阔钟状；总苞片2层，叶质，背面被紫褐色头状具柄的腺毛；外层苞片5～6枚，线状匙形或匙形，开展，长8～11mm，宽约1.2mm；内层苞片卵状长圆形或卵圆形，长约5mm，宽约1.5～2.2mm。雌花舌状，黄色，花冠的管部长0.7mm；两性花管状，花上部钟状，上端有4～5枚卵圆形裂片。瘦果倒卵圆形，有4棱，顶端有灰褐色环状突起，长3～3.5mm，宽1～1.5mm，无冠毛。

【生物学特性】种子繁殖，花期4～9月，果期6～11月。

【分布与危害】广布于秦岭及长江以南各地，生于山野、荒草地、灌丛、林缘及林下。在三七田中发生量大，可人工铲除。

16. 蒲公英（*Taraxacum mongolicum* Hand.-Mazz.）

【别名】婆婆丁，苦菜花，黄花地丁，蒙古蒲公英等。

【形态特征】多年生草本（彩图105）；根粗壮，黑褐色，长4～10cm。叶莲座状平展，倒卵状披针形、倒披针形或长圆状披针形，长5～15cm，宽1～5cm，羽状深裂；侧裂片4～5对，三角形或三角状披针形，具齿；顶端裂片较大，戟状矩圆形，羽状浅裂或仅具波状齿；基部渐狭成叶柄，叶柄及主脉常带红紫色，疏被蛛丝状白色柔毛或几无毛。花葶1至数个，高10～25cm，上部紫红色，密被蛛丝状白色长柔毛；头状花序直径约30～40mm；总苞钟状，长12～14mm，淡绿色；总苞片2～3层，外层总苞片卵状披针形或披针形，长8～10mm，宽1～2mm，边缘宽膜质，基部淡绿色，上部紫红色，先端增厚或具小到中等的角状突起；内层总苞片线状披针形，长10～16mm，宽2～3mm，先端紫红色，具小角状突起。舌状花黄色，舌片长约 8mm，宽约 1.5mm，边缘花舌片背面具紫红色条纹，花药和柱头暗绿色。瘦果倒卵状披针形，暗褐色，长约 4～5mm，宽约 1～1.5mm，上部具小刺，下部具成行排列的小瘤，顶端逐渐收缩为长约 1mm 的圆锥至圆柱形喙基，喙长 6～10mm，纤细；冠毛白色，长约 6mm。

【生物学特性】种子繁殖，花期 4～9 月，果期 5～10 月。

【分布与危害】分布于东北、华北、华东、华中、西北、西南等地区，生于山坡草地、路边、田野、河滩。在三七田中发生量大，可人工铲除。

17. 黄鹌菜 [*Youngia japonica* (L.) DC]

【别名】毛连连，野芥菜，野青菜，还阳草等。

【形态特征】二年生草本（彩图 106），高 20～90cm；茎直立，单生，少分枝；基生叶排列成莲座状，倒披针形，长 8～14cm，宽 1.3～3cm，提琴状羽裂，顶端裂片较两侧裂片大，侧裂片向下渐小，叶柄具翅；茎生叶 1～2 枚，互生。头状花序含 10～20 枚舌状小花，少数或多数在茎枝顶端排成伞房花序，花序梗细；总苞圆柱状，长 4～7mm，总苞片 2 层，外层 5 枚三角形，内层 8 枚披针形；舌状花黄色，长 4.5～10mm，花冠管外面有短柔毛。瘦果纺锤形，褐色或红棕色，长 1.5～2.5mm，有棱 11～13 条；冠毛白色，长 2～4mm。

【生物学特性】种子繁殖，花果期 4～9 月。

【分布与危害】分布于除东北和西北外的全国各地，常见于路旁、荒野。在三七田中发生量大，可人工铲除。

6.17 桔梗科杂草

桔梗科属于被子植物门的双子叶植物纲，约 50 属 1000 种；我国有 16 属 170 种，其中杂草有 5 属 7 种；三七田分布的杂草有 1 属 1 种。

蓝花参 [*Wahlenbergia marginata* (Thunb.) A. DC.]

【别名】娃儿参，牛奶草，毛鸡腿，拐棍参，细叶沙参，金线吊葫芦等。

【形态特征】多年生草本（彩图 107），有白色乳汁。根细长，细胡萝卜状，直径可达 4mm，长约 10cm。茎自基部多分枝，直立或上升，长 8～35cm，无毛或下部疏生长硬毛。单叶互生，无叶柄，常在茎下部密集，下部的匙形、倒披针形或椭圆形，上部的条状披针形或椭圆形，长1~3cm，宽2~8mm，边缘波状或全缘，无毛或疏生长硬毛。花1朵至数朵生于茎或分枝的顶端，花梗细长，可达15cm；花萼无毛，筒部倒卵状圆锥形，裂片三角状钻形；花冠钟状，蓝色，长5~8mm，5裂至中部或稍过，裂片倒卵状长圆形；雄蕊5枚，花丝上部丝形，下部变宽，边缘有柔毛；子房下位，3室，胚珠多数，花柱3裂。蒴果倒圆锥状或倒卵状圆锥形，有10条不甚明显的肋，长5~7mm，直径约3mm。种子矩圆状，光滑，黄棕色，长0.3~0.5mm。

【生物学特性】种子繁殖，花果期2~5月。

【分布与危害】分布于长江流域以南各省区，生于田边、路边、荒地或山坡。在三七田中零星发生，可人工拔除。

6.18 紫草科杂草

紫草科属于被子植物门的双子叶植物纲，约100属2000种；我国有48属269种，其中杂草有11属24种；三七田分布的杂草有2属2种。

1. 小花琉璃草（*Cynoglossum lanceolatum* Forsk.）

【别名】饿蚂蟥，拦路虎，披针叶琉璃草，狭叶倒提壶，小花倒提壶，粘娘娘等。

【形态特征】多年生草本（彩图108），高45~70cm，密生短糙毛。茎直立，由中部或下部分枝，分枝开展，密生基部具基盘的硬毛。基生叶及茎下部叶具柄，长圆状披针形，长8~14cm，宽约3cm，先端尖，基部渐狭，上面被具基盘的硬毛及稠密的伏毛，下面密生短柔毛；茎中部叶无柄或具短柄，披针形，长4~7cm，宽约1cm；茎上部叶极小。花序顶生及腋生，分枝钝角叉状分开，无苞片，果期延长呈总状；花梗长1~1.5mm，果期几不伸长；花萼长1~1.5mm，裂片卵形，先端钝，外面密生短伏毛，内面无毛，果期稍增大；花冠淡蓝色，钟状，长1.5~2.5mm，直径2~2.5mm，喉部有5个半月形附属物；雄蕊5枚，内藏，花药卵圆形，长0.5mm；子房四裂，花柱肥厚，四棱形，果期长约1mm，较花萼为短。小坚果卵球形，长2~2.5mm，背面突，密生长短不等的锚状刺。

【生物学特性】种子繁殖，花果期4～9月。

【分布与危害】分布于西南、华南及华东等地，生于丘陵、山坡草地及路边。在三七田中零星发生，可人工铲除。

2. 多花附地菜（*Trigonotis floribunda* I. M. Johnst.）

【形态特征】多年生草本（彩图109），高20～45cm；有细长的根状茎；茎直立或斜升，上部具松散的分枝，疏生短伏毛。叶椭圆形或卵状披针形，长2～5cm，宽1～2cm，先端急尖或圆钝，基部楔形并下延于叶柄，两面被细短伏毛，下面毛较密，中肋显著，侧脉不明显；叶柄长3～12mm；茎最上部的叶小，具短柄。花序无苞片，顶生或由茎上部叶腋抽出，不分枝或在长约4cm的花序梗上呈二叉式分枝，果期长4～11cm，有短伏毛；花梗细，与花萼约等长；花萼裂片狭长圆形，长约1.5mm，果期略增大，萼筒略膨大呈小杯状，外面苍白色；花冠蓝紫色，筒部短，长约1mm，檐部直径2～2.5mm，裂片近圆形，长0.8～1mm；雄蕊着生花冠筒中部稍上处，花药长约0.5mm，先端具小尖头。小坚果4个，倒三棱锥状四面体形，长约1mm，成熟后深褐色，平滑具光泽，背面三角形，平或微凹，具3个苍白色的狭棱，且3个角均向上弯，并在靠近花柱的内角上常有1根直立的刺毛，腹面3个面几等大，无柄。

【生物学特性】种子繁殖，花期4～6月，果期6～7月。

【分布与危害】分布四川、云南等地，生长于草地、山地灌丛、林缘或溪谷潮湿处。在三七田中零星发生，可人工铲除。

6.19 茄科杂草

茄科属于被子植物门的双子叶植物纲，约75属2000种；我国有26属107种，其中杂草有7属21种；三七田分布的杂草有4属6种。

1. 曼陀罗（*Datura stramonium* L.）

【别名】醉心花，狗核桃，洋金花，山茄子等。

【形态特征】直立草本（彩图110），高0.5～1.5m，全株光滑或在幼嫩部分被短柔毛。茎粗壮，圆柱状，淡绿色或带紫色，下部木质化。叶互生，上部呈对生状，叶柄长3～5cm；叶片卵形或宽卵形，长8～17cm，宽4～12cm，先端渐尖，基部不对称楔形，有不规则波状浅裂，裂片先端急尖，有时亦有波状牙齿，侧脉每边3～5条，直达裂片顶端。花单生于枝杈间或叶腋，直立，有短梗；花萼筒状，长4～5cm，筒部有5棱角，两棱间稍向内陷，基部稍膨大，顶端紧围花冠筒，5浅裂，裂片三角形，花后自近基部断裂，宿存部分随果实而增大并向外反折；花冠漏斗状，长6～10cm，檐部直径3～5cm，下半部淡绿色，上部白色或淡紫色，檐部5浅裂，裂片有短尖头；雄蕊不伸出花冠，花丝长约3cm，花药长约4mm；子房卵形，不完全4室，密生柔针毛。蒴果直立生，卵状，表面生有坚硬针刺，或有时无刺而近平滑，成熟后淡黄色，规则4瓣裂；种子卵圆形，稍扁，黑色。

【生物学特性】种子繁殖，花期6～10月，果期7～11月。

【分布与危害】广布全国各地，常生于荒地、旱地、宅旁、林缘、草地。在三七田中零星发生，可人工铲除。

2. 假酸浆（*Nicandra physalodes*（L.）Gaertner）

【别名】大千生，冰粉，蓝花天仙子，田珠，鞭打绣球，草本酸木瓜等。

【形态特征】一年生草本（彩图111），高40～150cm。主根长锥形，有纤细的须根。茎圆柱形，有4～5条条纹，绿色，有时带紫色，无毛，上部三叉状分枝。单叶互生，草质，叶片卵形至椭圆形，长4～15cm，宽1.5～7.5cm，先端渐尖，基部阔楔形下延，边缘有不规则的锯齿且成皱波状，侧脉4～5对，上面凹陷，下面凸起。花单生于叶腋，淡紫色；花萼5深裂，裂片基部心形，果时极度膀胱状膨大，疏松包闭于果实之外；花冠宽钟状，浅蓝色，直径约4cm，具不明显5浅裂，花筒内面基部有5个紫斑；雄蕊5枚；子房3～5室。浆果球形，直径约2cm，黄色，外包5枚宿存萼片；种子小而多数，淡褐色，肾状圆盘形，直径约1mm。

【生物学特性】种子繁殖，花果期夏季。

【分布与危害】原产秘鲁，在云南、广西等地逸为野生，生于田边、荒地、屋园周围、篱笆边。在三七田中零星发生，可人工铲除。

3. 苦蘵（*Physalis angulata* L.）

【别名】灯笼草，灯笼泡，天泡草。

【形态特征】一年生草本（彩图112），高10～50cm。茎直立，多分枝，分枝纤细，具棱角，被短柔毛或后来近无毛。单叶互生，叶柄长1～5cm；叶片卵形至卵状椭圆形，长3～6cm，宽2～4cm，先端渐尖或急尖，基部阔楔形，全缘或有不等大的锯齿，两面近无毛。花单生，花梗长0.5～1.2cm，纤细，被短柔毛；花萼长4～5mm，被柔毛，5中裂，裂片长三角形至披针形；花冠淡黄色，宽钟状，长4～6mm，直径6～8mm，不明显5浅裂，边缘具睫毛，喉部常有紫色斑纹；花药长1～2mm，蓝紫色或淡黄色。浆果球形，直径约1cm，外包以膨大的草绿色宿存花萼，果萼上有10条纵肋和明显的网状脉。种子肾形或卵圆形，两侧扁平，长约2mm，淡棕褐色，表面具细网状纹，网孔密而深。

【生物学特性】种子繁殖，花果期5～12月。

【分布与危害】分布于华东、华中、华南及西南地区，常生于山坡林下或田边路旁。在三七田中零星发生，可人工铲除。

4. 喀西茄（*Solanum khasianun* C. B. Clarke）

【别名】苦颠茄，苦天茄，添钱果，狗茄子，刺天茄等。

【形态特征】直立草本至亚灌木（彩图113），高0.5～2m，茎、枝、叶及花柄多混生黄白色具节的长柔毛、短柔毛、腺毛和淡黄色且基部宽扁的直刺，刺长2～15mm，宽1～5mm，基部暗黄色。叶阔卵形，长6～15cm，叶宽约与叶长相等，先端渐尖，基部戟形，5～7深裂，裂片边缘又作不规则的齿裂及浅裂；上面深绿，毛被在叶脉处更密；下面淡绿，除被有与上面相同的毛被外，还被有稀疏分散的星状毛；侧脉与裂片数相等，在上面平，在下面略凸出，其上分散着生长约5～15mm基部宽扁的直刺；叶柄粗壮，长约为叶片之半。蝎尾状花序腋外生，短而少花，单生或2～4朵，花梗长约1cm；花萼钟状，绿色，直径约1cm，长约7mm，5裂，裂片长圆状披针形，长约5mm，宽约1.5mm，外面具细小的直刺及纤毛，边缘的纤毛更长而密；花冠筒淡黄色，隐于萼内，长约1.5mm；冠檐白色，5裂，裂片披针形，长约14mm，宽约4mm，具脉纹，开放时先端反折；花丝长约1.5mm，花药在顶端延长，长约7mm，顶孔向上；子房球形，被微绒毛，花柱纤细，长约8mm，光滑，柱头截形。浆果球状，直径2～2.5cm，初时绿白色，具绿色花纹，成熟时淡黄色，宿萼上具纤毛及细直刺，后逐渐脱落；种子淡黄色，近倒卵形，扁平，直径约2.5mm。

【生物学特性】种子繁殖，花期春夏，果期冬季。

【分布与危害】分布于除滇东北和滇西北外的云南各地，广西偶有发现，喜生于沟边、路边灌丛、荒地、草坡或疏林中。在三七田中零星发生，可人工铲除。

5. 龙葵（*Solanum nigrum* L.）

【别名】苦凉菜，天天茄，野茄秧，野辣子，天茄子等。

【形态特征】一年生直立草本（彩图114），高25～100cm。茎光滑无棱或棱不明显，绿色或紫色，近无毛或被微柔毛。单叶互生，叶柄长1～2cm；叶片卵形，长2.5～10cm，宽1.5～5.5cm，先端短尖，基部圆形至阔楔形，全缘或具波状锯齿，光滑或两面都具稀疏短柔毛，侧脉5～6对。聚伞花序腋外生，由3～10朵花组成，总花梗长1～2.5cm，花梗长约5mm，近无毛或具短柔毛；花萼浅杯状，直径约1.5～2mm，萼齿5个，卵圆形；花冠白色，筒部隐于萼内，长不及1mm，冠檐长2.5mm，5深裂，裂片卵圆形；雄蕊5枚，着生于花冠筒喉部，花丝短，花药长约1.2mm，顶孔向内；子房卵形，直径约0.5mm，花柱长约1.5mm，中部以上被白色绒毛，柱头小，头状。浆果球形，直径约8mm，成熟时黑色；种子多数，近卵形，直径1.5～2mm，两侧压扁。

【生物学特性】种子繁殖，花果期9～10月。

【分布与危害】广布全国各地，生田边、荒地。在三七田中发生量大，可人工铲除。

6. 水茄（*Solanum torvum* Swartz）

【别名】野茄子，大苦子，刺茄，山颠茄，金纽扣等。

【形态特征】有刺灌木（彩图115），高1～3m；小枝、叶背面、叶柄及花序柄均被5～9枝的尘土色星状毛；小枝疏具基部宽扁的淡黄色的皮刺，基部疏被长2.5～10mm、宽2～10mm、尖端略弯曲的星状毛。单叶互生，叶柄长2～4cm，具1～2枚皮刺；叶片卵形至椭圆形，长6～19cm，宽4～13cm，先端尖，基部心脏形或楔形，两边不相等，边缘半裂或作波状，裂片通常5～7枚；上面绿色，毛被较下面薄，分枝少的无柄的星状毛较多，分枝多的有柄的星状毛较少；下面灰绿色，密被分枝多而具柄的星状毛；中脉在下面少刺或无刺，侧脉每边3～5条，有刺或无刺。伞房花序腋外生，2～3歧，毛被厚，总花梗长1～1.5cm，具1细直刺或无，花梗长约5～10mm，被腺毛及星状毛。花萼杯状，长约4mm，外面被星状毛及腺毛，5裂，裂片卵状长圆形，长约2mm，先端骤尖；花冠轮状，白色，直径约1.5cm，筒部隐于萼内，长约

1.5mm，冠檐长约 1.5cm，5 裂，裂片卵状披针形，先端渐尖，长 0.8～1cm，外面被星状毛；花丝长约 1mm，花药长 7mm，顶孔向上；子房卵形，光滑，不孕花的花柱短于花药，能孕花的花柱较长于花药，柱头截形。浆果黄色，光滑无毛，圆球形，直径 1～1.5cm，宿萼外面被稀疏的星状毛，果柄长约 1.5cm，上部膨大；种子盘状，直径约 1.5～2mm。

【生物学特性】种子繁殖，全年均可开花结果。

【分布与危害】分布于云南省的东南部、南部和西南部，广西、广东、海南、香港、澳门、福建、台湾、西藏（墨脱）、贵州也有，生于路旁、荒地、山坡灌丛、沟谷及村庄附近潮湿处。在三七田中发生量小，危害轻，可人工铲除。

6.20 旋花科杂草

旋花科属于被子植物门的双子叶植物纲，约 56 属 1800 种；我国有 22 属 128 种，其中杂草有 7 属 17 种；三七田分布的杂草有 2 属 2 种。

1. 打碗花（*Calystegia hederacea* Wall.）

【别名】小旋花，兔耳草，狗儿蔓，喇叭花等。

【形态特征】多年生草质藤本（彩图 116），具白色横走的根状茎；地上茎细弱，长 0.5～2m，匍匐或攀援；叶互生，具长柄；基部叶全缘，长圆状心形；中上部叶片三角状戟形或三角状卵形，侧裂片展开，常再 2 裂。花单生叶腋，2 苞片包住花萼，宿存；萼片 5 枚，宿存；花冠漏斗状，粉红色或白色，口近圆形微呈五角形，喉部近白色，直径 2～5cm；雄蕊 5 枚，基部膨大；子房上位，柱头线形 2 裂。蒴果卵圆形，与宿存萼片几乎等长，光滑；种子倒卵圆形，黑褐色，长约 4mm。

【生物学特性】种子繁殖和以根状茎进行的营养繁殖。花果期 5～7 月。

【分布与危害】广布全国各地，生于湿润而肥沃的土壤。在三七田中发生量大，可人工拔除。

2. 圆叶牵牛 [*Pharbitis purpurea* (L.) Voigt.]

【别名】圆叶旋花，小花牵牛等。

【形态特征】一年生草本（彩图 117），全株被粗硬毛；茎缠绕，多分枝；叶互生，卵圆形，先端尖，基部心形，全缘，叶柄长 4～9cm。花序有花 1～5 朵，总花梗与叶柄近等长，长 4～12cm，小花梗伞形，结果时上部膨大；苞片 2 枚，条形；萼片 5 枚，卵状披针形，先端锐尖，基部有粗硬毛；花冠漏斗状，白色、紫色或淡红色，先端 5 浅裂；雄蕊 5 枚，不等长，花丝基部被毛；子房 3 室，每室 2 粒胚珠，柱头 3 裂。蒴果近球形，无毛；种子卵圆形或卵状三棱形，黑色或暗褐色，表面粗糙。

【生物学特性】种子繁殖。花期 6～9 月，果期 9～10 月。

【分布与危害】分布于全国各地，生于田边、路旁、平原和山谷。在三七田中发生量大，可人工拔除。

6.21　玄参科杂草

玄参科属于被子植物门的双子叶植物纲，约 200 属 3000 种；我国有 60 属 634 种，其中杂草有 23 属 47 种；三七田分布的杂草有 1 属 1 种。

阿拉伯婆婆纳（*Veronica persica* Poir.）

【别名】波斯婆婆纳，大婆婆纳。

【形态特征】一年生至二年生草本（彩图 118），茎下部伏生地面，基部多分枝，斜上，高 10～50cm；叶在茎基部对生，上部互生，具短柄，卵形或圆形，长 1～2cm，基部浅心形，边缘具钝齿，两面疏生柔毛。总状花序；苞片互生，与叶同形且几乎等大；花梗比苞片长；萼裂片 4 枚，卵状披针形；花冠蓝色，裂片 4 枚，卵形至圆形；雄蕊 2 枚，生于花冠上；子房上位。蒴果肾形，长约 5mm，具宿存花柱。

【生物学特性】种子繁殖。花期 3～4 月，果期 4～5 月。

【分布与危害】原产于亚洲西部及欧洲，为归化的路边及荒野杂草，分布于华东、华中及贵州、云南等地。在三七田中发生量大，可人工拔除。

6.22　爵床科杂草

爵床科属于被子植物门的双子叶植物纲，约 250 属 2500 种；我国有 61 属 178 种，其中杂草有 5 属 6 种；三七田分布的杂草有 1 属 1 种。

爵床 [*Rostellularia procumbens* (L.) Nees]

【别名】六角英等。

【形态特征】一年生草本（彩图119），茎基部匍匐，通常有短硬毛，高 20～50cm。单叶对生，椭圆形至椭圆状长圆形，长 1.5～3.5cm，宽 1.3～2cm，先端锐尖或钝，基部宽楔形或近圆形，两面常被短硬毛；叶柄短，长 3～5mm，被短硬毛。穗状花序顶生或生上部叶腋，长 1～3cm，宽 6～12mm；苞片 1 枚，小苞片 2 枚，均披针形，长 4～5mm，有缘毛；花萼裂片 4 枚，条形，约与苞片等长，有膜质边缘和缘毛；花冠粉红色，长 7mm，2 唇形，下唇 3 浅裂；雄蕊 2 枚，药室不等高，较低 1 室有距。蒴果长约 5mm，上部具 4 粒种子，下部实心似柄状；种子表面有瘤状皱纹。

【生物学特性】营养繁殖和种子繁殖，花果期 8～11 月。

【分布与危害】分布于秦岭以南，常见于阴湿的山坡草地。在三七田中发生量大，可人工铲除。

6.23 唇形科杂草

唇形科属于被子植物门的双子叶植物纲，约 200 属 3500 种；我国有 99 属 808 种，其中杂草有 28 属 44 种；三七田分布的杂草有 2 属 2 种。

1. 野薄荷（*Mentha haplocalyx* Briq.）

【别名】薄荷、土薄荷、水薄荷、鱼香草等。

【形态特征】多年生草本（彩图120），高 30～60cm；茎上部直立，被倒向微柔毛，下部倾卧匍匐，茎节有须根，多分枝；叶对生，具短柄；叶片长圆状披针形、椭圆形或披针状卵形，长 3～7cm，宽 0.8～3cm，先端锐尖，基部楔形至近圆形，边缘疏生粗大牙齿状锯齿，两面沿脉生微柔毛。轮伞花序腋生，球形；花萼管状钟形，长约 2.5mm，外被微毛及腺点，10 脉，齿 5 个，狭三角状钻形；花冠淡紫色，长 4mm，外面略被微毛，内面在喉部下也被有微柔毛，冠檐 4 裂，上裂片先端 2 裂，较大，其余 3 裂近等大；雄蕊 4 枚，前对较长，均伸出于花冠之外；花柱略超出雄蕊，先端近相等 2 浅裂。小坚果卵球形，长 0.7～1mm，黄灰色或栗褐色，有光泽，表面具小腺窝，腹面近基部中央有一锐利小棱，将果脐从中央分成两个椭圆体。

【生物学特性】以种子和根状茎繁殖。花期7~9月；果期8~10月。

【分布与危害】广布全国各地，生潮湿处。在三七田中零星发生，可人工铲除。

2. 椴叶鼠尾草（*Salvia tiliifolia* Vahl）

【别名】杜氏鼠尾草，宾鼠尾草等。

【形态特征】一年生草本（彩图121）。茎直立，四方形，高可达1m。单叶对生，有叶柄；叶片阔卵形，长5~10cm，宽4~9cm，被柔毛，叶缘具圆锯齿，正面叶脉凹陷，背面叶脉隆起。轮伞花序单一，有硬毛；花萼有棱；花冠深蓝色，二唇形，长5~10mm。小坚果4枚，小，黑色。

【生物学特性】种子繁殖。花期5~7月，果期8~10月。

【分布与危害】原产中美洲，已入侵到墨西哥、美国、埃塞俄比亚、南非和澳大利亚等地，并对当地生态环境造成了不同程度的影响。20世纪90年代初伴随着花卉引种首先进入昆明，然后迅速向昆明周边地区扩散，生于云南和四川两省的路边、田野和山坡。在三七田中发生量大，可人工铲除。

6.24 鸭跖草科杂草

鸭跖草科属于被子植物门的单子叶植物纲，约38属500种；我国有15属51种，其中杂草有3属7种；三七田分布的杂草有1属1种。

鸭跖草（*Commelina communis* L.）

【别名】蓝花菜，竹叶草，竹节草等。

【形态特征】一年生披散草本（彩图122），高30~50cm。茎下部匍匐生根，无毛；上部直立或斜升，多分枝，被短毛。单叶互生，叶片披针形至卵状披针形，长3~9cm，宽1.5~2cm，表面光滑无毛，有光泽，基部下延成鞘，有紫红色条纹。总苞片佛焰苞状，有1.5~4cm的柄，与叶对生，折叠状，展开后为心形，先端短急尖，基部心形，长1.2~2.5cm，边缘常有硬毛。聚伞花序，下面一枝仅有花1朵，具长8mm的梗，不孕；上面一枝具花3~4朵，具短梗，几乎不伸出佛焰苞。花梗长3mm，果期弯曲，长不过6mm；萼片膜质，长约5mm，内面2枚常靠近或合生；花瓣深蓝色，具长爪，长近1cm；雄蕊6

枚，3 枚能育的较长，3 枚退化雄蕊顶端成蝴蝶状，花丝无毛。蒴果椭圆形，长 5～7mm，2 室，2 片裂，有种子 4 粒。种子长 2～3mm，棕黄色，有不规则窝孔。

【生物学特性】种子繁殖。花果期 6～10 月。

【分布与危害】广布全国各地，生于山坡阴湿处。在三七田中发生量大，可人工铲除。

6.25 莎草科杂草

莎草科属于被子植物门的单子叶植物纲，约 80 属 4000 种；我国有 31 属 670 种，其中杂草有 16 属 99 种；三七田分布的杂草有 2 属 3 种。

1. 碎米莎草（*Cyperus iria* L.）

【别名】三方草，三棱草等。

【形态特征】一年生草本（彩图 123）。秆丛生，纤细，高 8～25cm，扁三棱形。叶基生，叶片长线形，宽 3～5mm，叶鞘红棕色。叶状苞片 3～5 枚；长侧枝聚伞花序复出，辐射枝 4～9 个，长达 12cm，每辐射枝具 5～10 个穗状花序；穗状花序长 1～4cm，具小穗 5～22 个；小穗排列疏松，长圆形至线状披针形，压扁，长 4～10mm，具花 6～22 朵；鳞片排列疏松，膜质，宽倒卵形，先端微缺，具短尖，有脉 3～6 条；雄蕊 3 枚；花柱短，柱头 3 枚。小坚果倒卵形或椭圆形，有三棱，与鳞片等长，褐色。

【生物学特性】种子繁殖，花果期 6～10 月。

【分布与危害】分布于东北、西北、华中、华东、华南和西南地区，生长于田间、山坡、路旁阴湿处。在三七田中发生量大，可人工铲除。

2. 香附子（*Cyperus rotundus* L.）

【别名】香头草，旱三棱，回头青等。

【形态特征】多年生草本（彩图 124），有匍匐根状茎和椭圆状块茎。秆直立，散生，高 15～95cm，锐三棱形。叶基生，短于秆，宽 2～5mm，平张；鞘棕色，常裂成纤维状。苞片 2～3 枚，叶状，常长于花序；长侧枝聚伞花序简单或复出，具 3～10 个辐射枝，辐射枝最长达 12cm；穗状花序轮廓为陀螺形，稍疏松，具 3～10 个小穗；小穗斜展开，线形，长 1～3cm，宽约 1.5mm，具

8～28朵花；小穗轴具较宽的、白色透明的翅；鳞片稍密地覆瓦状排列，膜质，卵形或长圆状卵形，长约3mm，先端急尖或钝，中间绿色，两侧紫红色或红棕色，具5～7条脉；雄蕊3枚，花药长，线形，暗血红色，药隔突出于花药顶端；花柱长，柱头3枚，细长，伸出鳞片外。小坚果长圆状倒卵形，有三棱，长为鳞片的1/3，表面具细点。

【生物学特性】种子繁殖和营养繁殖。花果期5～11月。

【分布与危害】广布全国各地，生山坡、草地。在三七田中发生量大，可人工铲除。

3. 砖子苗（*Mariscus umbellatus* Vahl）

【形态特征】多年生草本（彩图125），根状茎短。秆疏丛生，高10～50cm，锐三棱形，基部膨大成块茎状，有叶。叶与秆近等长，线状披针形，宽3～6mm，先端渐尖，下部常折合，上面绿色，下面淡绿色，叶鞘褐色或红棕色。叶状苞片5～8枚，绿色，长于花序；长侧枝聚伞花序简单，具6～12个辐射枝，长短不等；穗状花序圆筒形或长圆形，具多数密生的小穗；小穗平展或稍下垂，条状矩圆形，长3～5mm，宽不及1mm；小穗轴具白色的宽翅；鳞片矩圆形，长约3mm，膜质，淡黄色或绿白色；雄蕊3枚；柱头3枚。小坚果狭矩圆形，有3棱，长约为鳞片的2/3。

【生物学特性】种子繁殖和营养繁殖。花果期4～10月。

【分布与危害】分布于华东、华南和西南等地，多生于田野、山坡草丛中。在三七田中发生量大，可人工拔除。

6.26　禾本科杂草

禾本科属于被子植物门的单子叶植物纲，约660属10000种；我国有225属1200种，其中杂草有95属216种；三七田分布的杂草有11属14种。

1. 野燕麦（*Avena fatua* L.）

【别名】乌麦，铃铛麦，燕麦草等。

【形态特征】一年生草本（彩图126），须根较坚韧。秆直立，光滑无毛，高30～150cm。叶鞘松弛，光滑或基部被微毛；叶舌透明膜质，长1～5mm；叶片扁平，长 10～30cm，宽 4～12mm，微粗糙或上面和边缘疏生柔毛。圆锥花序开展，金字塔形，长 10～25cm，分枝具棱角，粗糙；小穗长 18～25mm，含 2～3 朵小花，其柄弯曲下垂，顶端膨胀；小穗轴密生淡棕色或白色硬毛，其节脆硬易断落，第一节间长约 3mm；颖草质，几相等，通常具 9 脉；外稃质地坚硬，第一外稃长 15～20mm，背面中部以下具淡棕色或白色硬毛，芒自稃体中部稍下处伸出，长 2～4cm，膝曲，芒柱棕色，扭转。颖果，被淡棕色柔毛，腹面具纵沟，长 6～8mm。

【生物学特性】种子繁殖。花果期 4～9 月。

【分布与危害】广布于全国各地，生于荒芜田野。在三七田中零星发生，可人工拔除。

2. 茵草 [*Beckmannia syzigachne* (Steud.) Fern.]

【别名】水稗子等。

【形态特征】一年生草本（彩图 127）。秆直立，高 15～90cm，具 2～4 节。叶鞘无毛，多长于节间；叶舌透明膜质，长 1.5～3mm；叶片扁平，长 5～20cm，宽 3～10mm，粗糙或下面平滑。圆锥花序长 10～30cm，分枝稀疏，直立或斜升；小穗扁平，圆形，灰绿色，常含 1 朵小花，长约 3mm；颖草质，边缘质薄，白色，背部灰绿色，具淡色的横纹；外稃披针形，具 5 脉，常具伸出颖外之短尖头；花药黄色，长约 1mm。颖果黄褐色，长圆形，长约 1.5mm，先端具丛生短毛。

【生物学特性】种子繁殖，花果期 4～10 月。

【分布与危害】分布于东北、华北、西北、华东、西南等省区，生于水边及潮湿处。在三七田中零星发生，可人工铲除。

3. 狗牙根 [*Cynodon dactylon* (L.) Pers.]

【别名】百慕大绊根草，爬根草，感沙草，铁线草等。

【形态特征】多年生草本（彩图 128），具有根状茎。秆细而坚韧，下部匍匐地面蔓延生长，长 10～110cm，节上常生不定根；直立部分高 10～30cm，直径 1～1.5mm，秆壁厚，光滑无毛。叶鞘微具脊，无毛或有疏柔毛，鞘口常具柔毛；叶舌短小，具纤毛；叶片条形，长 3～12cm，宽 1～3mm，前端渐尖，边缘有细齿，叶色浓绿，通常两面无毛。穗状花序 3～6 枚呈指状排列于茎顶，长

2~6cm；小穗排列于穗轴一侧，灰绿色或紫色，长2~2.5mm，仅含1朵小花；颖长1.5~2mm，第二颖稍长，均具1脉，背部成脊而边缘膜质；外稃舟形，具3脉，背部明显成脊，脊上被柔毛；内稃与外稃近等长，具2脉，花药淡紫色；子房无毛，柱头紫红色。颖果长圆柱形，成熟易脱落，可自播。

【生物学特性】主要靠根状茎和匍匐茎繁殖，也可进行种子繁殖。花果期6~10月。

【分布与危害】分布于华北、西北、西南及长江中下游等地，生路边、宅旁。在三七田中发生量大，可人工铲除。

4. 马唐 [*Digitaria sanguinalis* (L.) Scop.]

【别名】升马唐，抓地草，鸡爪草，须草等。

【形态特征】一年生草本（彩图129）。秆下部常横卧地面，节上生根，可膝曲状斜向上升，高20~100cm，直径2~3mm，光滑无毛。叶鞘疏松包茎，短于节间，无毛或散生疣基柔毛；叶舌膜质，长1~3mm，先端钝圆；叶片线形或线状披针形，长3~25cm，宽2~12mm，基部圆形，边缘较厚，微粗糙，具柔毛或无毛。总状花序长3~15cm，3~12枚成指状着生于长达5cm的主轴上；穗轴直伸或开展，两侧具宽翼，边缘粗糙，小穗椭圆状披针形，长3~3.5mm；第一颖小，短三角形，无脉；第二颖具3脉，披针形，长为小穗的1/2左右，脉间及边缘大多具柔毛；第一外稃等长于小穗，具7脉，中脉平滑，两侧的脉间距离较宽，无毛，边脉上具小刺状粗糙，脉间及边缘生柔毛；第二外稃近革质，灰绿色，顶端渐尖，等长于第一外稃；花药长约1mm。带稃颖果椭圆形，淡黄色或灰白色。

【生物学特性】种子繁殖，花果期6~11月。

【分布与危害】广布全国各地，生山坡草地、路旁田野、荒山荒地。在三七田中发生量大，可人工铲除。

5. 旱稗 [*Echinochloa hispidula* (Retz.) Nees]

【别名】稗草等。

【形态特征】一年生草本（彩图130）。秆直立或基部外倾而节上常生不定根，高40~100cm，光滑无毛。叶鞘平滑无毛，草质，干后淡黄绿色；叶舌缺；叶片线形或线状披针形，长10~30cm，宽5~12mm，两面无毛，边缘粗糙。

圆锥花序狭窄，长5～28cm，中部直径2～5cm，主轴粗壮，具纵棱或凹槽；小穗卵状椭圆形，长4～6mm；第一颖三角形，长为小穗的1/3，具3脉，先端急尖，基部包卷小穗；第二颖与小穗等长，具小尖头，有5脉，脉上具刚毛或有时具疣基毛，芒长0.5～1.5cm；第一小花中性，外稃草质，具5脉，内稃薄膜质；第二小花两性，外稃椭圆形，革质，坚硬，边缘包卷同质的内稃。

【生物学特性】种子繁殖。花果期7～10月。

【分布与危害】分布于我国大部分省区，生于田野水湿处。在三七田中发生量大，可人工铲除。

6. 牛筋草 [*Eleusine indica* (L.) Gaertn.]

【别名】蟋蟀草，千千踏，野鸡爪等。

【形态特征】一年生草本（彩图131）；根系极发达。秆丛生，基部倾斜，高15～90cm，光滑无毛。叶鞘两侧压扁而具脊，松弛，无毛或疏生疣毛；叶舌膜质，长约1mm，有纤毛；叶片平展，线形，长5～25cm，宽3～6mm，无毛或上面被疣基柔毛。穗状花序2～7个指状着生于秆顶，长4～12cm，宽3～5mm；小穗椭圆形，长4～8mm，宽2～3mm，含4～9朵小花；颖披针形，具脊，脊粗糙，第一颖长1.5～2mm，第二颖长2～3mm；外稃长3～4mm，卵形，膜质，具脊，脊上有狭翼；内稃短于外稃，具2脊，脊上具狭翼。颖果卵形，长约1.5mm，基部下凹，具明显的波状皱纹。

【生物学特性】种子繁殖。花果期6～10月。

【分布与危害】广布全国各地，生于村边、旷野、田边、路边。在三七田中发生量大，可人工铲除。

7. 双穗雀稗 (*Paspalum distichum* L.)

【别名】游草，游水筋，双耳草等。

【形态特征】多年生草本（彩图132），有根状茎。匍匐茎横走、粗壮，长达1m，向上直立部分高10～50cm，节生柔毛。叶鞘短于节间，背部具脊，边缘或上部被柔毛；叶舌长2～3mm，膜质，先端钝圆，无毛；叶片披针形，长3～15cm，宽3～7mm，先端渐尖，基部圆形，无毛。2枚总状花序在枝端对生，长2～7cm；穗轴三棱形，宽1.5～2mm；小穗倒卵状长圆形，长约3mm，顶端尖，疏生微柔毛；第一颖退化或微小；第二颖与小穗近等长，草质，贴生柔毛，具明显的中脉；第一外稃草质，具3~5脉，通常无毛，顶端尖；第二外稃草质，等长于小穗，黄绿色，顶端尖，被毛。

【生物学特性】主要以根茎和匍匐茎繁殖，种子也能作远途传播。花果期5~9月。

【分布与危害】分布于江苏、台湾、湖北、湖南、云南、广西、海南等省区，生于田边路旁。在三七田中发生量大，可人工铲除。

8. 圆果雀稗（*Paspalum orbiculare* Forst.）

【形态特征】多年生草本（彩图133）。秆直立，丛生，高30~100cm。叶鞘长于其节间，无毛，鞘口有少数长柔毛，基部者生有白色柔毛；叶舌膜质，棕色，长1~2mm；叶片长披针形至线形，长10~130cm，宽5~10mm，先端渐尖，基部圆形，大多无毛。总状花序长3~8cm，2~10枚相互间距排列于长3~8cm的主轴上，分枝腋间有长柔毛；穗轴宽1.5~2.2mm，边缘微粗糙；小穗椭圆形或倒卵形，长2~2.3mm，单生于穗轴一侧，覆瓦状排列成2行；小穗柄微粗糙，长约0.5mm；第一颖缺；第二颖与第一外稃等长，具3脉，顶端稍尖；第二外稃等长于小穗，成熟后褐色，革质，有光泽，具细点状条纹；内稃边缘内弯，中部附近有耳状物。

【生物学特性】种子繁殖。花果期6~11月。

【分布与危害】分布于我国的东南部和西南部，生于荒坡、草地、路旁及田间。在三七田中零星发生，可人工铲除。

9. 白草（*Pennisetum flaccidum* Griseb.）

【形态特征】多年生草本（彩图134），具横走根状茎。秆直立，单生或丛生，高30~100cm。叶鞘疏松包茎，近无毛；叶舌膜质，长1~2mm，上缘有纤毛；叶片狭线形，长5~35cm，宽2~7mm，两面无毛。圆锥花序紧密，直立或稍弯曲，长4~18cm，宽约1cm；主轴具棱角，无毛或疏生短毛，残留在主轴上的总梗长0.5~1mm；刚毛柔软，细弱，微粗糙，长8~15mm，灰绿色或紫色；小穗通常单生，卵状披针形，长3~8mm；第一颖长卵形，长约1mm，膜质透明，先端锐尖，脉不明显；第二颖长为小穗的1/3~3/4，先端芒尖，具1~3脉；第一小花雄性，第一外稃与小穗等长，纸质，先端芒尖，具7~9脉，第一内稃透明膜质，雄蕊3枚；第二小花两性，第二外稃具5脉且先端芒尖，与其内稃同为纸质，雄蕊3枚，花柱近基部联合。颖果长圆形，长约2.5mm。

【生物学特性】种子繁殖。花果期7~10月。

【分布与危害】分布于东北、华北、西北和西南，生于山坡或路旁。在三七田中零星发生，可人工铲除。

10. 棒头草（*Polypogon fugax* Nees ex Steud.）

【别名】麦毛草，稍草，狗尾稍草等。

【形态特征】一年生草本（彩图135）。秆直立，丛生，高10~75cm，具4~5节，无毛，有时下部卧地而节上生根。叶鞘光滑无毛，大都短于节间；叶舌膜质，长圆形，长3~8mm，常2裂或顶端具不整齐的裂齿；叶片扁平，粗糙或下面光滑，长2~16cm，宽2~11mm。圆锥花序穗状，长圆形或卵形，较疏松，具缺刻或有间断，分枝长可达4cm；小穗长约2.5mm，灰绿色或部分带紫色；颖长圆形，疏被短纤毛，先端2浅裂，芒从裂口处伸出，细直，微粗糙，长1~3mm；外稃光滑，长约1mm，先端具微齿，中脉延伸成长约2mm而易脱落的芒；雄蕊3枚，花药长0.7mm。颖果椭圆形，1面扁平，长约1mm。

【生物学特性】种子繁殖。花果期4~9月。

【分布与危害】除东北、西北外几乎分布于全国各地，生于潮湿地。在三七田中零星发生，可人工铲除。

11. 金色狗尾草 [*Setaria lutescens* (Weigel) F. T. Hubb.]

【形态特征】一年生草本（彩图136）。秆单生或丛生，直立或基部倾斜膝曲，近地面节可生根，高20~80cm，光滑无毛。叶鞘下部者扁压具脊，上部者圆形，光滑无毛，边缘薄膜质，无纤毛；叶舌具一圈长约1mm的纤毛；叶片线形，长5~40cm，宽2~8mm，先端长渐尖，基部钝圆，上面粗糙，下面光滑，近基部疏生长柔毛。圆锥花序紧密，呈圆柱状或狭圆锥状，长3~17cm，宽4~8mm（刚毛除外），直立，主轴粗壮，密生柔毛；刚毛金黄色或稍带褐色，粗糙，长3~8mm，先端尖，5~10条着生于小穗下；小穗卵形，长约3mm，黄绿色；颖片质地薄，第一颖卵形，长为小穗的1/3，先端尖，具3脉；第二颖宽卵形，长为小穗的1/2~2/3，先端稍钝，具5脉；第一小花雄性或中性，第一外稃与小穗等长或微短，具5脉，其内稃膜质，具2脉，通常含3枚雄蕊或无；第二小花两性，外稃革质，等长于第一外稃，先端尖，成熟时背部极隆起，具明显的横皱纹；鳞被楔形；花柱基部联合。

【生物学特性】种子繁殖。花果期6～10月。

【分布与危害】我国南、北各省区均有分布，生于荒地、路旁、田边。在三七田中发生量大，可人工铲除。

12. 皱叶狗尾草 [*Setaria plicata* (Lam.) T. Cooke]

【别名】风打草等。

【形态特征】多年生草本（彩图137），秆通常瘦弱，直立或基部倾斜，高45～130cm，无毛或疏生毛；叶鞘压扁布具脊，鞘口或边缘常具疏毛，鞘节无毛或被短毛；叶舌长约1mm，被长约1.5mm的纤毛；叶片质薄，椭圆状披针形或线状披针形，长4～43cm，宽0.5～3cm，先端渐尖，基部渐狭呈柄状，具较浅的纵向皱折，背面被短柔毛。圆锥花序疏散，狭长圆形或线形，长15～33cm，分枝斜向上升，长1～7cm；小穗着生小枝一侧，卵状披针状，绿色或微紫色，长3～4mm，部分小穗下有1枚细的刚毛；颖薄纸质，第一颖宽卵形，顶端钝圆，边缘膜质，长为小穗的1/4～1/3，具3脉，第二颖长为小穗的3/4～1/2，先端钝或尖，具5～7脉；第一小花通常中性或具3枚雄蕊，第一外稃与小穗等长或稍长，具5脉，内稃膜质，狭短或稍狭于外稃，边缘稍内卷，具2脉；第二小花两性，第二外稃等长或稍短于第一外稃，具明显的横皱纹；鳞被2；花柱基部联合。颖果狭长卵形，先端具坚硬而小的尖头。

【生物学特性】种子繁殖，花期6～8月，果期8～9月。

【分布与危害】分布于长江流域以南各省区，常见于路旁、荒地和田野。在三七田中发生量大，可人工铲除。

13. 狗尾草 [*Setaria viridis* (L.) Beauv.]

【别名】谷莠子，莠等。

【形态特征】一年生草本（彩图138），须根长而多。秆直立或基部膝曲，高10～100cm，基部直径达3～7mm。叶鞘松弛，无毛或疏具柔毛或疣毛，边缘具较长的密绵毛状纤毛；叶舌极短，边缘有长1～2mm的纤毛；叶片扁平，线状披针形，先端长渐尖或渐尖，基部钝圆，长5～30cm，宽4～19mm，通常无毛或疏被疣毛，边缘粗糙。圆锥花序紧密，呈圆柱状或基部稍疏离，直立或稍弯垂，主轴被较长柔毛，长2～15cm，宽4～13mm（除刚毛外），刚毛长

4～12mm，粗糙或微粗糙，直或稍扭曲，通常绿色或褐黄到紫红或紫色；小穗2～5个簇生于主轴上或更多的小穗着生在短小枝上，椭圆形，先端钝，长2～2.5mm，铅绿色；第一颖卵形、宽卵形，长约为小穗的1/3，先端钝或稍尖，具3脉；第二颖几与小穗等长，椭圆形，具5～7脉；第一外稃与小穗等长，具5～7脉，先端钝，其内稃短小狭窄；第二外稃椭圆形，顶端钝，具细点状皱纹，边缘内卷，狭窄；鳞被楔形，顶端微凹；花柱基部分离。颖果灰白色。

【生物学特性】种子繁殖。花果期5～10月。

【分布与危害】广布全国各地，生于荒野、路旁。在三七田中零星发生，可人工铲除。

14. 鼠尾粟 [*Sporobolus fertilis* (Steud.) W. D. Clayt.]

【形态特征】多年生草本（彩图139），须根较粗壮且较长。秆丛生，直立，高20～80cm，基部直径2～3mm，质较坚硬，平滑无毛。叶鞘疏松裹茎，基部者较宽，平滑无毛，下部者长于节间而上部者短于节间；叶舌极短，长约0.2mm，纤毛状；叶片线形，质地较硬，长10～35cm，宽2～5mm，先端长渐尖，平滑无毛。圆锥花序较紧缩而呈圆柱状，长10～40cm，盛花时宽3～6cm，分枝稍坚硬，直立，与主轴贴生或倾斜，通常长1～2.5cm，基部者较长，一般不超过6cm，但小穗密集着生其上；小穗灰绿色且略带紫色，长1.7～2mm；颖膜质，第一颖小，长约0.5mm，先端尖或钝，具1脉；外稃等长于小穗，先端稍尖，具1条中脉及2条不明显侧脉；雄蕊3枚，花药黄色，长0.8～1mm。颖果成熟后红褐色，明显短于外稃和内稃，长1～1.2mm，长圆状倒卵形或倒卵状椭圆形，顶端截平。

【生物学特性】种子繁殖。花果期3～12月。

【分布与危害】分布于华东、华中、西南等地，生于田野、路边、山坡草地及山谷湿处和林下。在三七田中零星发生，可人工铲除。

参 考 文 献

李扬汉，1998. 中国杂草志. 北京：中国农业出版社

中国科学院昆明植物研究所，1977. 云南植物志（第一卷）. 北京：科学出版社

中国科学院昆明植物研究所，1979. 云南植物志（第二卷）. 北京：科学出版社

中国科学院昆明植物研究所，1983.云南植物志（第三卷）.北京：科学出版社
中国科学院昆明植物研究所，1986.云南植物志（第四卷）.北京：科学出版社
中国科学院昆明植物研究所，1991.云南植物志（第五卷）.北京：科学出版社
中国科学院昆明植物研究所，1995.云南植物志（第六卷）.北京：科学出版社
中国科学院昆明植物研究所，1997.云南植物志（第七卷）.北京：科学出版社
中国科学院昆明植物研究所，2003.云南植物志（第九卷）.北京：科学出版社
中国科学院昆明植物研究所，2006.云南植物志（第十卷）.北京：科学出版社
中国科学院昆明植物研究所，2000.云南植物志（第十一卷）.北京：科学出版社
中国科学院昆明植物研究所，2004.云南植物志（第十三卷）.北京：科学出版社
中国科学院昆明植物研究所，2003.云南植物志（第十五卷）.北京：科学出版社
中国科学院昆明植物研究所，2006.云南植物志（第十六卷）.北京：科学出版社
中国科学院植物研究所，1987.中国高等植物图鉴（第1册至第5册）.北京：科学出版社

第7章 三七常用农药简介

三七生长于温暖阴湿的环境中,由于其生长环境特殊和生长周期长,生长期间各种病虫的侵害,成为三七生产中的严重障碍。做好三七病虫害防治工作,是确保三七产量和质量的关键技术措施。在病虫害防治中,化学防治仍然是目前采用的主要方法。为了更好地指导七农开展三七病虫害防治工作,提高防治效果,现将三七常用农药及其使用方法介绍如下。

7.1 农药的基本知识

农药的含义和范围在不同的时间和国家有所不同,古代主要指天然的植物性、动物性、矿物性物质,近代主要指人工合成的化工产品。美国最早称这些物质为"经济毒剂",将农药与化肥一起合称为"农业化学品",德国又称为"植物保护剂",日本称为"农药"。我国《农药管理条例》将农药定义为:用于预防、消灭或者控制危害农业、林业的病、虫、草和其他有害生物以及有目的地调节植物、昆虫生长的化学合成或者来源于生物、其他天然物质的一种物质或者几种物质的混合物及其制剂。

7.1.1 农药分类

农药的分类方法很多,按农药的成分及来源、防治对象、作用方式等都可进行分类。

1. 按农药来源及成分分类

可分为无机农药和有机农药。

（1）无机农药

主要由天然矿物质原料加工配制而成的农药，其有效成分都是无机的化学物质，故又称为矿物性农药。这类农药的特点是化学性质稳定，不宜分解失效；药效比较稳定，不易产生抗药性；品种少；药效低；作用方式单一；易发生药害；使用局限性比较大。现仍在继续使用的主要有铜制剂及硫制剂，如硫酸铜、波尔多液、硫悬剂、石硫合剂等。

（2）有机农药

主要由碳氢元素构成的一类农药，且大多数可用有机化学合成方法制得。有机农药又分为：①植物性农药。用某些植物的根、茎、叶或果实等器官粉碎后直接利用或其提取物作为害物防治的，例如，烟草、除虫菊、鱼藤等。这类农药的主要特点是安全、有效、经济且不易产生抗药性。②微生物农药。指用微生物体或其代谢物所制成的农药，例如，芽孢杆菌、白僵菌等。③人工合成的有机农药。

2. 按用途（即防治对象）分类

主要有以下几类：

（1）杀虫剂

对害虫具有毒杀作用的药剂。如辛硫磷、吡虫啉等。杀虫剂中部分品种还具有杀螨作用。

（2）杀螨剂

指用于防治植食性螨类的药剂。如尼索朗、克螨特等。多数杀虫剂不仅对螨类无效，还会杀伤螨的天敌，个别品种还会刺激螨类繁殖。

（3）杀菌剂

用来杀灭或抑制病菌微生物生长的化学物质，可以使植物及其产品免受病菌危害或可消除病症、病状的药剂。如嘧菌酯、三唑酮等。

（4）杀线虫剂

用于防治植物病原线虫的药剂。如溴甲烷、棉隆、威百亩。

（5）除草剂

用来防除杂草的药剂。如苯磺隆。

（6）杀鼠剂

用于杀灭多种场合中各种害鼠的药剂。根据作用特点可分为急性杀鼠剂和慢性抗凝血剂，如杀鼠灵、大隆、溴敌隆。

（7）植物生长调节剂

对植物生长发育有控制、促进或调节作用的药剂。如赤霉素（九二〇）、乙烯利等。

3. 按作用方式分类

1）杀虫剂

（1）胃毒剂

只有被昆虫取食后经肠道吸收进入体内，到达靶标才可起到毒杀作用的药剂。

（2）触杀剂

接触到昆虫体（通常指昆虫表皮）后便可起到毒杀作用的药剂。

（3）熏蒸剂

以气体状态通过昆虫呼吸器官进入体内而引起昆虫中毒死亡的药剂。

（4）内吸剂

使用后可以被植物体（包括根、茎、叶及种、苗等）吸收，并可传导运输到其他部位组织，使害虫吸食或接触后中毒死亡的药剂，如吸食而引起中毒的，也是一种胃毒作用。

（5）拒食剂

可影响昆虫的味觉器官，使其厌食、拒食，最后因饥饿、失水而逐渐死亡，或因摄取不足营养而不能正常发育的药剂。

（6）驱避剂

施用后可依靠其物理、化学作用（如颜色、气味等）使害虫忌避或发生转移、潜逃现象，从而达到保护寄主植物或特殊场所目的的药剂。

（7）引诱剂

依靠其物理、化学作用（如颜色、气味等）引诱害虫前来集中消灭的药剂（性诱剂、食物诱剂、产卵诱剂）。

2）杀菌剂

（1）保护性杀菌剂

在病菌入侵之前施用于作物使其免受病菌侵害（病菌入侵后效果不好，波尔多液是典型的保护性杀菌剂）。

（2）治疗性杀菌剂

在病菌入侵后施药，可起到杀死入侵病菌或控制病菌继续蔓延的作用。

（3）铲除性杀菌剂

对病原菌有直接强烈杀伤作用的药剂，这类药剂常为植物生长期不能忍受，故一般只用于播前土壤处理、植物休眠期或种苗处理。

3）除草剂

（1）输导型除草剂

药剂从杂草根、茎、叶进入后能在杂草体内输导，使其中毒死亡。

（2）触杀型除草剂

它不像输导型除草剂一样能在杂草体内输导，它起作用的部位只是与药剂接触的组织器官。

习惯上又把除草剂划分为选择性除草剂与灭生性除草剂两大类。选择性除草剂如敌稗、莠去津；灭生性除草剂如草甘膦。

7.1.2 农药的主要剂型

未经加工的农药称原药，它是在制造过程中得到有效成分及杂质组成的最终产品，没有可见的外来物质和任何添加物，必要时可加入少量的稳定剂。原药不经加工而直接施用的品种很少。将农药原药按比例加入一定数量的湿润剂、稳定剂、乳化剂、溶剂、助溶剂及填充剂等，经过机械加工处理制成一定规格含量的加工成品，就称农药制剂，农药制剂所表现出的物理形态称为剂型。

剂型名称	剂型英文名称	代码	说明
原药和母药			
原药	technical material	TC	在制造过程中得到有效成分及杂质组成的最终产品，不能含有可见的外来物质和任何添加物，必要时可加入少量的稳定剂
母药	technical concentrate	TK	在制造过程中得到有效成分及杂质组成的最终产品，也可能含有少量必需的添加物和稀释剂，仅用于配制各种制剂
固体制剂			
粉剂	dustable powder	DP	适用于喷粉或撒布的自由流动的均匀粉状制剂
颗粒剂	granule	GR	有效成分均匀吸附或分散在颗粒中，及附着在颗粒表面，具有一定粒径范围可直接使用的自由流动的粒状制剂
片剂	tablet for direct application; tablet	DT或TB	可直接使用的片状制剂

续表

剂型名称	剂型英文名称	代码	说明
烟剂	smoke generator	FU	可点燃发烟而释放有效成分的固体制剂
可湿性粉剂	wettable powder	WP	可分散于水中形成稳定悬浮液的粉状制剂
水分散粒剂	water dispersible granule	WG	加水后能迅速崩解并分散成悬浮液的粒状制剂
可溶粉剂	water soluble powder	SP	有效成分能溶于水中形成真溶液,可含有一定量的非水溶性惰性物质的粉状制剂
液体制剂			
水剂	aqueous solution	AS*	有效成分及助剂的水溶液制剂
油剂	oil miscible liquid	OL	用有机溶剂或油稀释后使用的均一液体制剂
乳油	emulsifiable concentrate	EC	用水稀释后形成乳状液的均一液体制剂
水乳剂	emulsion, oil in water	EW	有效成分溶于有机溶剂中,并以微小的液珠分散在连续相水中,成非均相乳状液制剂
微乳剂	micro-emulsion	ME	透明或半透明的均一液体,用水稀释后成微乳状液体的制剂
悬浮剂	aqueous suspension concentrate	SC	非水溶性的固体有效成分与相关助剂,在水中形成高分散度的黏稠悬浮液制剂,用水稀释后使用
种子处理制剂			
种子处理干粉剂	powder for dry seed treatment	DS	可直接用于种子处理的细均匀粉状制剂
种子处理可溶粉剂	water soluble powder for seed treatment	SS	用水溶解后,用于种子处理的粉状制剂
种子处理液剂	solution for seed treatment	LS	直接或稀释后,用于种子处理的液体制剂
悬浮种衣剂	flowable concentrate for seed coating	FSC*	含有成膜剂,以水为介质,直接或稀释后用于种子包衣(95%粒径≤2μm,98%粒径≤4μm)的稳定悬浮液种子处理制剂
熏蒸制剂			
熏蒸剂	vapour releasing product	VP	含有一种或两种以上易挥发的有效成分,以气态(蒸气)释放到空气中,挥发速度可通过选择适宜的助剂或施药器械加以控制

*为我国制定的农药剂型英文名称及代码

常用的农药制剂有以下几种：

1. 可湿性粉剂

是含有原药、载体和填料、表面活性剂（润湿剂、分散剂等）、辅助剂（稳定剂、警色剂等）并可分散于水中形成稳定悬浮液的粉状制剂。一般加水后进行喷雾，生产中也有进行拌种、配制毒土的。它有如下特点：①不用有机溶剂和乳化剂，对环境比较安全。②包装、运输费用较低。③含量一般较粉剂高，较耐储存。质量好的可湿性粉剂应是松散的细微粉末，不能絮结成团、成块，润湿时间一般少于2分钟，悬浮率达70%以上。

2. 乳油

乳油是目前常用的农药剂型，也是农药制剂中主要剂型之一，是由农药原药按规定的比例溶解在有机溶剂中，再加入一定量的农药专用乳化剂而制成的均相透明油状液体制剂，加水能形成相对稳定的乳状液。乳油具有有效成分含量高、储存稳定性好、药效好、使用方便等特点。乳油药液喷到植物上可形成一层油膜，较耐雨水冲刷，并易渗透到有害生物体内产生毒力。

3. 悬浮剂

是指以水为分散介质，经加工后使非水溶性的固体有效成分与相关助剂，在水中形成高分散度的黏稠悬浮液制剂，用水稀释后使用。悬浮剂的有效成分含量一般为5%～50%，具有分散性和展着性，悬浮率高，黏附在植物体表面的能力强，耐雨水冲刷、持效较长等特点。

4. 水剂

由有效成分及助剂加工成的水溶液制剂。加工成水剂的原药一般要求可溶于水，在水中稳定。水剂加工简易，成本低廉。

5. 种衣剂

种衣剂是由杀虫剂、杀菌剂、复合肥料、微量元素、植物生长调节剂、缓释剂和成膜剂等经过先进工艺加工制成，可直接或经稀释后包裹于种子表面，在植物种子外表形成具有一定功能和包覆强度的衣膜（或保护层）。国内目前常见的是悬浮种衣剂和干粉种衣剂两种，主要供种子生产企业使用。种衣剂的特点是针对性强、高效、经济、安全、特效期长。

6. 颗粒剂

由原药、载体和助剂制成，有效成分均匀吸附或分散在颗粒中，及附着在颗粒表面，具有一定粒径范围，可直接使用的自由流动的粒状制剂。颗粒剂的特点是使用方便、施药工效高，能使高毒农药低毒化使用、使用安全，可控制药剂有效成分的释放速率，节约用药，延长持效期，减少对环境的污染，避免杀伤天敌，减轻对作物的药害风险，尤其是对于除草剂。主要用于土壤处理，有时也在作物生长期间撒施。

7. 混配制剂

将两种或两种以上有效成分按比例混合后，经科学加工生产而成的农药制剂。由于农药品种开发很快，农药品种多，防治对象各不相同，而且有害生物种类多。因此，出现了许多杀虫混剂、杀虫杀菌混剂、杀菌混剂等。农药混剂在兼治和扩大防治范围、提高药效、防治抗性有害生物和避免有害生物产生抗药性等方面具有很好的作用。所以，农药混剂的生产和应用日益发展。

农药的剂型还有粉剂、油剂、熏蒸剂、烟剂、气雾剂、种衣剂、水分散粒剂等多种，各种剂型都有一定的特点和使用技术要求，使用时必须根据各自的特点和技术严格操作，不宜随意改变用法。

7.1.3 农药的使用方法

农药施药方法是指为把农药施用到目标物上所采用的各种施药技术措施。农药的使用要求是使农药最大限度地击中到生物靶标上而又不危及环境，农药的使用，既要达到防治病、虫、杂草的危害，又要注意人、畜及有益生物的安全，还要合乎经济、简便的原则。农药使用方法是否科学、合理，是影响农药施用效果的关键。目前我国生产或从国外引进的杀虫剂主要以乳油为主，杀菌剂以可湿性粉剂为主，所以，目前施药方法以喷雾为主，其次是拌种、喷粉、撒粉、撒毒土等。但是，无论采用什么方法，都要根据防治对象的发生发展规律、自然环境条件、药剂种类和剂型等因素来确定。

1. 喷雾法

将农药制剂（包括乳油、可湿性粉剂、水溶剂、胶体剂以及可溶性粉剂等）按一定比例加水稀释成相应浓度的乳液、悬浮液、胶体液或溶液后，用喷雾器、弥雾机等药械，通过高压、高速气流或高速旋转的转碟的作用将药液雾化喷洒在植物茎、叶、花等地上部位，防治病虫草害或调节植物生长的方法称为喷雾法。很多剂型的农药都可用喷雾法施用。

2. 喷粉法

喷粉法是用手摇喷粉器或机动喷粉工具将农药粉剂吹散后沉积到作物上的施药方法。喷粉法的防治效果取决于药粉在作物上沉积的量、药粉分布的均匀度和持续的时间。喷粉时上升气流对喷粉质量的影响极大，一般当风力超过1m/s时，就不适于喷粉。喷粉时作物上有露水，有利于粉剂的附着。粉剂不耐雨水冲刷，喷药后24小时内降雨，一般应补喷。

3. 种子处理法

许多植物病害可由种子种苗传播，因此种子种苗处理对病害防治十分重要，是一种非常有效而又经济的防治植物病害的方法。种子处理是用一定浓度的农药处理种子或苗木，消灭种子种苗表面及内部的病、虫等，使之在播种或栽种后不受土传性病虫危害的方法。种子处理杀死了种子种苗携带的病菌，也可防止土壤病菌侵入，内吸杀菌剂处理的种子种苗，还可保护地上部分免受病菌侵害。它包括下列几种方法。

（1）拌种法

将药粉与种子或种苗按一定的比例混匀，使种子、种苗表面覆盖一层药剂，从而杀死种子、种苗携带的病菌或保护种子、种苗免受土壤中病虫侵害的方法。拌种用的药量应根据药剂的要求、种子种类及防治对象而定，一般为种子或种苗重量的0.2%～0.5%。

（2）浸种法

用于浸种的药剂多为水溶剂或乳剂，药液用量以浸没种子为限。浸种药液可连续使用，但要补充所减少的药液量。浸种防病效果与药液浓度、温度和时间有密切的关系。浸种温度一般要在10～25℃，温度高时，应适当降低药液浓度或缩短浸种时间；温度一定，药液浓度高时，浸种时间可短些。药液浓度、温度、浸种时间，对某种种子均有一定的适用范围。一般浸种后不能堆放，要晾干后才能播种。

（3）摆苗消毒法

将种苗分别摆放在挖好的塘内，用规定浓度的药液喷种苗或种植塘，以喷湿为度，然后盖肥土或覆土。

4. 毒土法

按用量称取药剂，与细潮土拌均匀后撒于土壤表面，通过降雨、浇水或翻犁，使药剂充分融入土壤中，有效控制土壤中病虫发生危害的方法。在防治土传病害、地下害虫和进行土壤消毒时常用此法。

5. 灌根法

将一定浓度的药液灌入植物根区的施药方法。此法主要用于防治地下害虫、根部病害、茎基部病害、线虫等。灌根法防治对土壤水分有一定要求，土壤过干、土壤颗粒容易吸附药液而影响药效。因此，在干旱条件下要先浇水，再用药液灌根。对于零星发生的根病和地下害虫主要采用灌根法防治。

6. 土壤熏蒸法

土壤熏蒸法是利用农药有效成分分解产生的有毒气体，达到防治病、虫、鼠害目的的方法。土壤熏蒸防治一般在作物播种前进行，施药后立即用塑料薄膜覆盖密封并保持一定时间，杀灭土壤中的病菌、害虫、害螨、线虫等有害生物。土壤熏蒸法的优点是只需通过一次熏蒸就可基本杀灭土壤中的病菌、害虫、害螨、线虫等有害生物。但是，在杀灭了有害生物的同时，也杀灭了土壤中的有益生物，而且施药后密封比较困难，费工费时成本高。此外，还要考虑熏蒸操作过程的人畜安全以及熏蒸材料的污染、残留和对种苗萌发的影响。

7.1.4 农药的常用计算

在进行农作物病虫草害防治时，农药的浓度或用药量并不是越高越好，超过所需浓度的用药量，不仅会造成浪费，还容易产生药害，引起人、畜中毒事故，杀伤天敌，增加农副产品和环境的污染，加速有害生物抗药性的形成。如果低于防治需要的浓度和用药量，既达不到预期的防治效果，又不能挽回病虫草为害的损失，还浪费了药剂。所以在使用任何一种农药时，都要从科学合理用药出发，确定经济有效的使用浓度和用药量，以达到最佳的防治效果。

商品农药一般浓度大，在防治病虫草时，必须加水稀释为低浓度的水溶液。方法是：

1. 根据稀释倍数来计算

这种方法不考虑药剂的有效成分含量，可按式（7-1）计算：

$$所需剂量 = \frac{所配药液量}{稀释倍数} \tag{7-1}$$

如 50% 多菌灵可湿性粉剂稀释成 800 倍液，所需药液量 15kg，需要其制剂多少克？计算为：$\frac{15000}{800}$ =18.75（g），即用 50% 可湿性粉剂配制成 800 倍液，所需药液量 15kg，需要多菌灵制剂 18.75g。但是，稀释倍数在 100 倍以下时，计算稀释量要扣除制剂所占的份额。如稀释成 50 倍液，即用制剂 1 份则兑水 49 份。

2. 根据农药有效成分计算

$$单位面积制剂用量 = \frac{单位面积农药有效成分用量}{农药制剂有效成分百分含量}$$

如用 20% 三唑酮乳油防治白粉病，每公顷（1 公顷 =15 亩）用三唑酮有效成分 120 克，每公顷需要 20% 三唑酮乳油多少克？计算为：$\frac{120}{20\%}$ =600（g），即每公顷需要 20% 三唑酮乳油 600g。

3. 运用有效成分含量计算需水量

$$应加水量 = \frac{农药制剂有效成分百分含量 \times 农药制剂用量}{使用药液浓度} - 农药制剂用量$$

如现有 40% 多菌灵悬浮剂 0.2kg，需将其稀释为 0.15% 的药液，需加水多少 kg？计算为：应加水量 = $\frac{0.4 \times 0.2}{0.0015}$ -0.2=53.13（kg），即需要加水 53.13kg。

7.1.5 农药的合理使用

农药的合理使用,就是根据现已掌握的农药性质、病虫杂草发生发展规律的知识,辩证地加以合理使用,以最少的用量获得最大的防治效果,既能降低用药成本,又能减少对环境的污染。此外,还应考虑施用后能预防或延缓害虫或病菌产生抗药性,真正做到经济、安全、有效。在生产实践中,农药的合理使用应着重考虑以下几个问题。

1. 选择适当的农药

正确选择农药,即人们所说有的放矢使用农药,不但要做到对症下药,而且要掌握用药的关键时期,严格按照安全间隔期等规定进行施药,这是合理使用农药的首要问题。每种农药的性质是各不相同的,对病虫的作用和防治效果也不一样,即便是广谱性的农药,也并非对所有病虫有效,就是在杀虫、杀菌谱中的种类,防治效果也不尽相同,对某些种类效果很好,但对另一些种类则效果一般。故在防治病虫害时,一定要对各种农药的防治对象及理化性质有充分认识,才能真正做到"对症下药",在选择农药时,同时还应考虑药剂对人畜、环境的影响以及作物自身的影响。

2. 适时用药

采用药剂防治,防治一种病虫害的喷药时期和重复施药次数应根据作物生长规律,病虫害的发生发展规律来决定。如果预测预报搞得好,最好在病虫害快要发生时用药,但目前大多是在病虫害初发时喷药,尽早用药对一些发展很快的病害来说很重要。再一个可根据作物生长期(作物生长期往往与病虫害发生发展关系密切)决定,如果用药过早,病虫发生时药效期已过,对病虫起不到防治的作用;用药过迟,病虫对作物的危害已经造成,并且由于害虫的发育进入老熟阶段,对药剂的忍耐力增强而防治效果下降。加大用药量也可达到较高的防治效果,但防治成本增加,同时还造成对环境的污染,加重和促进病虫产生抗药性。因此,在防治病虫害时,应根据防治对象的发生规律及生活习性,结合田间测报,认真分析,确定准确的防治时间,真正做到适时用药。

3. 准确掌握用药量

这里所说的用药量主要是指在一定面积上所施用的药剂量及药液浓度和连续使用的次数。准确地掌握用药量就是要把握住取得最佳防治效果的用药量和最少施药次数。这样做才符合经济、安全、有效的原则，既省药，又省工，降低防治成本，减少对环境的污染，提高安全性，减少对天敌的伤害。切不可盲目加大剂量和随意增加施药次数，更不可对药剂不称不量随手倒。正确剂量的选择一般应通过试验取得，施药次数应权衡具体病虫的生物学特性及生活习性、农药的残效期、病害的发展状况三者的关系后灵活掌握，应尽可能协调其他防治方法而减少用药次数。施药浓度一般在作物敏感时期（如春芽萌动期）应较低，乳剂可比可湿性粉剂低。

4. 正确配制药液

（1）正确计算和称取

要根据计算结果，准确称取农药和稀释用水。

（2）配制药液

用粉剂配制毒土时，要用干燥的细土与药剂混合均匀；用可湿性粉剂配制药液时，要先在药粉中加少量水，用木棒调成糊状，然后加入较多水再调，最后加足剩余水，千万不要将药粉倒入大量水中，否则药粉浮在水面，无法与水混合而降低药效。

（3）配制药液时，要注意使用的水质、水量及加水方法

①用于配制药液的水应该是清洁的江、河、湖、溪和沟塘的水，尽量不用井水，更不能使用污水、海水或咸水。②在配制药液时，应严格按照规定的使用浓度加水，加水量过多，稀释倍数增加，降低了浓度，影响了药效；若加水不足，致使药剂浓度增高，不但浪费农药，还可引起药害。③对可湿性粉剂、乳油或可溶于水的农药，在按规定加入足量水稀释前，可先加入少量水，配好母液，然后再按照所需浓度加足水量，这样能提高药剂的均匀度。④在加水稀释配制乳油农药时，一定要注意药剂的质量，若上无浮油，下无沉淀，并成白色乳状液，则可以使用。

5. 讲究施药方法

从综合防治的观点出发，防治工作还应注意其生态效益，不正确的施药方

法，不仅不能发挥药剂的防治效力，反而造成对环境的不良影响，降低防治工作应取得的生态效益。一般说来，凡可通过种子处理、土壤处理、性诱剂及毒饵诱杀等方法解决问题的，应尽量采用；七园喷洒农药、喷粉、粗喷雾、撒毒土、泼浇等法，往往所需施药处承受药量少，达不到防治的目的，大量药剂流失进入农田生态系统，污染农业环境，造成不良影响，采用低容量或超低容量常可减少这种流失，而提高防治效果。

各种农药，因剂型和种类不同，其施用方法也不相同。触杀剂、胃毒剂一般不能用于涂茎，内吸剂不适宜配制毒饵，可湿性粉剂不能用于喷粉，粉剂不能用于喷雾，同时应不断总结经验改进施药方法，保证施药质量。如防治蚜虫，不论选用内吸剂或触杀剂，应用喷雾法施药，喷雾时，对叶背和植株顶部必须认真喷射，要均匀周到。

6. 根据不同天气用药

许多农药的防效与天气有密切关系，天气条件的变化，既影响药剂的理化性质，又影响防治对象的生理活动，从而直接关系到药效的发挥。气温高药效易于发挥，同时也易对作物产生药害，用药量应相对减少，刮风下雨天气喷雾，易造成雾滴飘移流失，应尽量不施；雨季期间，湿度大病害发展迅速，应抓住阵雨间隙抢施，并且选用内吸性强的剂型，其次乳剂抗雨性亦较强，水溶性的剂型则不能使用。

7. 合理混用农药

将两种或两种以上农药混合使用，或者将农药与化肥混合使用，不仅可以扩大农药的杀虫杀菌范围，而且混合得当尚可提高防治效果，起到节省用工的经济效果。但农药的混用并非可以无条件地随意混合，一般混合使用时应符合以下原则。首先，混合后不应产生不良的化学反应和物理变化，使药剂分解失效，乳剂破坏或产生沉淀。其次，混合后的农药应能保持原有的理化性状或起到良好的化学反应，能显示其增效作用。例如石硫合剂与波尔多液混合后，产生多硫化铜，增加了可溶性铜离子，对作物易发生药害，两者就不能混用；又如甲霜灵锰锌和多抗霉素混用，既可以防治三七黑斑病，又兼治了三七疫病，两种药剂混用后，不仅提高了防治效果，而且又降低了防治成本。

8. 注意抗药性问题

应避免大面积长期使用单一药剂品种，特别是易引起抗性的品种。

7.1.6 农药的安全使用

用化学农药防治病、虫、草、鼠害，是夺取农业丰收的重要措施。农药不同品种毒性大小存在很大差别，而绝大多数物质都是有毒物质，如果生产、使用不当就会造成人、畜中毒、也会污染环境和农产品。为了保证安全生产，农药使用中应注意如下事项。

1. 农药保管的安全

大多数农药为有机化合物和无机化合物，其物理性能和化学性能因药而异，比较复杂。在保存期间各有特殊的要求，应严格按使用保管要求管理。如保存条件不适宜，农药就会变质，失去药效，有时还会发生燃烧式爆炸事故，或造成人畜中毒等。因此，各种农药必须要专门妥善保管，在保管过程中，要注意以下几方面的问题。

①存放农药的房屋，要离粮仓、饲料房、牲畜棚圈尽可能远一些，防止污染和相互影响，也不宜与化肥同放，因化肥和农药的种类都很多，性质各异，存放一起往往会发生化学反应，导致变质或失效。如碳酸氢铵当气温达到30℃时会分解，释放氨气，氨气在潮湿条件下化合成碱性较强的氢氧化铵，可使遇碱分解的农药降低药效。

②存放时的温度不能过高或过低，一般在30℃以上的条件下，温度越高，农药越容易融化、分解、挥发，甚至燃烧爆炸；温度太低对农药也有不利的影响，如有些液体农药，在0℃以下就会结冰，使药效降低。因此，保存农药，夏天要防止高温，冬天要防止低温。

③有些农药，如可湿性粉剂很易吸潮分解或结团变成硬块，一方面使施用时难溶解而影响药效。另一方面，纸袋包装的农药受潮后容易破裂，不仅不好搬运，还会污染周围环境。

④农药长时间暴露在空气中和阳光下，容易挥发和发生氧化作用，引起农药质变。一般固体农药要包装严密，液体农药要用有色瓶子或罐子盛装。不论是固体或液体农药，都不能直接放在阳光下暴晒。

⑤药库或药箱要远离火源，尤其是瓶装农药要严密封口，防止毒气挥发、燃烧和引起人畜中毒等。

2. 农药施用过程中应注意的安全事项

①严格禁止使用剧毒、高毒、高残留或有致癌、致畸、致突变的农药品种和剂型。

②配药时要戴胶皮手套，必须用量具按照规定的剂量称取药液或药粉，不得任意增加用量。严禁用手拌药。

③拌种要用工具搅拌，用多少，拌多少，拌过药的种子应尽量用机具播种。如手撒或点种时，必须戴防护手套，以防皮肤吸收中毒。剩余的毒种应销毁，不准食用或作饲料。

④配药和拌种应选择远离饮用水源、居民点的安全地方，配药或拌种人员应站在上风处，要用专人看管，严防农药、毒种丢失或被人、畜、家禽误食。

⑤喷药前应仔细检查药械的开关、接头、喷头等处螺丝是否拧紧，药桶有无渗漏，以免漏药污染。喷药过程中如发生堵塞时，应先用清水冲洗后再排除故障。绝对禁止用嘴吹吸喷头和滤网。

⑥使用手动喷雾器喷药时应隔行喷。手动和机动药械均不能左右两边同时喷。大风和中午高温时应停止喷药。药桶内药液不能装得过满，以免晃出桶外，污染施药人员的身体。

⑦施用过高毒农药的地方要竖立标志，在一定时间内禁止放牧、割草、挖野菜，以防人、畜中毒。

⑧用药工作结束后，要及时将喷雾器清洗干净，连同剩余药剂一起交回仓库保管，不得带回家去。清洗药械的污水应选择安全地点妥善处理，不准随地泼洒，防止污染饮用水源和养鱼池塘。盛过农药的包装物品，不准用于盛粮食、油、酒、水等食品和饲料。装过农药的空箱、瓶、袋等要集中处理。浸种用过的水缸要洗净集中保管。

3. 施药人员的安全防护

①施药人员必须身体健康，并掌握一定农药安全知识。凡体弱多病者，患皮肤病和农药中毒及其他疾病尚未恢复健康者，哺乳期、孕期、经期的妇女，皮肤损伤未愈者不得喷药或暂停喷药。喷药时不准带小孩到作业地点。

②施药人员在施药期间不准饮酒。

③施药人员在喷药时必须戴防毒口罩，穿长袖上衣、长裤和鞋、袜。在操作时禁止吸烟、喝水、吃东西，不能用手擦嘴、脸、眼睛。喷药后喝水、抽烟、吃东西之前要用肥皂彻底清洗手、脸和漱口。有条件的应洗澡。被农药污染的工作服要及时换洗。

④施药人员每天喷药时间一般不得超过6小时。使用背负式机动药械，要两人轮换操作。连续施药3～5天后应停休1天。

⑤操作人员如有头痛、头昏、恶心、呕吐等症状时，应立即离开施药现场，脱去污染的衣服，漱口，擦洗手、脸和皮肤等暴露部位，及时送医院治疗。

7.2 常用杀菌剂

7.2.1 保护性杀菌剂

在病菌入侵之前施用，药剂施用后，只能在植物体表沉积或在种子周围形成保护圈，使植物不受病原菌的侵染；有的药剂即使能渗入植物组织，但不能在植物体内传导，这类药剂称为保护性杀菌剂。三七上常用的品种如下：

1. 代森锰锌

[中文通用名称] 代森锰锌。

[英文通用名称] mancozeb。

[其他名称] 汉生（helcozeb）；喷克（vondozeb）；大生（dithane）；大生富（dithaneF-448）；山德生（sandozeb）；新万生（manzate）；速克净（sancozeb）；大丰；比克；凯生；manzeb 等。

[化学名称] 乙撑双二硫代氨基甲酸锰和锌离子和配位化合物。

[性状] 为代森锰与代森锌的混合物，含锰20%，含锌2.55%。灰黄色粉末，熔点136℃（熔点前分解）。不溶于大多数有机溶剂，水中溶解度6～20 mg/L，通常干燥环境中稳定，酸碱、加热、潮湿环境中缓慢分解。低毒，雄大鼠急性经口 LD_{50} 为 10 000mg/kg，对人的眼、鼻、喉黏膜和皮肤有一定刺激作用。

[剂型] 70%代森锰锌可湿性粉剂；国外药商已在我国登记的有：德国汉姆公司的80%汉生可湿性粉剂；埃尔夫阿托公司的80%喷克可湿性粉剂、75%喷

克干悬浮剂、42%喷克悬浮剂；罗门哈斯公司的80%大生可湿性粉剂、43%大生富悬浮剂；诺华公司的80%山德生可湿性粉剂；固信公司的80%新万生可湿性粉剂；南非富纳化学公司的80%速克净可湿性粉剂；保加利亚农业贸易公司的80%大丰可湿性粉剂；西安近代农药公司的80%比克可湿性粉剂等。

[作用特点和防治对象]杀菌谱较广的保护性杀菌剂，其作用机制主要是抑制菌体内丙酮酸的氧化。对果树、蔬菜上的炭疽病、早疫病等多种病害有效。同时，它常与内吸性杀菌剂混配，用于延缓抗性的产生和扩大防治范围。

[使用方法]

①防治三七病害：（a）用80%可湿性粉剂400~600倍液在发病前或发病初期喷雾，间隔7~10天喷1次，共喷3~4次，可防治三七疫病、黑斑病、炭疽病、立枯病、猝倒病等多种病害。（b）分别与甲霜灵、乙磷铝、甲基硫菌灵、三环唑、多菌灵、噁霜灵、粉锈宁、乙烯菌核利、菌核净、异菌脲等杀菌剂混合施用，可提高防治效果，扩大防治对象，延缓病菌对内吸性杀菌剂的抗药性。

②防治其他作物病害：用80%可湿性粉剂500~800倍液，发病初期喷施，隔7~10天喷1次，连续喷2~3次，可防治多种作物的早疫病、晚疫病、霜霉病、炭疽病、褐斑病、轮纹病、黑星病、黑斑病、锈病、叶斑病等。

[注意事项]

①储存时要注意防潮，密封保存于干燥阴凉处，以防分解失效。

②该药不能与铜及强碱性农药混用，在喷过铜、汞、碱性药剂后要间隔一周后才能喷此药。

2. 福美双

[中文通用名称]福美双。

[英文通用名称]thiram。

[其他名称]秋兰姆；赛欧散；阿锐生；TMTD。

[化学名称]四甲基秋兰姆二硫化物。

[性状]纯品是无色无臭结晶，熔点155~156℃，易溶于氯仿，水中溶解度18 mg/L，常温空气中稳定，遇酸易分解，长期接触日照、热、空气和潮湿会变质。低毒，原粉大鼠急性口服LD_{50}为378~865mg/kg，对皮肤和黏膜有刺激作用。对鱼有毒，对蜜蜂无毒。

[剂型]50%可湿性粉剂。

[防治对象]福美双是具有保护作用的杀菌剂,其抗菌谱广。主要用于处理种子和土壤,防治三七立枯病等苗期病害、禾谷类黑穗病及多种作物的苗期立枯病;有时也喷雾防治黄瓜霜霉病等病害。

[使用方法]

①防治三七病害:用50%福美双每亩1～1.5kg,与盖种肥拌匀后盖种(或籽条),或10kg种子拌福美双50g,拌匀后播种,可预防三七立枯病、猝倒病等多种苗期病害;防治三七立枯病、猝倒病、炭疽病、疫病等多种苗期病害可用福美双1份+甲基托布津1份+代森锌1份,兑水400～700倍喷雾。若与内吸杀菌剂混用防效更佳。

②防治其他作物病害:用50%福美双150～200g拌种50kg,可防治麦类、蔬菜、果木等多种作物的苗期立枯病、猝倒病;每亩用福美双0.5～0.75kg,兑20倍细土,拌匀后穴施或沟施,可防治甘蓝黑腐病、蔬菜猝倒病、立枯病等苗期病害;发病初期用500～700倍液喷雾,间隔5～7天喷1次,连喷2～3次,可防治蔬菜、果木、麦类等多种作物的霜霉病、炭疽病、白腐病等多种病害。

[注意事项]

①福美双对鼻黏膜有刺激作用,使用时注意戴口罩。

②不能与铜、汞剂及碱性药剂混用或前后紧接使用。

3. 百菌清

[中文通用名称]百菌清。

[英文通用名称]chlorothalonil。

[其他名称]达科宁;Daconil2787;达霜宁;桑瓦特;克劳优;大克灵。

[化学名称]2,4,5,6-四氯-1,3-苯二甲腈。

[性状]纯品为白色无味结晶,外观为浅黄色并稍有刺激臭味粉末。熔点250～251℃,水中溶解度0.9mg/L,二甲苯中溶解度80g/L,在正常条件下储存稳定,在酸性、微碱性溶液中以及对紫外线辐射稳定。低毒,大鼠急性经口LD_{50}>10 000mg/kg。

[剂型]75%百菌清可湿性粉剂;40%达科宁悬浮剂。

[作用特点和防治对象]百菌清是一种非内吸性广谱杀菌剂。其主要作用是预防真菌侵染,没有内吸传导作用,但在植物表面有良好的黏着性,不易受雨水冲刷,有较长的药效期,在常规用量下,一般药效期约7～10天。

［使用方法］

①防治三七黑斑病、炭疽病、灰霉病、立枯病、猝倒病、疫病及三七干叶症等病害，用 75% 百菌清可湿性粉剂 400～600 倍液喷雾；或与等量的三环唑、代森锌或代森锰锌等保护性杀菌剂混用，可提高防治效果。

②防治蔬菜霜霉病、黑星病、白粉病、炭疽病、叶霉病、灰霉病、早疫病、晚疫病及花生褐斑病、黑斑病等其他作物病害，用 75% 百菌清 500～800 倍液喷雾。

［注意事项］

①百菌清对人的皮肤和眼睛有刺激作用，少数人有过敏反应。在使用过程中，如有药液溅到眼睛里，需立即用大量清水冲洗 15 分钟，直至疼痛消失，并涂上眼药。如药液溅到皮肤上，用肥皂和水清洗后涂上药，并脱去被药剂污染的衣服和鞋。

②柿、桃、梅和苹果树等使用时易发生药害；与杀螟松混用，桃树易发生药害；与克螨特、三环锡等混用，茶树会产生药害。对鱼类有毒，施药时须远离池塘、湖泊和溪流。清洗药具的药液不要污染水源。

4. 异菌脲

［中文通用名称］异菌脲。

［英文通用名称］iprodione。

［其他名称］扑海因（Rovral）；秀安；咪唑霉。

［化学名称］3-（3，5-二氯苯基）-N-异丙基-2，4-二氧代咪唑啉-1-羧酸铵。

［性状］纯品为白色晶体或粉末，熔点约 136℃，水中溶解度为 13 mg/L，易溶于己烷、三氯甲烷等有机溶剂，在酸性介质中稳定，碱性介质中水解，其水溶液在紫外光下分解。低毒，原药大鼠急性经口 LD_{50} 为 3500mg/kg。

［剂型］50% 可湿性粉剂；50% 悬浮剂；25%、5% 油悬浮剂。

［作用特点和防治对象］扑海因是一种广谱性触杀型保护性杀菌剂，但也具有一定的治疗作用。可以防治对苯并咪唑类内吸杀菌剂有抗性的真菌。主要防治对象为葡萄孢属、丛梗孢属、青霉属、核盘菌属、链格孢属、长蠕孢属、丝核菌属、茎点霉属、球腔菌属、尾孢属等引起的多种作物病害。

［使用方法］

①防治三七黑斑病、灰霉病、炭疽病、立枯病等病害，用 50% 扑海因可湿剂 800～1000 倍液喷雾，隔 7～10 天喷 1 次，共喷 4～6 次。与内吸性杀菌剂

如克霉灵、瑞毒霉、甲基托布津、杀毒矾或保护性杀菌剂代森锌、代森锰锌等混合使用，可扩大防治对象和提高防治效果。

②防治葡萄、草莓、核果类果树、番茄、大蒜、瓜类、茄果类等作物的灰霉病、早疫病、黑斑病、菌核病、茎枯病，用50%可湿性粉剂600～1000倍液喷雾，隔7～10天喷1次，共喷2～3次。

［注意事项］

①要避免与强碱性药剂混用。

②不宜长期连续使用，以免产生抗药性。

5. 45% 晶体石硫合剂

［中文通用名称］石硫合剂。

［英文通用名称］lime sulfur。

［其他名称］基得。

［化学名称］多硫化钙。

［性状］45%晶体石硫合剂是在液体石硫合剂的基础上经化学加工而成的固体新剂型，纯度高、杂质少，药效是传统石硫合剂的2倍以上。外观为淡黄色晶体，呈碱性反应，遇酸分解。为柱状结晶，溶于水。不燃、不爆，夏季日光直射可熔化，遇空气易分解，采用真空双层复合包装，不开袋不分解。不可与其他农药相混。45%结晶石硫合剂属低毒杀菌、杀螨剂。雄性大鼠急性经口LD_{50}为619mg/kg，对眼睛和皮肤有强刺激性。

［制剂］45%晶体石硫合剂。

［作用特点和防治对象］石硫合剂是用生石灰、硫磺加水煮制而成，具有杀菌和杀螨作用。晶体石硫合剂溶解稀释液喷于植物上，与空气接触后，发生一系列化学变化，形成微细的硫磺沉淀并释放出少量硫化氢发挥杀菌、杀虫作用。同时，石硫合剂具碱性，有侵蚀昆虫表皮蜡质层的作用，因此，对具有较厚蜡质层的介壳虫和一些螨卵有较好的防效。残留的部分为钙、硫等元素的化合物，均可被植物吸收，还是植物生长所必需的中量元素。

［使用方法］

①防治三七白粉病、麻点叶斑病等病害，在发病前或发病初期用45%晶体石硫合剂150～300倍液喷雾，间隔7～10天再喷1次，可兼治红蜘蛛、介壳虫等。三七下棵后至出苗前用50～100倍液喷撒厢面，间隔10天喷1次，可防

治越冬病虫害。

②防治小麦白粉病，在发病初期用45%晶体石硫合剂150倍液喷雾。

③防治柑橘螨类、介壳虫、锈壁虱等害虫，用300倍液喷雾。

④在果树萌芽前用20～30倍液喷雾，可铲除梨黑星病、腐烂病、锈病、叶肿病、叶螨类和介壳虫等越冬病虫。

［注意事项］

①晶体石硫合剂属强碱性农药，不能与有机磷农药和铜制剂混用。

②施药时应按标签说明用药，因为不同植物对石硫合剂的敏感性差异很大，尤其是叶组织脆弱的植物，最易发生药害。

③施用晶体石硫合剂时，气温越高药效越好、但药害也越大。气温达32℃以上需慎用。

④晶体石硫合剂应在低温、阴凉和密封条件下储存，开封后使用不完的应密封保存，保质期为2年。

6. 硫磺悬浮剂

［中文通用名称］硫磺。

［英文通用名称］sulphur。

［其他名称］硫磺悬浮剂。

［化学名称］硫。

［性状］原药为黄色或淡黄色固体粉末，比重2.07，pH5～8，易燃烧，一般燃烧温度248～261℃，浓度达到95g/cm^{2}时有爆炸性，不溶于水，略溶于乙醇和乙醚，溶于二硫化碳、四氯化碳和苯。硫磺属低毒杀菌剂，人每日口服500～750mg/kg未发生中毒现象，但硫磺粉尘对眼结膜和皮肤有一定的刺激作用。50%硫磺悬浮剂对大白鼠急性经口毒性LD_{50}>10 000mg/kg。

［制剂］50%硫磺悬浮剂。

［作用特点和防治对象］硫磺有杀虫、杀螨和杀菌作用，属低毒保护性杀菌剂。对白粉菌科真菌孢子具有选择性，因此多年来用于防治该科引起的病害，对螨类也有较好的防治作用。

［使用方法］

①防治三七白粉病、麻点叶斑病等病害，在发病前或发病初期用50%硫磺悬浮剂300～400倍液喷雾，间隔7～10天再喷1次，可兼治红蜘蛛等害虫。

②防治花卉、蔬菜、小麦、果树等作物白粉病及螨类，用50%硫磺悬浮剂300倍液喷雾，间隔7～10天再喷药1次。

［注意事项］

①本药剂长期储存会出现分层现象，使用时必须将药剂摇匀，否则影响药效。

②用药时，气温越高药效越好。但气温达32℃以上需慎用，药液浓度应稀释到1000倍以上。温度达38℃以上时禁用。

③本品虽属低毒，但使用时仍应注意防护。

④本药剂应保存在阴凉干燥处，保质期为2年。

7.2.2 内吸治疗性杀菌剂

当药剂喷施到植物的根、茎、叶等部位时，可以迅速内吸到植物体内进行传导和扩散，起到杀死病菌孢子的作用，这类杀菌剂称为内吸治疗性杀菌剂。

1. 醚菌酯

［中文通用名称］醚菌酯。

［英文通用名称］Kresoxim-methyl。

［其他名称］翠贝。

［化学名称］(E)-2-甲氧亚氨基-[2-(邻甲基苯氧基甲基)苯基]乙酸甲酯。

［性状］外观为浅棕色粉末，带芳香味，熔点101℃，溶解度2g/L（20℃）。低毒，大鼠急性经口LD_{50}>5000mg/kg，经皮LD_{50}>2000mg/kg，吸入粉尘可引起轻微的上呼吸道刺激作用。动物慢性喂饲实验表明无任何蓄积毒性，此化合物为非致癌物、非致畸物。在土壤中半衰期为1～4周，对作物、人畜及有益生物安全，对环境无污染。

［制剂］50%干悬浮剂。

［作用特点和防治对象］是一种高效、广谱、新型杀菌剂。它不仅具有广谱的杀菌活性，同时兼有良好的保护和治疗作用，与其他常用的杀菌剂无交互抗性，且比常规杀菌剂持效期长。醚菌酯对半知菌、子囊菌、担子菌、卵菌纲等真菌引起的多种病害具有很好的活性，对白粉病、炭疽病、黑星病有特效，对黑斑病、早疫病、晚疫病、叶斑病等也有较好的效果。安全性好，对作物安全，可在作物任何生长期使用，包括在花期使用，不用担心落果或影响果实生长。对蜜蜂、有益螨类、蚯蚓以及其他有益生物无害。持效性长，耐雨水冲刷。

[使用方法]

①防治三七黑斑病、炭疽病、灰霉病、白粉病、圆斑病等多种真菌性病害，在发病前或发病初期用50%干悬浮剂3000～4000倍液喷雾，隔7～14天喷1次，连续防治3～4次。对疫病也有较好的兼治作用。

②防治草莓白粉病、炭疽病、灰霉病，西瓜炭疽病、白粉病、蔓枯病，黄瓜白粉病、炭疽病，杧果白粉病、炭疽病，葡萄黑痘病、白腐病、炭疽病、霜霉病等病害，在发病前或发病初期用50%干悬浮剂3000～4000倍液喷雾，隔7～14天喷1次，连续防治3～4次；防治梨黑星病、黑斑病、轮纹病，苹果炭疽病、黑星病、轮纹病、斑点落叶病等病害，用5000～7000倍液喷雾。

[注意事项]

本品不能与碱性农药混用，但可与中性农药混合使用，应现兑现用。

2. 三唑酮

[中文通用名称]三唑酮。

[英文通用名称]triadimefon。

[其他名称]粉锈宁；百理通；三哇酮；百菌酮，Bayleton。

[化学名称]1-(4-氯苯氧基)-3,3-二甲基-1-(1,2,4-三唑-1-基)-2-丁酮。

[性状]三唑酮纯品为无色结晶，有特殊气味，熔点82.3℃，溶于二氯甲烷、甲苯等有机溶剂，水中溶解度64 mg/L，在酸性和碱性条件下较稳定。25%百理通可湿性粉剂外观为白色至浅黄色粉末。原包装在正常条件下储存稳定2年。低毒，大鼠急性经口LD_{50}为2000～5000mg/kg。

[剂型]15%、20%、25%可湿性粉剂；20%乳油；15%烟雾剂。

[作用特点和防治对象]三唑酮是一种高效、低毒、低残留、持效期长、内吸性强的三唑类杀菌剂。被植物的各部分吸收后，能在植物体内传导。对锈病和白粉病具有预防、铲除、治疗、熏蒸等作用。内吸到植物体内5天后有56%转变为羟锈宁，对多种作物病害如玉米圆斑病、麦类云纹病、小麦叶枯病、凤梨黑腐病、玉米丝黑穗病等均有效。会抑制作物体内赤霉酸的形成，使作物矮小，但对禾本科影响较小。对鱼类及鸟类较安全，对蜜蜂和天敌无害。

[使用方法]

①防治三七白粉病，用25%可湿性粉剂800～1200倍液喷雾。如与代森锌、多菌灵、甲基托布津、乙磷铝或百菌清等混合使用，可提高防治效果，兼治其

他病害。

②防治小麦白粉病、锈病及其他作物白粉病、锈病，用25%可湿性粉剂1500～2000倍液喷雾；用种子重0.2%的药剂拌种，可防小麦白粉病、叶锈病、黑穗病等多种病害。

［注意事项］

要按规定用药量使用，否则作物易受药害。

3. 丙环唑

［中文通用名称］丙环唑。

［英文通用名］propiconazole。

［其他名称］敌力脱；必扑尔。

［化学名称］1-［2-(2,4-二氯苯基)-4-丙基-1,3-二氧戊环-2-基甲基］-1-H-1,2,4-三唑。

［性状］本品为淡黄色黏稠液体。b.p.180℃/13.32Pa，蒸气压0.133×10^{-3}Pa（20℃），相对密度1.27（20℃），折射率n_D^{20} 1.5468。与丙酮、甲醇、异丙醇等大多数有机溶剂互溶，20℃时在水中溶解度为110mg/L。对光、热、酸、碱都较稳定，对金属无腐蚀性。低毒，大鼠急性经口LD_{50}为1517mg/kg。

［剂型］25%乳油；50%微乳剂。

［作用特点和防治对象］丙环唑是一种具有保护和治疗作用的内吸性三唑类杀菌剂，可被根、茎、叶部吸收，并能很快地在植株体内向上传导，防治子囊菌、担子菌和半知菌引起的病害，特别是对小麦全蚀病、白粉病、锈病、根腐病，水稻恶菌病，香蕉叶斑病具有较好的防治效果，但对卵菌病害无效。

［使用方法］

防治三七黑斑病，于三七病害发病初期用25%丙环唑水剂2000倍液喷雾，间隔7～10天喷1次，连续防治3次。

［注意事项］

本品虽属低毒，但对皮肤和眼睛有刺激作用，使用时应注意防护。

4. 噁霉灵

［中文通用名称］噁霉灵。

［英文通用名称］hymexazol。

［其他名称］土菌消；土菌灵；抑霉灵；土菌特；绿亨1号；立枯灵；Tachigaren；hydroxy-isoxazcle。

［化学名称］3-羟基-5-甲基异噁唑。

［性状］外观为无色晶体，熔点86～87℃，溶于大多数有机溶剂，水中溶解度85g/L，在酸碱溶液中均稳定，无腐蚀性。低毒，大鼠急性经口 LD_{50} 为4678mg/kg（雄）和3909mg/kg（雌）。对动物试验未见致畸、致突变和致癌现象。

［剂型］30%水剂；70%可湿性粉剂；90%可湿性粉剂。

［作用特点和防治对象］噁霉灵为杂环类化合物，是一种内吸性杀菌剂、土壤消毒剂，同时又是一种植物生长调节剂。作用机理独特，对腐霉菌、镰刀菌等引起的猝倒病有较好的防治效果。作为土壤消毒剂，它与土壤中的铁、铝离子结合，抑制病菌孢子萌发。噁霉灵能被植物的根吸收及在根系内移动，在植株内代谢产生两种糖苷，对作物有提高生理活性的效果，从而能促进植株生长、根的分蘖、根毛的增加和根的活性提高，促进作物根系生长发育、生根壮苗、提高成活率。对人、畜、鱼、鸟类均有较好的安全性。因对土壤中病原菌以外的细菌、放线菌的影响很小，所以对土壤中微生物的生态不产生影响，在土壤中能分解成毒性很低的化合物，对环境安全。

［使用方法］

①防治三七病害：每平方米用30%水剂5～8mL兑水喷于厢面上，然后播种，可防治三七立枯病、三七猝倒病等。

②防治其他作物病害：防治水稻苗期立枯病，每平方米用30%水剂3～6mL兑水喷于苗床或育秧厢上，然后再播种；防治甜菜苗期立枯病，每100kg甜菜种子，用70%可湿性粉剂400～700g与50%福美双400～800g混合均匀后拌种。

［注意事项］

①该药用于拌种时，宜干拌，湿拌和闷种时易出现药害。

②严格控制用药量，以防抑制作物生长。

5. 甲霜灵

［中文通用名称］甲霜灵。

［英文通用名称］metalaxy。

［其他名称］瑞毒霉；雷多米尔；甲霜安；韩乐农；阿普隆；灭达乐；保种灵；氨丙灵；Apron；Ridomil。

［化学名称］D，L-*N*-(2,6-二甲基苯基)-*N*-(2'-甲氧基乙酰)丙氨酸甲酯。

［性状］纯品为白色结晶。原粉外观为黄色至褐色无味粉末，熔点71.8～72.3℃，溶于乙醇、丙酮等有机溶剂，水中溶解度8.4g/L，不易燃，不爆炸，无腐蚀性。常温储存稳定期2年以上。低毒，原药大鼠急性经口 LD_{50} 为669mg/kg。

［剂型］25%可湿性粉剂；35%阿普隆拌种剂。

［作用特点和防治对象］甲霜灵是一种具有保护、治疗作用的内吸性杀菌剂，可被植物的根、茎、叶吸收，并随植物体内水分运转而转移到植物的各器官，持效期长，在推荐用量下可维持药效14天左右。可以作茎叶处理、种子处理和土壤处理，对霜霉菌、疫霉菌、腐霉菌所引起的病害有效。瑞毒霉单剂极易诱致病菌产生抗药性，生产上使用的多是复配剂。

［使用方法］

①防治三七病害：在发病初期用25%可湿性粉剂400～600倍液喷雾，每隔7～10天喷1次，连喷2～3次，可防治三七猝倒病、疫病等多种病害。

②防治其他作物病害：在发病初期用25%可湿性粉剂500～800倍液，可防治黄瓜霜霉病，茄果类作物晚疫病，葡萄霜霉病，烟草黑胫病等多种作物上的霜霉、疫病、腐霉病。

［注意事项］

①本品单独使用易产生抗药性，除土壤处理能单用外，一般都用复配制剂。

②甲霜灵可以和多种杀虫剂、杀菌剂混用，但不宜与波尔多液、石硫合剂、代森铵等碱性药剂混用。施用甲霜灵后应密切注意炭疽病的发生。

6. 三乙膦酸铝

［中文通用名称］三乙膦酸铝。

［英文通用名称］fosetyl-aluminium。

［其他名称］疫霉灵；疫霜灵；乙膦铝；藻菌磷；霉疫净；克霉灵；霉菌灵。

［化学名称］三-(乙基膦酸)铝。

［性状］纯品为白色无味结晶，工业品为白色粉末，挥发性小，易溶于甲醇，水中溶解度120g/L，遇强酸、强碱易分解，能被氧化剂氧化。低毒，原粉大鼠

急性经口 LD_{50} 为 5800mg/kg。

［剂型］40%、80% 可湿性粉剂；90% 可溶性粉剂。

［作用特点和防治对象］三乙膦酸铝是第一个双向传导的内吸性杀菌剂，进入植物体内移动迅速并能持久。杀菌谱广，对鞭毛菌亚门的霜霉菌、疫霉菌引起的病害有良好防效。可用于防治三七疫病、猝倒病、黄瓜、白菜、葡萄等的霜霉病，烟草黑胫病等多种病害。

［使用方法］

①防治三七疫病、猝倒病等病害，用 80% 可湿性粉剂 300～500 倍液喷雾，每隔 7～10 天喷 1 次，共喷 3～5 次。如果与代森锌、菌核净、灭菌丹、福美双、多菌灵等混用，防治效果更好，且对三七黑斑病、炭疽病、立枯病有兼治效果。

②防治烟草黑胫病、蔬菜霜霉病、疫病、果树霜霉病、疫病以及其他多种经济作物的霜霉病、疫病等病害，用 80% 可湿性粉剂 400～600 倍液喷雾。

［注意事项］

①勿与酸性、碱性农药混用，以免分解失效。

②本品极易吸湿结块，储藏应放在干燥通风处，用毕应将塑料袋口扎紧。若吸潮结块，不影响药效，使用时只需舂细或用温水溶解即可。

7. 腈菌唑

［中文通用名称］腈菌唑。

［英文通用名称］myclobutanil。

［其他名称］富朗；迈可尼；仙生；systhane。

［化学名称］2-(4-氯苯基)-2-(1H-1, 2, 4-三唑-1-基甲基)己腈。

［性状］纯品外观为淡黄色结晶。原药为棕色黏稠液体，熔点 63～68℃（工业品），溶于一般有机溶剂，酮类、酯类、醇类和芳香烃类为 50～100 g/L，不溶于脂肪烃类，水中溶解度 142 mg/L，一般储存条件下稳定，水溶液暴露于阳光下易分解。低毒，大鼠雄性急性经口 LD_{50} 为 1470mg/kg，雌性 1080mg/kg。

［制剂］12% 腈菌唑乳油。

［作用特点和防治对象］为麦角甾醇生物合成抑制剂。具有强内吸性，药效高，持效期长，对多种真菌具有预防和治疗作用。对作物安全，有一定的刺激生长作用，可防治多种作物的白粉病、锈病、散黑穗病、网腥黑穗病、颖枯病及由镰刀菌、核腔菌引起的病害。

［使用方法］

①防治三七白粉病、黑斑病等病害，在发病前或发病初期用12%乳油1500～2000倍液喷雾，间隔10～15天喷1次，持效期可达20天，连续防治2～3次。

②防治梨、苹果黑星病，苹果白粉病、灰斑病、褐斑病、黑斑病和小麦白粉病等作物病害，在发病前或发病初期用12%乳油2000～4000倍液喷雾，间隔10～15天喷1次，连续防治2～3次。

［注意事项］

①本品虽属低毒，但对皮肤和眼睛有刺激作用，使用时应注意防护。

②药剂应储存在阴凉、干燥处。

8. 腐霉利

［中文通用名］腐霉利。

［英文通用名］procymidone。

［其他名称］速克灵；必克灵；菌核酮；黑灰净；二甲菌核利；环丙胺酮；扑灭灵；杀霉利；sumilex；sumisclex。

［化学名称］N-(3, 5-二氯苯基)-1, 2-二甲基环丙烷-1, 2-二羧基亚胺。

［性状］原粉为白色或浅棕色结晶，易溶于丙酮、氯仿、二甲基甲酰胺，水中溶解度4.5 mg/L；在酸性条件下稳定，遇碱易分解。低毒杀菌剂，原药对雄、雌大鼠急性经口LD_{50}分别为6800mg/kg和7700mg/kg。

［制剂］50%腐霉利可湿性粉剂；15%腐霉利烟剂。

［作用特点和防治对象］是一种接触型保护性杀菌剂，具弱内吸性，可通过植物根部吸收传导，抑制病原菌甘油三酯的合成，持效可达7天以上，对核盘菌和灰葡萄孢菌特效。主要用于防治果树、蔬菜、大田作物和观赏植物由核盘菌、葡萄孢菌、旋孢腔菌引起的病害。对在低温高湿条件下发生的各种作物灰霉病、菌核病有显著防治效果。

［使用方法］

①防治三七灰霉病、炭疽病、黑斑病及圆斑病等病害，在发病前或发病初期用50%可湿性粉剂1000～1200倍液喷雾，隔7～10天喷1次，共喷2～3次。腐霉利与多抗霉素混合施用可明显提高对圆斑病、黑斑病、灰霉病的防治效果。

②防治油菜、黄瓜菌核病及多种作物灰霉病和多种果树褐斑病，在发病前或发病初期用50%可湿性粉剂1000～2000倍液喷雾，隔7～10天喷1次，共喷2次。

［注意事项］

①配制的药液不能放置时间过长，应现配现用。

②不能与碱性农药混用，不宜与有机磷农药混配。

③产生抗药性风险较大，应与其他杀菌剂轮换使用。

9. 多菌灵

［中文通用名称］多菌灵。

［英文通用名称］carbendazim。

［其他名称］苯并咪唑 44 号；棉萎灵；BMC；MBC；Bavistin；Derosal；Delsene。

［化学名称］苯并咪唑基-2-氨基甲酸酯。

［性状］原粉为浅棕色粉末，熔点大于 290℃，微溶于有机溶剂中，水中溶解度 29 mg/L（pH4，24℃），常温下储存两年药效不变。遇碱不稳定，随 pH 值升高，分解加快，在酸中稳定。低毒，原粉大鼠急性经口 LD_{50}>10 000mg/kg，大鼠急性经皮 LD_{50}>15 000mg/kg。

［制剂］40% 多菌灵悬浮剂；25% 多菌灵可湿性粉剂；50% 多菌灵可湿性粉剂。

［作用特点和防治对象］多菌灵属苯并咪唑类高效、低毒、广谱内吸性杀菌剂，能被植物种子、根和叶吸收，在植物组织内输导，干扰病菌有丝分裂中纺锤体的形成，从而影响细胞分裂。具有保护和治疗作用。对葡萄孢菌、镰刀菌、小尾孢菌、青霉菌、壳针孢菌、核盘菌、黑星菌、轮枝孢菌、丝核菌等效果较好，但对鞭毛菌无效；对子囊菌的作用也有明显的选择性，如对子囊菌无性世代的孔出孢子类和环痕孢子类不敏感。

［使用方法］

①防治三七立枯病、炭疽病、白粉病等病害，用 50% 多菌灵可湿性粉剂 500～800 倍液喷雾，隔 7～10 天喷 1 次，共喷 3～4 次。防治三七根病、烂芽、立枯病、猝倒病等，可在浇水后次日用 50% 多菌灵 1kg+ 三乙膦酸铝 2kg+ 代森锌 1.5kg，或多菌灵 1kg+ 敌克松 1kg+ 代森锌 1kg+ 甲霜灵 1kg，兑水 600～1000kg，喷淋茎基、根、芽等。

②防治麦类赤霉病、稻瘟病、纹枯病、小粒菌核病、花生立枯病、茎腐病、根腐病、褐斑病、黑斑病及多种果、蔬病害，可在发病初期用 50% 多菌灵可湿性粉剂 600～1000 倍液喷雾，隔 7～10 天喷 1 次，连续防治 2～3 次。

[注意事项]

①多菌灵可与一般杀菌剂混用,但与杀虫剂、杀螨剂混用时要现配现用,不能与碱性农药混用。

②多菌灵与甲基硫菌灵、苯菌灵存在交互抗性,不宜作为替换药剂。

③在三七黑斑病流行发生时,不宜使用多菌灵。

10. 氟硅唑

[中文通用名]氟硅唑。

[英文通用名]flusilazole。

[其他名称]环氧菌唑。

[化学名称](2RS,3RS)-1-[3-(2-氯苯基)-2,3-环氧-2-(4-氟苯基)丙基]-1-H-1,2,4-三唑。

[性状]纯品为无色结晶,熔点53℃,对光稳定。不溶于水,溶于多数有机溶剂。对人、畜低毒,雄性大鼠急性经口LD_{50}>1110mg/kg,雌性为674mg/kg,对兔皮肤和眼有轻微刺激作用。

[制剂]40%氟硅唑乳油。

[作用特点和防治对象]为表角甾醇生物合成抑制剂,为广谱性内吸杀菌剂。对子囊菌亚门、担子菌亚门和半知菌亚门真菌有效,对卵菌无效,用于防治苹果黑星病菌、白粉病菌,禾谷类白粉黑腔菌、壳针孢属菌、葡萄钩丝壳菌、葡萄球座菌,以及甜菜等多种作物上的各种病原菌等,特别对梨黑星病菌有特效。

[使用方法]

①防治三七黑斑病、炭疽病、圆斑病,在发病初期用40%氟硅唑乳油3000~4000倍液加4%春雷霉素800倍液喷雾,隔7~10天喷1次,连续防治3~4次。

②防治梨黑星病,在发病初期用40%氟硅唑乳油800~1000倍液喷雾,隔7~10天喷1次,连续防治3~4次。砀山梨对本品敏感,不宜使用。

[注意事项]

①酥梨类品种在幼果期对本品敏感,应谨慎用药。

②使用氟硅唑药剂时,应与其他保护性药剂交替使用,以免病菌产生抗性。

11. 烯唑醇

[中文通用名]烯唑醇。

[英文通用名]diniconazole。

[其他名称]速保利；施保利；特谱唑；病除净；速得利。

[化学名称](E)-1-(2,4-二氯苯基)-4,4-二甲基-2-(1,2,4-三唑-1-基)-1-戊烯-3-醇。

[性状]纯品为白色颗粒，熔点134～156℃。溶于大多数有机溶剂，除碱性物质外，能与大多数农药混用，正常状态下，储存2年稳定。对人、畜、环境、有益昆虫安全。对皮肤和眼睛有刺激症状，低毒，小鼠急性经口LD_{50}为639mg/kg，小鼠急性经皮LD_{50}>5000mg/kg。

[制剂]12.5%可湿性粉剂。

[作用特点和防治对象]为表角甾醇生物合成抑制剂。广谱性内吸杀菌剂，具有保护、治疗、铲除和内吸向顶端传导作用。对由子囊菌、担子菌和半知菌引起的粮食作物、果树、蔬菜及重要经济作物的白粉病、锈病、黑斑病、黑星病，具有很好的防治效果，持效期长。

[使用方法]在发病前或发病初期，用12.5%可湿性粉剂1000～1500倍液喷雾，可以防治三七黑斑病、圆斑病、白粉病等病害，与波尔多液等杀菌剂交替使用，每隔15天喷1次。由于烯唑醇有抑制植物生长的作用，故在三七上使用较少。

[注意事项]
①烯唑醇不可与碱性农药混用。
②对藻状菌纲病菌引起的病害无效。

12. 甲基硫菌灵

[中文通用名称]甲基硫菌灵。

[英文通用名称]thiophanate-methyl。

[其他名称]甲基托布津；NF-44；Topsin-M。

[化学名称]1，2-二（3-甲氧羰基-2-硫脲基）苯。

[性状]纯品为无色结晶，原粉为微黄色结晶，熔点172℃（分解）。几乎不溶于水，可溶于丙酮、甲醇、乙醇、氯仿等有机溶剂。中性介质和水溶液中稳定，碱性液中不稳定。低毒，大鼠急性经口LD_{50}>5000mg/kg（雄）、4350mg/kg（雌）。

[剂型]70%可湿性粉剂。

[作用特点和防治对象]甲基硫菌灵属苯并咪唑类，是一种广谱内吸性杀菌

剂，作用与多菌灵相似，内吸治疗作用比多菌灵好，能防治多种作物病害，具有内吸、预防和治疗作用。它在植物体内转化为多菌灵，干扰病菌的有丝分裂中纺锤体的形成，影响细胞分裂。对三七、粮食作物、经济作物、果蔬等多种作物的多种病害具有保护和治疗作用。

［使用方法］

①防治三七立枯病、黑斑病、炭疽病、白粉病等病害，在发病前或发病初期用 70% 甲基托布津可湿性粉剂 500～800 倍液喷雾，隔 7～10 天喷 1 次，共喷 3～4 次。如与代森锌、代森铵、瑞毒霉锰锌、敌克松、克霉灵等药剂混用可提高药效。

②防治麦类、瓜类、果类白粉病、花生褐斑病、黑斑病、番茄早疫病等多种作物病害，用 70% 甲基托布津 500～1000 倍液喷雾；按种子重量的 0.3% 拌种可防治麦类、高粱黑穗病；防治水稻恶苗病用 500 倍液浸种 24h 即可。

［注意事项］

①不能与含铜制剂混用。

②不能长期单一使用，应与其他杀菌剂轮换使用或混用。

7.2.3 复合杀菌剂

由两种或两种以上有效成分混合配制而成的药剂，称为复合杀菌剂。

1. 甲霜灵·霜霉威

［中文通用名］甲霜灵·霜霉威。

［英文通用名］① metalaxyl；② propamocarb。

［其他名称］宝克。

［化学名称］① D，L-N-(2,6- 二甲基苯基)-N-(2- 甲氧基乙酰) 丙氨酸甲酯；② N-［3-(二甲基氨基) 丙基］氨基甲酸丙酯盐酸盐。

［性状］本品由甲霜灵和霜霉威复配而成，其有效成分含量为每 1kg 可湿性粉剂含：甲霜灵 150g 和霜霉威 100g。制剂为无团块的浅黄色疏松粉末，pH 5～8，热储稳定性试验合格，常温下保质期 2 年，对人、畜低毒，大鼠急性经口 LD_{50} 分别为 1260mg/kg（雄）、1470mg/kg（雌），对家兔眼、皮肤无刺激性。

［制剂］25% 甲霜灵·霜霉威可湿性粉剂。

［作用特点和防治对象］本品为内吸治疗性杀菌剂，施用后能够迅速被作物

吸收并传导，抑制体内菌丝的生长、孢子囊的形成和萌发，从而控制病害的流行。本品具有安全、高效、低毒、持效期长等特点。对多种藻菌纲真菌引起的病害如霜霉病、疫病、黑胫病、腐霉病、立枯病等有显著防治效果。

［使用方法］

①防治三七疫病、猝倒病、立枯病等病害，在发病初期用25%甲霜灵·霜霉威可湿性粉剂400～600倍液喷雾，每隔7～10天喷1次，连续喷3～4次。

②防治黄瓜霜霉病，在发病初期用25%甲霜灵·霜霉威可湿性粉剂400～600倍液喷雾；防治葡萄霜霉病用500～700倍液喷雾；防治马铃薯晚疫病、番茄晚疫病、荔枝霜霉病、十字花科蔬菜霜霉病、辣椒疫病、烟草黑胫病等用400～700倍液淋茎基部。每隔7～10天喷1次，连续喷2～3次。

［注意事项］

①本品属低毒杀菌剂，但在使用时，应穿戴保护性衣物、手套、口罩等，不得进食、饮水、吸烟。施药后应清洗全身及衣物。

②本品应与其他杀菌剂轮换使用，以保持最佳药效。

③本品在黄瓜上的安全间隔期为5～7天。

2. 爱苗

［中文通用名称］苯醚甲环唑·丙环唑。

［英文通用名称］① difenoconazole；② propiconazole。

［其他名称］爱苗（Armure）。

［化学名称］①顺，反-3-氯-4-［4-甲基-2-(1H-1,2,4-三唑-1-基甲基)-1,3-二噁戊烷-2-基］苯基-4-氯苯基醚（顺，反比例约为45∶55）；② 1-［2-(2,4-二氯苯基)-4-丙基-1，3-二氧戊环-2-甲基］-1-氢-1,2,4-三唑。

［性状］本品由苯醚甲环唑和丙环唑混配而成。苯醚甲环唑原药为无色固体，易溶于有机溶剂，在土壤中移动性小，降解缓慢，低毒，大鼠急性经口 LD_{50} 为1453mg/kg。丙环唑原油外观为浅黄色黏滞液体，易溶于有机溶剂，低毒，大鼠急性经口 LD_{50} 为1517mg/kg，对皮肤、眼睛有轻度刺激作用。

［制剂］30%爱苗乳油。

［作用特点和防治对象］30%爱苗乳油是瑞士先正达作物保护有限公司生产的一种新型高效杀菌剂，具有防治病害与调节作物生长的双重作用。爱苗是一种具有保护和治疗作用的内吸性三唑类杀菌剂，可被植物的根、茎、叶吸收，

并能很快在植物体内向顶部传导，能有效地防治大多数高等真菌引起的病害，可用于防治果树、蔬菜的黑星病、叶斑病、白粉病、锈病，水稻纹枯病、稻粒黑粉病、鞘腐病、稻曲病，小麦纹枯病、叶枯病、白粉病、锈病等。爱苗属低毒杀菌剂，其被植物内吸进入体内后，逐步被代谢降解为无毒化合物，在施药后 14 天，检测不出残留化合物；对蜜蜂无毒害，对捕食螨及其他害虫天敌均无不良影响，是无害化栽培的首选药剂；耐雨水冲刷，在多雨季节使用更能显示其特性。另外，由于其蒸气压较低，因而从叶片的挥发性极低，即使在高温条件下，也表现较持久的杀菌活性，比一般杀菌剂持效期长 3～4 天。

［使用方法］

①防治三七圆斑病、黑斑病、炭疽病、白粉病，在三七现蕾抽薹后或发病初期用 30% 爱苗乳油 2000～3000 倍液喷雾，隔 7～14 天再喷 1 次。

②防治白菜黑斑病、白斑病、西芹斑枯病、叶斑病、豌豆褐斑病、褐纹病、白粉病、锈病，水稻纹枯病，香蕉叶斑病、黑星病，月季白粉病、黑斑病等，在发病初期用 30% 爱苗乳油 2000～3000 倍液喷雾，隔 7～14 天再喷 1 次。

［注意事项］

①爱苗对作物的向上生长有一定的抑制作用，所以，应在作物生长的中后期使用，除防治病害外，还可促进茎、叶浓绿、矮壮，提高植株的抗病性。

②本品属低毒药剂，但对皮肤、眼睛有轻度刺激作用，使用时应注意安全防护。

3. 霜脲·锰锌

［中文通用名称］①霜脲氰；②代森锰锌。

［英文通用名称］① cymoxanil；② mancozeb。

［其他名称］克露；双苯三唑醇；百科灵；克抗灵；霜克；富特；克菌宝。

［化学名称］① 2-氰基-N-［（乙氨基）羰基］-2-（甲氧基亚氨基）乙酰胺；②见代森锰锌。

［性状］72% 克露可湿性粉剂由有效成分霜脲氰 8% 和代森锰锌 64% 组成，外观为淡黄色粉末，pH 6～8，悬浮率 60%，水分含量 2%，常温下至少可储存 2 年。大鼠急性经口 LD_{50} 为 9023mg/kg，兔急性经皮 LD_{50}>2000mg/kg。

［剂型］72% 克露可湿性粉剂。

［作用特点和防治对象］克露是由霜脲氰和代森锰锌混配而成，具有突出的

保护、治疗和铲除作用,对霜霉病和疫病高效。主要是阻止病原菌孢子萌发,对侵入寄主内的病菌也有杀伤作用。与现有的杀菌剂无交互抗性,不易产生抗药性,使用寿命长,风险低。施药后 24h 吸入植物体内,耐雨水冲刷。

[使用方法]

①防治三七疫病,在发病初期用 72% 克露可湿性粉剂 450～560 倍液喷雾,每隔 7 天喷 1 次,共喷 3～4 次。

②防治黄瓜霜霉病等作物病害,在发病初期用 72% 克露可湿性粉剂 450～560 倍液喷雾,隔 7 天喷 1 次,连喷 3～4 次。

[注意事项]

①本品虽属低毒,使用时仍应遵照安全用药操作规程进行。如药液溅染皮肤,可用大量肥皂及清水冲洗并换洗污染衣物;如误入眼睛用大量清水冲洗 15 分钟;如误食中毒应及时送医院急救。

②本品需储存于阴凉、干燥和远离火源的地方,未能及时用完的药必须密封保存。

③配药时先与少量水在容器内混合搅拌,再加至所需的水量搅匀喷雾。

4. 金雷多米尔 - 锰锌

[中文通用名称] 精甲霜灵·代森锰锌。

[英文通用名称] ① metalaxyl-M ② mancozeb。

[其他名称] 金雷多米尔 - 锰锌;Ridomil Cold。

[性状] 本品理化性状、毒性与甲霜灵和代森锰锌相似。

[制剂] 53% 金雷多米尔 - 锰锌水分散剂。

[作用特点和防治对象] 金雷多米尔是从甜菜制取的粗糖中生产出的更新一代高效防治卵菌纲病害的专用杀菌剂。内含单一旋光异构体,活性更高,对作物及对环境更加安全。金雷多米尔具有极强的内吸性能,能快速被作物根、茎叶等绿色部分吸收,能抑制卵菌纲病原引起的霜霉病、疫病及黑胫病菌丝的生长和孢子的形成,对各种植物的霜霉菌、疫霉菌、腐霉菌等有特效。施用金雷多米尔锰锌后,同时能在作物表面形成强有效的保护膜,对新生叶片也表现出理想的保护作用,从而表现出内部治疗、外部保护的双重功效,是兼具保护和治疗活性的杀菌剂。

[使用方法]

①防治三七疫病、猝倒病,在发病初期用 53% 金雷多米尔 - 锰锌水分散剂

400～550倍液喷雾，每隔7天喷1次，连续防治3～4次。

②防治黄瓜霜霉病、番茄晚疫病、辣椒疫病、大白菜霜霉病、葡萄霜霉病、马铃薯晚疫病、荔枝霜霉病等多种病害，在发病初期用53%金雷多米尔-锰锌水分散剂400～600倍液喷雾，每隔7天喷1次，连续防治3～4次。

[注意事项]

①施药时注意防护，避免药液溅入眼睛和污染皮肤。

②本品连续使用3～4次后应调换其他药剂，以免产生抗药性。

5. 科博

[中文通用名称]代森锰锌·波尔多液。

[英文通用名称]mancozeb；Bordesux mixture。

[其他名称]科博（Cuprofix）。

[化学名称]①乙撑双二硫代氨基甲酸锰和锌离子的配位化合物；②硫酸铜-石灰混合液。

[性状]78%科博可湿性粉剂外观为黄色粉末，细度99%颗粒<45μm，pH 6.5～8，不可燃，普通包装在室温下保质期为2年。低毒，大鼠急性经口LD_{50}>3000mg/kg，对皮肤无刺激性，对眼睛有轻微刺激。

[制剂]78%可湿性粉剂。

[作用特点及防治对象]科博为广谱性、保护性杀菌剂，可防治细菌和真菌引起的多种病害。科博杀灭病菌的作用位点比较多，所以连续使用不会产生抗性。科博为低毒保护性杀菌剂，药剂不进入植物体内部，不污染果、菜，对人畜安全，有利于出口。科博含有作物所需的多种营养元素，如锌、铜、锰等，具有微肥作用，能促进生长。使用科博后，作物叶片浓绿、厚、大，植株健壮，可提高作物产量并改善品质。喷施科博后能在作物表面形成一层黏膜，药效高、耐冲刷。

[使用方法]

①防治三七疫病、猝倒病、立枯病、炭疽病、细菌性斑点病及黑斑病等病害，在发病前或发病初期用78%科博可湿性粉剂500～600倍液喷雾，每间隔10～15天防治1次，连续防治3～4次；防治三七子秧"烂塘"，三七根腐病等根部和茎基部疫病用500～600倍液喷淋。

②防治果蔬霜霉病、疫病、炭疽病、溃疡病等病害，用78%科博可湿性粉

剂 500～600 倍液喷雾，每间隔 10～15 天防治 1 次，连续防治 3～4 次。

［注意事项］

①施药要周到仔细，应将整个植株均匀喷湿为止。对铜敏感的作物要慎用。

②遵守一般农药使用规则和安全防护措施。

③苹果幼果期、黄瓜及辣椒幼苗期禁用，三七幼苗期不宜作茎叶喷雾。

④科博属保护性杀菌剂，应在发病前或发病初期施用。

6. 乙铝·锰锌

［中文通用名称］代森锰锌、三乙磷酸铝。

［英文通用名称］① mancozeb；② phosetyi-Al。

［其他名称］菜菌清；疫霜锰锌；早疫晚疫大灭克；霜叶清；绿舒。

［化学名称］①乙撑双二硫代氨基甲酸锰和锌离子的配位化合物；②三-（乙基膦酸）铝。

［性状］本品为代森锰锌和三乙膦酸铝复配而成。乙铝·锰锌可湿性粉剂外观为浅灰黄色疏松粉末，悬浮率≥60%，水分≤2%，细度（通过 325 目筛）≥98%，润湿时间≤60s，pH 6～8。低毒，雄性大鼠急性经口 LD_{50}>8000mg/kg。

［制剂］50%、70% 乙铝·锰锌可湿性粉剂。

［作用特点和防治对象］50% 乙铝·锰锌可湿性粉剂是兼有防治及治疗、内吸传导及触杀性的高效杀菌剂。该药是根据各种作物早、晚疫病的发病机理、病情特点而研制成功的特效杀菌剂，药效期长，杀菌彻底，是防治早、晚疫病的理想杀菌剂，同时对由霜霉科、白锈科和腐霉科真菌引起的霜霉病、疫病、叶霉病等病害有极强的铲除功能。该药还能平衡补充生长期各种养分需求，并且能迅速促进光合作用，增加碳水化合物的积累，增强作物抗病性。

［使用方法］

①防治三七疫病、猝倒病，在发病初期用 70% 乙铝·锰锌可湿性粉剂 600～800 倍液喷雾，每隔 7～10 天喷 1 次，连续防治 3～4 次。

②防治黄瓜霜霉病、疫病、番茄早、晚疫病、白菜霜霉病、软腐病、褐斑病、黑腐病，果菜类霜霉病、疫病、角斑病、炭疽病、轮斑病等，在发病初期用 70% 乙铝·锰锌可湿性粉剂 800～1000 倍液喷雾，每隔 7～10 天喷 1 次，连续防治 3～4 次。

[注意事项]

①本品不能与铜制剂、石硫合剂、波尔多液等碱性农药混用。在施用过碱性药剂后,应隔7天以上才能施用本剂。

②本品极易吸潮,应原包装密封放在干燥和阴凉处保存,保质期为2年。

7.3 生物杀菌剂

7.3.1 芽孢杆菌

1. 百抗

[中文通用名称]枯草芽孢杆菌。

[英文通用名称]*Bacillus subtilis*。

[商品名称]百抗。

[性状]百抗生物杀菌剂,主要有效成分为枯草芽孢杆菌。

[制剂]10亿活芽孢/克枯草芽孢杆菌可湿性粉剂。

[作用特点和防治对象]该产品采用现代微生物发酵和加工工艺制成,属低毒、无公害、广谱环保型生物农药。百抗作为一种细菌性微生物活体农药,具有成本低、效果好、安全稳定、不危害环境、对作物不产生药害等特点,对多种植物土传病害具有良好的防治效果。

[使用方法]用于预防或防治三七根腐病、烟草黑胫病、辣椒枯萎病、水稻纹枯病。作物生长期用药可在发病前或发病初期使用百抗药液喷雾或灌茎基部,使药液进入根部土中。用药量:三七根腐病150~200g/亩,烟草黑胫病100~125g/亩,辣椒枯萎病200~300g/亩,水稻纹枯病75~100g/亩。

[注意事项]

①每季作物最多使用3次(最终以残留试验结果为准),作物收获前7天停止用药。

②本品不能与链霉素混用;不能与杀菌剂混用。

③灌根能提高药效。

2. 根腐消

[中文通用名称]枯草芽孢杆菌·荧光假单胞杆菌。

[英文通用名称]*Bacillus subtilis*，*Pseudomonas fluorescens*。

[商品名称]根腐消（genfuxiao）。

[性状]根腐消为生物杀菌剂，主要有效成分为枯草芽孢杆菌和荧光假单胞杆菌。

[制剂]10亿活芽孢/克枯草芽孢杆菌；荧光假单胞杆菌可湿性粉剂。

[作用特点和防治对象]该产品采用现代微生物发酵和加工工艺制成，属低毒、无公害、广谱环保型生物农药。拌在种苗根系上或施入土壤后，生防菌迅速抢占位点生长繁殖，并分泌抗生物质，抑制或杀灭根部及周围的病原菌，达到预防和控制病原菌生长发育的效果。对柱孢、镰孢（镰刀菌）、立枯丝核菌、疫霉菌、腐霉菌等病原菌引起的根腐病有较好防治效果，同时能改善土壤生态环境，促进植物生长发育。可用于防治多种作物的根腐病、萎蔫病、立枯病、青枯病、猝倒病、黑胫病等多种病害。

[使用方法]用于预防或防治多种作物的根腐病、萎蔫病、立枯病、青枯病、猝倒病、黑胫病等，可采用下列使用方法。

①种子（种苗）处理。在播种前将种子湿润或将种苗中病、弱、伤苗及土清除后，用种子或种苗重量的0.5%根腐消兑适量水稀释后，与种子种苗拌均匀或均匀喷洒种子种苗，即可播种、移栽。

②苗床和土壤处理。每亩用根腐消2～3kg拌细潮土60～90kg，均匀撒于苗床或厢面，翻挖土壤使药剂均匀分布在土壤中即可播种。

③塘（穴）沟处理。在厢面打好种植塘（穴）或开好种植沟，按每亩用根腐消250～350g拌细土20～30kg，然后均匀撒于塘（穴）内或沟内，混匀后再播种或移栽。

④作物生长期用药可在发病前或发病初期用根腐消200～300倍液喷淋或灌茎基部，使药液进入根部土中。

[注意事项]

①本品不能与杀菌剂混合使用。

②预防用药可适当提高药液的稀释倍数（达到400～500倍），喷淋或浇灌时可结合松土进行，使药液均匀分布在作物根部土壤中。

③本品应存放在阴凉干燥处，保质期2年。

7.3.2 抗生素类杀菌剂

1. 多抗霉素

［中文通用名称］多抗霉素。

［英文通用名称］polyoxin（JMAFF）。

［其他名称］宝丽安；多氧霉素；多效霉素；保利霉素；多儿霉素。

［化学名称］肽嘧啶核苷类抗生素。

［性状］无定形粉末，是含有 A 至 N 的 14 种同系物的混合物，其主要组分为 polyoxinA 及 polyoxinB，为肽嘧啶核苷酸类抗生素。熔点 >160℃（分解），水中溶解度为 1000 g/L，不溶于有机溶剂。对紫外线稳定，在酸性和中性溶液中稳定，但在碱性溶液中不稳定，常温条件下储存稳定 3 年以上。低毒，原药小鼠和大鼠急性经口 LD_{50}>20 000mg/kg。

［剂型］10% 宝丽安可湿性粉剂，3%、2%、1.5% 多抗霉素可湿性粉剂。

［作用特点和防治对象］多抗霉素是一种广谱抗生素类杀菌剂，具有较好的内吸传导作用。作用机制是干扰菌体细胞壁几丁质的生物合成，对动物无毒性，对植物无药害。主要用于防治小麦白粉病、烟草赤星病、黄瓜霜霉病、瓜类枯萎病、人参黑斑病、三七黑斑病、三七圆斑病、水稻纹枯病、苹果斑点落叶病、草莓及葡萄灰霉病、林木枯梢及梨黑斑病等多种真菌病害。

［使用方法］

①防治三七黑斑病、圆斑病，在发病初期用 1.5% 可湿性粉剂 150 倍液喷雾，7～10 天喷 1 次，共喷 3～4 次。如与春雷霉素、三环唑、稻瘟灵等混用，可提高防治效果和扩大防治对象。

②防治人参黑斑病、小麦白粉病、烟草赤星病、黄瓜霜霉病、瓜类枯萎病、甜菜褐斑病、水稻纹枯病、苹果早期落叶病、林木枯梢、梨黑斑病等多种真菌性病害，用 1.5% 可湿性粉剂 100～150 倍液喷雾。

［注意事项］

①多抗霉素不能与碱性药物混用

②吸潮，应储存于密闭、干燥的环境中。

2. 链霉素

［中文通用名称］链霉素。

［英文通用名称］streptomycin。

［其他名称］农用链霉素。

［化学名称］O-2-去氧-2-甲氨基-α-L-吡喃葡萄糖基-（1→2）-O-5-去氧-3-C-甲酰基-α-L-来苏呋喃糖基-（1→4）-N3，N3-二氨基-D-链霉胺。

［性状］原药为白色粉末，易溶于水，低温下比较稳定。高温下长时间存放及碱性条件下易分解失效。低毒，原药大鼠急性经口 LD_{50}>9000mg/kg，可引起皮肤过敏反应。

［剂型］72%农用链霉素可湿性粉剂。

［作用特点和防治对象］农用链霉素属抗生素类杀菌剂，对多种作物的细菌性病害有防治作用，对一些真菌病害也有一定的防治作用。

［使用方法］

①防治三七细菌性病害如细菌性白斑病、细菌性根腐病等病害，在发病初期每亩用72%可湿性粉剂20～25g兑水60kg喷雾或灌根，每隔7～10天喷或灌1次，共喷或灌3～4次。

②防治白菜软腐病、水稻白叶枯病、柑橘溃疡病等作物病害，在发病初期每亩用72%可湿性粉剂14～28g兑水60～75kg喷雾，每隔7～10天喷1次，共喷3～4次。

［注意事项］

①本品切勿与碱性农药或污水混合使用，可与抗生素农药、有机磷农药混合使用。

②药剂使用时应现配现用，药液不能久存。

③储存时置于干燥阴凉处，避免高温日晒，严防受潮。

7.4 杀虫剂

1. 噻嗪酮

［中文通用名称］噻嗪酮。

［英文通用名称］buprofezin。

[其他名称]优乐得；扑虱灵；稻虱灵；稻虱净。

[化学名称]2-叔丁基亚氨基-3-异丙基-5-苯基-1,3,5-噻二嗪-4-酮。

[性状]纯品为白色结晶。m.p.104.5～105.5℃，蒸气压 1.25×10^{-3} Pa（25℃），相对密度1.18。溶解度为：氯仿520g/L，苯370g/L，甲苯320g/L，丙酮240g/L，乙醇80g/L，难溶于水。对酸、碱、光、热稳定。低毒，大鼠急性口服 LD_{50}（雄）为2918mg/kg，雌为2355mg/kg。

[剂型]25%可湿性粉剂、37%悬浮剂。

[作用特点和防治对象]属昆虫蜕皮抑制剂，触杀作用强，也有胃毒作用。作用机制为抑制昆虫几丁质合成和干扰新陈代谢，一般施药后3～7天才能看出效果，对成虫没有直接杀伤力，但可缩短其寿命，减少产卵量，并且产出的多是不育卵，幼虫即使孵化也很快死亡。对半翅目的飞虱、叶蝉、粉虱及介壳虫类害虫有良好防治效果，药效期长达30天以上。对天敌较安全，综合效应好。

[使用方法]

防治三七介壳虫，在介壳虫幼龄期用25%可湿性粉剂1000～2000倍液喷雾。

[注意事项]

药液不应直接接触白菜、萝卜，否则将出现褐斑及绿叶白化等药害，使用时应先对水稀释后均匀喷雾，不可用毒土法。

2. 敌敌畏

[中文通用名称]敌敌畏。

[英文通用名称]dichlorvos。

[其他名称]DDVP；DDV。

[化学名称]O,O-二甲基-O-(2，2-二氯)乙烯基磷酸酯。

[性状]纯品为无色至琥珀色液体，有芳香味，室温下在水中溶解度为8 g/L，与芳香烃类，醇类，氯化烃完全混溶，对热稳定，在水和酸性液中慢慢水解，在碱性液中水解迅速。中等毒性，原药雄大鼠急性经口 LD_{50} 为80mg/kg，雌大鼠经口 LD_{50} 为56mg/kg。对瓢虫、食蚜虻等天敌及蜜蜂具有杀伤力。

[剂型]80%乳油；50%油剂。

[作用特点和防治对象]敌敌畏是一种高效、速效、广谱的有机磷杀虫剂。具有触杀、胃毒和熏蒸作用，对咀嚼式口器害虫和刺吸式口器害虫均有良好的防治效果。敌敌畏的蒸气压较高，对害虫有极强的击倒力，对一些隐蔽性的害

虫如卷叶蛾幼虫也具有良好效果。施药后易分解，残效期短，无残留。适用于三七、茶、桑、烟草、蔬菜以及临近收获前的果树、仓库及卫生害虫的防治。

［使用方法］用80%乳油1500倍液喷雾，可防治多种作物的菜青虫、小菜蛾、甘蓝夜蛾、斜纹叶蛾、猿叶甲、黄条跳甲、尺蠖、蚜虫等；1000倍液喷雾可防治造桥虫、金花虫、刺蛾、粉虱、烟青虫、介壳虫等。

［注意事项］

①敌敌畏乳油对高粱、月季花易产生药害，不宜使用。对玉米、豆类、瓜类幼苗及柳树也较敏感，稀释液不能低于800倍液，最好先进行试验再使用。

②不宜与碱性药剂混用。

3. 抗蚜威

［中文通用名称］抗蚜威。

［英文通用名称］pirimicarb。

［其他名称］辟蚜雾。

［化学名称］5,6-二甲基-2-二甲氨基-4-嘧啶基-二甲基氨基甲酸酯。

［性状］原药为白色无臭结晶体，熔点90.5℃，易溶于有机溶剂，水中溶解度为3g/L，其水溶液在紫外光下不稳定。中等毒，大鼠急性口服LD_{50}为68～147mg/kg。

［剂型］50%可湿性粉剂；50%水分散粒剂。

［作用特点和防治对象］抗蚜威具有触杀、熏蒸和渗透叶面的作用，除棉蚜外，对所有蚜虫，特别是对有机磷农药产生抗性的蚜虫有特效。杀虫迅速，残效期短，对作物安全。

［使用方法］

①防治三七蚜虫，用50%可湿性粉剂3000～4000倍液喷雾。

②防治白菜、甘蓝、豆类、蔬菜、花生、油菜、小麦、烟草等多种植物的蚜虫，用50%可湿性粉剂10～18g兑水50～60L喷雾。

［注意事项］

①该药的药效与温度有关，20℃以上有熏蒸作用，15℃以下以触杀作用为主，15～20℃熏蒸作用随温度上升而增加，因此在低温时，施药要均匀，最好选择无风、温暖天气，效果较好。

②抗蚜威对棉蚜基本无效，不要用于防治棉蚜。

③必须用金属容器盛装抗蚜威。

4. 联苯菊酯

［中文通用名称］联苯菊酯。

［英文通用名称］bifenthrin。

［其他名称］天王星；氯氰菊酯；虫螨灵；氟氯菊酯；皮芬菊酯；天皮夫利司；Brigade；biphenthrin；Talstar。

［化学名称］3-(2-氯-3,3,3-三氟丙烯-1-基)-2,2-二甲基环丙烷羧酸-2-甲基-3甲基-3-苯基苄基酯。

［性状］黏稠液体晶状或蜡状固体，熔点51～66℃，溶于氯甲烷、甲苯、氯仿、丙酮、乙醚，微溶于庚烷和甲醇，几乎不溶于水。中等毒，原药大鼠急性经口 LD_{50} 为54.5mg/kg。

［剂型］2.5%、10%乳油。

［作用特点和防治对象］联苯菊酯是拟除虫菊酯类杀虫剂、杀螨剂，具有触杀、胃毒作用，无内吸、熏蒸作用，杀虫谱广，作用迅速。在土壤中不移动，对环境较为安全，残效期较长。适用于棉花、果树、蔬菜、三七、茶叶等作物上防治鳞翅目幼虫、粉虱、蚜虫、潜叶蛾、叶蝉、叶螨等害虫、害螨；用于虫、螨并发时，省时省药。

［使用方法］

①防治三七蚜虫、地老虎、尺蠖、斜纹夜蛾、红蜘蛛等多种害虫、害螨，用10%乳油2500～3000倍液喷雾。

②防治菜青虫、小菜蛾、茶尺蠖、茶毛虫、柑橘卷叶蛾、山楂红蜘蛛、茶小绿叶蝉、茄子红蜘蛛、白粉虱等多种害虫、害螨，用10%乳油3000～4000倍液喷雾。

［注意事项］

①不要与碱性药物混用，以免分解。

②对蜜蜂、家蚕、害虫天敌、水生生物毒性高，使用时特别注意不要污染水塘、河流、桑园等。

③具低温度系数效应，低气温下更能发挥其药效，故建议在春秋两季使用该药。

7.5 杀螨、杀线虫、杀鼠剂

1. 浏阳霉素

[中文通用名称]浏阳霉素。

[英文通用名称]liuyangmycin。

[其他名称]杀螨霉素；多活菌素。

[性状]纯品为无味、无色或微黄色棱状晶体，熔点70～71℃，易溶于醇类、丙酮、苯、正己烷、氯仿、石油醚等有机溶剂，难溶于水。室温下稳定。在紫外光照射下不稳定。低毒，大鼠、小鼠急性经口LD_{50}>10 000mg/kg。但对鱼类有毒，对眼睛有一定刺激作用。

[制剂]10%浏阳霉素乳油。

[作用特点和防治对象]该产品是从灰色链霉菌分离出的具有大环内酯结构的抗生素类杀螨剂，该药是一种低毒、低残留、可防治多种作物的多种螨类的广谱杀螨剂，有良好的触杀作用和对螨卵也有一定抑制作用，对天敌安全。

[使用方法]

①防治三七害螨，在红蜘蛛初盛期，用10%乳油1000～2000倍液喷雾，持效期可达20天。

②防治柑橘全爪螨、锈壁虱等害螨，用10%乳油1000～2000倍液喷雾，持效期在15天内；防治豆类、茄子、辣椒等多种蔬菜害螨，用1000～1500倍液喷雾。

[注意事项]

①本品为触杀性杀菌剂，喷雾时要均匀周到。

②本品可与任何杀虫及杀菌农药混用，与碱性农药混用时请随配随用。

③药剂对眼睛有一定刺激作用，喷雾时要注意防护。

④本药剂对鱼类有毒，喷雾器内剩余的药液及洗涤液切勿倒入鱼塘和河流中。

⑤本品在紫外线照射下不稳定，应储存在干燥、避光处。

2. 溴敌隆

[中文通用名称]溴敌隆。

[英文通用名称]bromadiolone。

[其他名称]乐万通。

[化学名称]3-{3-[4-溴-(1,1'-联苯)-4-基]-3-羟基-1-苯基丙基}4-羟基-2H-1-苯并吡喃-2-酮。

[性状]原药为黄色粉末,熔点为200~210℃,溶解度(g/L,20℃):水0.019、乙醇8.2、乙酸乙酯25、二甲基甲酰胺730。20℃以下稳定,蒸气压0.002mPa(20℃)。大鼠急性经皮LD_{50}为1.125mg/kg,急性经口LD_{50}为2.1mg/kg。

[制剂]0.5%溴鼠灵液剂。

[作用特点和防治对象]该药是一种适口性好、毒性大、靶谱广的高效杀鼠剂。它不但具备敌鼠钠盐、杀鼠迷等第一代抗凝血剂作用缓慢、不易引起鼠类惊觉、容易全歼害鼠的特点,而且具有急性强的突出优点,单剂量使用对各种鼠都能有效地防除。同时,它还可以有效地杀灭对第一代抗凝血杀鼠剂产生抗性的害鼠。由于具备以上特点,溴敌隆、杀它仗等被称之为第二代抗凝血杀鼠剂。该药的毒理机制主要是拮抗维生素K的活性,阻碍凝血酶原的合成,导致致命性的出血。死亡高峰一般在用药后4~6天,鼠尸解剖可见典型的抗凝血剂中毒症状。

[使用方法]

①毒饵配制。取0.5%溴敌隆水剂1份,兑50~60℃水温的水10份,拌100份饵料,拌匀晾干即可使用(饵料一般选用不带壳的物质,如大米、玉米粉、小麦等)。

②毒饵投放。一般在傍晚将毒饵沿田埂边、地埂边或鼠洞周围投放,每5m放1堆,每堆投饵5g。第二天傍晚进行补投,害鼠取食多得多补,取食少得少补。第三天再进行补投。一直补投到害鼠停止取食为止。

[注意事项]

①如发生中毒,不能给中毒者服用任何东西,应立即就医。可静脉注射5mg/kg维生素K,每次间隔8~12h,重复2~3次。口服5mg/kg维生素K共10~15天。输200mL柠檬酸化血液。

②在害鼠对第一代抗凝血杀鼠剂未产生抗性之前不宜大面积推广,一旦发

生抗性使用该药效果更好。

③配制毒饵时,饵料要新鲜,防止霉烂变质。

参 考 文 献

陈昱君,王勇,2005.三七病虫害防治[M].昆明:云南科技出版社

冯光泉,陈显,王勇,等,2003.三七主要病害防治技术标准操作规程(草案)[J].现代中药研究与实践,(增刊):47-48

毛忠顺,龙月娟,朱书生,等,2013.三七根腐病研究进展[J].中药材,36(12):2051-2054

农业部农药检定所,2003.GB/T 19378—2003 农药剂型名称及代码[S]

徐汉虹,2010.植物化学保护学[M].北京:中国农业出版社

附录

2016年最新国家禁用和限用农药名录

一、国家明令禁止生产销售和使用的38种农药

甲胺磷、甲基对硫磷、对硫磷、久效磷、磷胺、六六六、滴滴涕、毒杀芬、二溴氯丙烷、杀虫脒、二溴乙烷、除草醚、艾氏剂、狄氏剂、汞制剂、砷类、铅类、敌枯双、氟乙酰胺、甘氟、毒鼠强、氟乙酸钠、毒鼠硅，苯线磷、地虫硫磷、甲基硫环磷、磷化钙、磷化镁、磷化锌、硫线磷、蝇毒磷、治螟磷、特丁硫磷、氯磺隆、福美胂、福美甲胂；胺苯磺隆单剂，甲磺隆单剂。

百草枯水剂：自2016年7月1日起停止在国内销售和使用。

胺苯磺隆复配制剂，甲磺隆复配制剂：自2017年7月1日起禁止在国内销售和使用。

二、国家明文规定限制使用的19种农药

中文通用名	禁止使用范围
甲拌磷、甲基异柳磷、内吸磷、克百威、涕灭威、灭线磷、硫环磷、氯唑磷	蔬菜、果树、茶树、中草药材
水胺硫磷	柑橘树
灭多威	柑橘树、苹果树、茶树、十字花科蔬菜
硫丹	苹果树、茶树
溴甲烷	草莓、黄瓜
氧乐果	甘蓝、柑橘树
三氯杀螨醇、氰戊菊酯	茶树
丁酰肼（比久）	花生
氟虫腈	除卫生用、玉米等部分旱田种子包衣剂外的其他用途
毒死蜱、三唑磷	自2016年12月31日起，禁止在蔬菜上使用

彩图 53　茴茴蒜（郭凤根摄）

彩图 54　毛茛（郭凤根摄）

彩图 55　荠菜（郭凤根摄）

彩图 56　弯曲碎米荠（郭凤根摄）

彩图 57　独行菜（郭凤根摄）

彩图 58　风花菜（郭凤根摄）

植株　　　　　花序和果序
彩图 59　菥蓂（郭凤根摄）　　　　　彩图 60　牛繁缕（郭凤根摄）

植株　　　　　花枝特写
彩图 61　石生繁缕（郭凤根摄）

群体　　　　　花枝
彩图 62　野荞麦（郭凤根摄）　　　　　彩图 63　酸模叶蓼（郭凤根摄）

花株　　　花枝

彩图 64　尼泊尔蓼（郭凤根摄）

成株　　　果枝

彩图 65　酸模（郭凤根摄）

植株　　　果枝特写

彩图 66　齿果酸模（郭凤根摄）

植株

果实特写

彩图 67　尼泊尔酸模（郭凤根摄）

植株　　花序　　花序特写

彩图 68　千针苋（郭凤根摄）

彩图 69　藜（郭凤根摄）

彩图70 小藜（郭凤根 摄）

植株　　　　　花序

彩图71 土荆芥（郭凤根 摄）

群体

幼苗　　　　花枝

彩图73 空心莲子草（郭凤根 摄）

开花植株

彩图72 牛膝（郭凤根 摄）

幼苗　　　　成株

彩图74 刺苋（郭凤根 摄）

植株　　　　　花枝

彩图75 野苋菜（郭凤根 摄）

植株　　　　　　　　　花特写　　　　　　　　果实特写

彩图 76　尼泊尔老鹳草（郭凤根摄）

幼苗　　　　　　　花果株

彩图 77　酢浆草（郭凤根摄）　　　　　彩图 78　红花酢浆草（郭凤根摄）

植株　　　　　花枝特写　　　　　开花植株　　　　　花特写

彩图 79　红花月见草（郭凤根摄）　　　彩图 80　野西瓜苗（郭凤根摄）

彩图 81　野葵（郭凤根摄）

花枝特写

开花植株　　　　　　花序特写

彩图 82　铁苋菜（郭凤根摄）

群体　　　　　　开花植株　　　　　　花序特写

彩图 83　裂苞铁苋菜（郭凤根摄）

群体　　　　　　　　　　花序特写

彩图 84　泽漆（郭凤根摄）

花株　　　　　　　　　　果株

彩图 85　蛇莓（郭凤根摄）

花株　　　　　　　　　　果株

彩图 86　苕子（郭凤根摄）

　　　　　　　　　　　　　　　　开花植株　　　　　　茎生叶和花序

彩图 87　积雪草（郭凤根摄）　　彩图 88　水芹（郭凤根摄）

开花植株　　　　　　花序特写

彩图89　窃衣（郭凤根摄）

群体

植株

花序特写

彩图90　胜红蓟（郭凤根摄）

植株　　　　　　花枝

彩图91　鬼针草（郭凤根摄）

幼苗　　　　　　开花植株

彩图92　三叶鬼针草（郭凤根摄）

开花植株　　　　　花序特写

彩图93　飞廉（郭凤根摄）

| 枝叶 | 花序 | 果序 |

彩图 94　野塘蒿（郭凤根摄）

| 植株 | 花序特写 |

彩图 95　野茼蒿（何月秋摄）

| 开花植株 | 花序特写 |

彩图 96　小鱼眼草（郭凤根摄）

| 花株 | 花枝 | 花序特写 |

彩图 97　一年蓬（郭凤根摄）

彩图 98　紫茎泽兰（郭凤根摄）　　　　　　彩图 99　粗毛牛膝菊（郭凤根摄）

彩图 100　辣子草（郭凤根摄）　　　　　　彩图 101　鼠曲草（何月秋摄）

彩图 102　多头苦荬（何月秋摄）　　　　　　彩图 103　滇苦菜（郭凤根摄）

植株　　　　　　　　　　　　花枝

彩图 104　豨莶（郭凤根摄）

开花植株　　　　　　　　　　果序特写

彩图 105　蒲公英（郭凤根摄）

幼苗　　　　　　　植株　　　　　　花序

彩图 106　黄鹌菜（郭凤根摄）

花株　　　　　　　　花特写

彩图 107　蓝花参（郭凤根摄）

开花植株　　　　　果序特写

花序特写

彩图 108　小花琉璃草（郭凤根摄）　　　彩图 109　多花附地菜（郭凤根摄）

植株　　　　　　　花特写　　　　　　　幼果特写

彩图 110　曼陀罗（郭凤根摄）

幼苗　　　　　开花植株　　　　　花特写　　　　　花果枝

彩图 111　假酸浆（郭凤根摄）

花果枝

花特写

宿萼包着浆果

彩图112　苦蘵（郭凤根摄）

彩图113　喀西茄（郭凤根摄）

花株

果株

植株

花序特写

果序特写

彩图114　龙葵（郭凤根摄）　　　　　　彩图115　水茄（郭凤根摄）

彩图116　打碗花（郭凤根摄）　　　　　彩图117　圆叶牵牛（郭凤根摄）

花株　　　　　　　　花序特写

彩图 118　阿拉伯婆婆纳（郭凤根摄）　　　　彩图 119　爵床（郭凤根摄）

枝叶　　　　　花序　　　　　　　　植株　　　　　　花序

彩图 120　野薄荷（郭凤根摄）　　　　彩图 121　椴叶鼠尾草（郭凤根摄）

群体　　　　　花枝　　　　　幼苗　　　　花株　　　　花序特写

彩图 122　鸭跖草（郭凤根摄）　　　　彩图 123　碎米莎草（郭凤根摄）

植株　　　　　花序　　　　　植株　　　　　　　花序顶面观

彩图 124　香附子（郭凤根摄）　　　　彩图 125　砖子苗（郭凤根摄）

开花植株　　　　　结果植株　　　　　　　植株　　　　　　花序

彩图 126　野燕麦（郭凤根摄）　　　　彩图 127　茵草（郭凤根摄）

彩图 128　狗牙根（郭凤根摄）　　　　彩图 129　马唐（郭凤根摄）

植株　　　　　花序　　　　　　　花枝　　　　　花序

彩图 130　旱稗（郭凤根摄）　　　　　彩图 131　牛筋草（郭凤根摄）

　　　　　　　　　　　　　　　　　花序

　　　　　　　　　　　植株　　　　花序特写

彩图 132　双穗雀稗（郭凤根摄）　　彩图 133　圆果雀稗（郭凤根摄）

植株　　　花序　　　果序

彩图 134　白草（郭凤根摄）

植株　　　　　花序

彩图 135　棒头草（郭凤根摄）

群体　　　植株　　　花序

彩图 136　金色狗尾草（郭凤根摄）

植株　　　　　花枝

彩图 137　皱叶狗尾草（郭凤根摄）

开花植株　　　花序　　　果序

彩图 138　狗尾草（郭凤根摄）

植株基部　　　花序　　　果序

彩图 139　鼠尾粟（郭凤根摄）